中央宣传部　新闻出版总署　农业部
推荐“三农”优秀图书

全方位养殖技术丛书

肉鸡生产技术问答

王福强　主编

中国农业大学出版社

主　编　王福强

编　者　王福强　李　义　姜八一
　　　　温华梅　于　淼

总　序

畜牧业是以植物性和动物性产品为原料，通过动物生产获得人类必需动物产品的产业，其主体是养殖业。在发达国家，畜牧产值占农业总产值的比例多在60％以上，个别人多地少的国家甚至超过80％。畜牧产品作为国民经济支柱产业的食品加工业的原料供应已占到80％，人均年消费的食物中，肉、蛋、奶分别达到100 kg、15 kg和300 kg，占总量的80％。这说明，现代畜牧业已成为农业乃至国民经济的重要组成部分，其发展水平也成为一个国家或地区发展水平的重要标志。

我国畜牧业的发展大致经过家庭副业、专业饲养和规模化饲养三个阶段，目前正在更广泛的区域向现代集约型方向转变，特别是改革开放以来的20多年，我国畜牧业得到迅速发展。主要表现在：①畜牧生产总量稳定增长，如2002年肉、蛋、奶总产量比1978年提高6～11倍，人均占有量和年均消费量也都有大幅度提高；②畜牧业科技含量明显提高，如主要畜禽的良种覆盖率、饲料转化率和发病死亡率等生产指标得到有益的改变，科技进步对畜牧经济增长的贡献率超过45％；③畜牧业在农业生产体系中的主导地位已基本确定，如畜牧业产值占农业总产值的比例由1949年的12.4％、1978年的15.0％上升到2000年的30％以上；④畜牧产业化格局初具雏形，如社会化服务体系日趋完善、规模化经营不断提高和多渠道开拓市场初见成效等。

但是与发达国家相比，我国畜牧业也面临着生产结构失调、草原资源严重退化、饲料资源不足（尤其是蛋白质饲料资源缺乏）、畜（禽）种资源被无控制地杂交化、科技推广工作薄弱、疫病损失严重等问题，既影响到当前畜牧生产的产业化经营，也影响到我国畜牧业的可持续发展。实践证明，只有通过推广和实行标准化、规范化生产技术，不断提高畜牧业的科技含量才能切实解决这些问题，使我国的畜牧业跨上一个新的台阶，大大缩短与发达国家的差距。

根据我国国情，并借鉴发达国家的经验，笔者认为我国未来畜牧业发展的策略应是：①改变以粮为主的传统观念，建立种草养畜、以牧为主的农业生产体系，提高资源利用效率；②改变以猪、鸡为主的畜（禽）种结构，建立以食草畜禽为主、稳定食粮畜禽的畜牧生产体系，提高市场适应能力；③改变以品种改良为主的单一增产措施，建立良种良法配套的实用技术推广体系，提高整体科技含量，力争用10～15年的时间，使我国畜牧业基本实现良种化、产业化，生产水平跨入世界先进行列。

为了适应农村产业结构调整的需要和提高当前畜牧业从业人员的技术水平，中国农业大学出版社策划出版了这套畜禽全方位养殖技术丛书。本丛书畜（禽）种涉及到猪、鸡、鸭、鹅、羊、兔等，并以各畜（禽）种的关键生产环节为主题单独成册，内容上坚持以技术操作性强、文字简明易懂和学以能致用为原则，注重吸收现代畜牧科学的新技术和新方法，并与生产中的传统常规技术相结合使之综合配套。

相信这套丛书能够全方位、多层次地满足读者需要，为广大畜牧业从业人员规范生产技术、提高养殖效益提供帮助。

王建民

2003年3月18日于泰安

前　言

20 世纪 80 年代以来，我国肉鸡产业迅猛发展，养殖数量已跃居世界第一位。在几十年的发展过程中，养殖技术、产品加工、经营管理等诸多方面都取得了很大进步。与此同时，肉鸡养殖设施落后、疾病较多、产品药残超标等问题也在近几年逐渐凸现出来，严重制约着我国加入世界贸易组织后肉鸡产品在国际市场上的竞争力。根据新形势的要求，我们依据多年来在教学、科研、生产中积累的经验和资料，参考有关文献，编写了这本《肉鸡生产技术问答》。书中着重突出改善肉鸡养殖设施，采用先进饲养方式，控制鸡场环境，使用绿色添加剂等理念和思想，期望能为规范化肉鸡生产有所贡献。在此向提供文献的作者表示衷心感谢。

由于编写时间仓促，书中定有不妥之处，敬请读者指正。

编　者

2003 年 5 月 26 日

目　录

第一部分　肉鸡生产概况

第二部分　肉鸡优良鸡种

第三部分　肉鸡营养与饲粮

第四部分　鸡场建筑与设施

第五部分 种鸡的饲养管理

第六部分 商品肉仔鸡的饲养管理

第七部分　肉鸡疾病防治

第一部分　肉鸡生产概况

☞ 1. 什么是肉鸡？

所谓肉鸡是食用肉仔鸡的总称，是指尚未达到性成熟就屠宰专供食用的幼鸡。狭义的肉鸡是指从国外引进的快大型肉鸡，一般饲养 8 周左右，体重 2.5 kg 左右时屠宰。广义的肉鸡还包括我国的优质黄羽肉鸡，饲养期比快大型肉鸡稍长，2～3 月龄，体重 1.5～2.5 kg 时屠宰。

20 世纪初，世界各国的养鸡业，由于当时缺乏环境控制技术，一年当中只在春季孵鸡，母鸡育成后用于产蛋，公鸡饲养到 12～14 周龄，体重达到 1.5 kg 左右时，作为肉鸡供应市场。这时的肉鸡市场有两个明显的特点：一是只在春季孵化饲养，不能全年生产，称为春仔鸡；二是只用单一性别（公鸡）作肉食。实际上，肉鸡仅仅是蛋鸡产业的副产品。

20 世纪 20 年代后，美国人首先开始实行公、母鸡全年饲养并全部用做肉食，一栋鸡舍每年饲养 3 批，突破了肉鸡传统的附属地位，成为独立的肉鸡产业。20 世纪 50 年代，美国培育出了“爱拔益加”、“哈伯德”等优良肉鸡品种。这些肉鸡生长快、消耗饲料少，而且羽毛全白，屠体美观，不带有色毛痕，更受生产者和消费者欢迎。与此同时，在肉鸡生产中也逐步采用了许多新的技术，如自动供水、机械化供料、使用颗粒饲料、饲料中添加抗生素等，使肉鸡产业的规模迅速扩大，肉鸡产业的黄金时代由此到来。

我国肉鸡产业出现较晚，但食用鸡的历史较美国早很多。从我国消费肉鸡的传统来看，主要有以下几种形式：

①食用产蛋一年以上的淘汰老母鸡，清炖鸡汤，主要消费者是

老人和儿童。

②药膳鸡，用开产前的黄羽及黑羽青年母鸡或乌骨鸡等，加入各种滋补中药共同焖煮，主要消费者是经济富有家庭。

③春孵的公雏鸡，饲养到春节进入千家万户的餐桌。另外，广东、广西等南方地区，习惯于将肥育的黄羽肉鸡，通过一种白斩的方法食用。北方地区则喜欢用青年公鸡或淘汰母鸡制作成烧鸡或扒鸡食用。

20 世纪 70 年代开始，我国从国外引进快大型肉鸡，如加拿大的星布罗、红布罗等现代鸡种后，肉鸡产业开始形成。80 年代从美国引进爱拔益加肉鸡后，肉鸡产业得以快速发展，饲养规模不断扩大，农村饲养户遍布全国各地，与之配套的饲料厂、种鸡厂、孵化厂、屠宰场以及兽药厂等也迅速得到发展，与之相关的先进饲养管理技术也应用到肉鸡生产中来。目前，我国肉鸡生产已接近或达到世界先进水平，但发展还不平衡。

优质肉鸡是相对于“快大型”肉鸡而言，肉质较好。鸡的色、香、味是通过人的眼、鼻、舌等感觉器官在审美上的反应。一般来说，人们认为好吃的鸡就是优质的鸡。不同民族、不同地区、不同生活习惯和生活方式的人对鸡色、香、味的要求不一样，感觉也不一样。欧洲和北美的白种人，认为鸡的羽毛、肉色以白色为美，肉鸡的肉质以 40～50 日龄的肉仔鸡为最好。他们认为鸡肉含水量高、肉滑、肉嫩、骨软的白羽白肉是优质肉鸡；而港澳市场上则以黄羽、黄脚、黄皮肤、短身、胸肉厚、皮光滑和皮下脂肪适量，毛孔细小，肌纤维细嫩，肌间脂肪适中，80 日龄左右上市，体重 1.45 kg 左右（小母鸡），或 1.85 kg 左右（阉鸡）的鸡为优质肉鸡。目前，我国对优质肉鸡的定位仍有着不同的出发点：“三黄鸡”（黄羽、黄脚、黄皮）是优质肉鸡；仿土鸡是土种鸡为基础与外来鸡种杂交的后代，产蛋较多，生长较快，体型较大，耗料较少，也应称为优质肉鸡；从生长速度上来说生长慢者是优质肉鸡；从饲养方式上来说农家草地散养或野外自由采食养大的鸡是优质肉鸡等。

☞ 2.入世后我国肉鸡生产的发展前景如何？

我国加入世贸组织后，进口畜产品的关税税率将由1997年的平均63%下降到2004年的平均17%，其中鸡肉产品下降10%，为国外肉鸡产品进入我国创造了条件。同时，发达国家通过立法手段，设置“技术壁垒”，制定严格的技术标准，限制国外产品的准入，如日本对克球粉含量超过0.01 mg/kg的冻鸡产品禁止进口等。所有这些，给肉鸡产业带来冲击将是不争的事实。

但应该看到，入世对肉鸡产业有冲击也有机遇。我国肉鸡产业经过几十年的快速发展，已经具有较大的生产规模和较高的饲养管理水平，也具有了一定抵御市场风险的能力。肉鸡业作为畜牧业的新兴产业，仍然有着广阔的发展前景。

(1)肉鸡本身具有很强的生物学优势

①生长速度快，饲料报酬高。这是现代肉鸡最重要的优势，只有生长快，出栏早，耗料少，才能收益高。目前，我国肉仔鸡生产的水平是，50天饲养期平均体重达到2.4 kg，饲料报酬2∶1。肉鸡生长速度之快，饲料报酬之高，是其他畜禽所无法比拟的。

②饲养周期短，资金周转快。这个特点是所有投资者的首先取向。按7～8周的饲养期，鸡舍消毒处理等间隔2周，一栋鸡舍一年至少可养5批鸡，资金就可以周转5次以上。这样，鸡舍、设施、人力等都可以得到充分利用，收益必然高。

③总产肉量高。现代优良肉种鸡的父母代，64周龄可产合格种蛋170多枚，可产商品雏鸡140只以上。如果按成活率95%、出栏平均体重2.4 kg、屠宰率84%计算，1只肉种鸡1.5年时间就可产出肉鸡产品268 kg[2.4×140×95%×84%=268(kg)]。1头肉牛1.5年时间，体重可达到700 kg，按屠宰率70%计算，可产肉牛产品500 kg左右。这就是说，在同样时间内，2只优良肉种

鸡的产品总量就能达到1头牛的产品总量。

④劳动生产率高。肉仔鸡安静、温顺、不好动，除了采食饮水外，活动量很少，尤其是饲养后期，由于体重较大，活动更加减少，因此比较容易管理。肉仔鸡具有良好的群体适应能力，不仅生长快，而且整齐度好，适于高密度大群饲养。在一般生产条件下，地面平养每人可管理1 500～2 000只肉仔鸡，半机械化条件下，每人可管理3 000～5 000只。美国养鸡机械化程度较高，每人可管理8万～10万只，每生产100 kg肉仔鸡只需1.1 h。我国一般生产条件下，每人管理2 000只，每天可生产肉仔鸡100 kg。可见肉仔鸡生产的劳动生产率很高。

(2)我国有发展肉鸡生产的基础和有利条件

①国内肉鸡市场消费潜力巨大。20世纪80年代初，我国外贸出口冻鸡肉仅有4万～5万吨，活鸡1 000多万只。2000年出口冻鸡肉突破100万吨，活鸡4 000万只。但80年代初我国肉鸡产品大部分用于出口，而2000年时的出口量仅为生产量的12%左右，出口量占生产量的比例较小。这从另一方面说明了我国生产的肉鸡产品主要还是用于缓解国内的市场需求。目前，我国城镇人口已经超过3亿，相当于整个欧洲，这个消费群体大而且消费能力强。1991—2000年，我国鸡肉消费量分别是：290万吨、330万吨、425万吨、560万吨、695万吨、770万吨、830万吨、890万吨、930万吨、980万吨。由人均年消费2.5 kg上升到近8 kg，充分显示了国内市场消费增量强劲。

②我国肉鸡种源充足，质量不断提高。目前为止，我国祖代鸡场的存养量已超过70万套，可生产父母代种鸡3 000万套以上，生产商品鸡40亿只以上，完全可满足生产需要。其中，爱拔益加肉鸡、艾维茵肉鸡等优秀鸡种占有很大份额，很受我国广大肉鸡饲养者欢迎。

③饲料资源基本能满足我国肉鸡业发展的需要。由于我国耕

地少，人口众多，虽是农业大国，但饲料资源并不丰富，大力发展草食动物一直是我国畜牧业的主流。加入世贸组织后，由于大多数发达国家粮食生产成本低于我国，粮食的进口量会逐年增长，无疑给肉鸡生产解决饲料资源问题带来了契机。近几十年来，由于我国肉鸡产业发展很快，国外的饲料生产公司纷纷抢占我国市场，带动了我国饲料工业的空前发展。我国各地不同规模的预混料、浓缩料及全价料生产厂越来越多，一定程度上缓解了我国肉鸡饲料资源不足问题，同时也将为肉鸡养殖者提供质量可靠、价格更低的优质饲料。

④我国肉鸡生产已经有成功的生产模式。我国已发展了一大批集种鸡、饲料、饲养、屠宰加工等为一体的联合式肉鸡生产企业，“公司加农户”已成为肉鸡生产的成功模式，且正在向更高层次、更紧密结合的一体化生产发展。由于这些大公司的龙头作用和利益共享，带动了大量农户进行肉鸡生产。

⑤我国肉鸡生产的技术水平已经基本成熟。在肉鸡生产几十年的发展过程中，科技工作者不懈地进行饲养管理、疾病防治等知识和技术的普及工作，使我国肉鸡生产的技术水平在大众层面上不断提高和成熟，为今后肉鸡业的健康发展打下了良好的群众基础。

⑥我国劳动力资源充足。我国是农业大国，近几年虽然工业化进程加快，毕竟还有相当多的劳动力需从事农业生产。一方面，种植业在入世后受到了很大的挑战，畜牧业却在一定程度上出现了加快发展的机遇。另一方面，我国劳动力廉价，使肉鸡的生产成本降低。所以，应充分利用我国劳动力资源充足、廉价的优势，大力发展肉鸡生产。

（3）**肉鸡产品的国际市场仍然有较大的空间** 目前，我国内陆肉鸡产品每年向港澳输出活鸡 4 000 万只左右，基本处于饱和状态；而向日本、韩国和部分欧洲国家主要是出口冻鸡产品。冻鸡产品的国际需求量在不断增加。但我国冻鸡产品出口在近几年遇到了一定困难,主要是肉鸡产品质量达不到出口要求。肉鸡在我国经过几十年的发展,由于受资金注入不足、鸡舍和设施总体上仍比较简单等不良生产条件的限制,不能有效地控制养殖环境,疫病此起彼伏,用药则越来越滥,肉鸡产品的质量必然出现参差不齐的问题,一定程度地影响了肉鸡产品的出口。从稳定和积极开拓国际市场的角度,我们应尽快将肉鸡生产由数量型向质量型转变,其中关键是尽快对肉鸡产业的畜牧工程设施进行改进,提高肉鸡产品的质量,增强在国际市场上的竞争力。

总之,我国有发展肉鸡生产的基础和有利条件,有庞大的国内、国际市场,随着我国经济和人民生活水平的不断提高,肉鸡生产的发展前景仍然是十分广阔的。

☞ 3. 近几十年来我国肉鸡生产发展取得了哪些成就?

我国几十年来肉鸡产业的发展取得了很大的成绩,主要表现在:

①迅速扩大了肉鸡饲养的数量,基本解决了国内市场肉鸡产品的供求矛盾,甚至还有大量产品供应国际市场。

②由传统的小规模分散饲养逐渐过渡到大规模集约化饲养。肉鸡产业的发展使人们在养殖生产中的一些观念得到了一定的转变,养殖的技术水平有了很大提高。

③饲养肉鸡的良种化程度迅速提高。目前,肉鸡生产中,现代鸡种如爱拔益加肉鸡、艾维茵肉鸡等很受饲养者欢迎,在市场上占有绝对主导地位。

④形成了自己的饲料工业,大多数肉鸡场(包括个体户饲养肉鸡)都能够采用全价饲料养殖肉鸡,使肉鸡生产性能的充分发挥有了技术和物质的保障。

⑤部分专业户已经开始注重养鸡的环境保护,开始采用纵向

通风、湿帘降温、遮黑鸡舍、乳头饮水器等先进设施。

⑥初步建立了良好的肉鸡繁育体系、社会服务体系和卫生防疫体系。肉鸡繁育体系中各级鸡场任务明确，保证了肉鸡鸡苗的数量和质量。鸡苗的运输、兽药销售、饲料添加剂生产、成品鸡收购加工、疫苗生产与供应等社会服务体系和卫生防疫体系也在肉鸡生产的发展过程中得到了很大发展。

☞ 4. 近几十年来我国肉鸡生产发展中有哪些方面需要探讨？

我国肉鸡业几十年的发展功不可没，但发展过程中也存在许多问题，具体表现在如下方面：

①由于资金短缺，鸡舍的结构、布局、环境保护设施多数不合理，特别是中小型鸡场更为突出。由于不能为肉鸡创造一个良好的生活环境，导致疾病发生此起彼伏，难以控制，随着肉鸡生产的发展，生产与疫病的矛盾越来越突出。养殖过程用药量增大，致使肉鸡产品药残超标，大大降低了产品的市场竞争力。

②忽视排污及粪便处理，造成了严重的环境污染，恶性循环。由于认识不足和资金投入受限，大多数鸡场没有良好的排污和粪便处理设施。有些小型鸡场甚至连最起码的堆集发酵设施都没有。由于环境污染通过食物链的富集作用对肉鸡造成再度污染，即有害物质污染土壤、水体后，会通过饲料、饮水再度进入肉鸡体内，导致肉鸡产品有害物质残留超标。

③有些地方，由于多方面原因，一阵风发展，使局部单位面积载畜量严重超标。一方面加剧了环境污染，另一方面由于当地饲料资源严重供给不足，大量外地采购也增大了饲养成本。

④由于市场功能不完善以及受利益的驱使，伪劣饲料添加剂及兽药充斥市场，真假难辨，给肉鸡生产造成了不可估量的损失。

☞ 5. 入世后我国绿色化肉鸡产业发展的对策是什么?

绿色食品生产是一项系统工程,必须在系统工程原理指导下,严格按照绿色食品的标准组织生产,不断改进生产工艺,优化组合各生产要素。

(1)全面推行标准化生产　标准化是现代畜牧业的重要标志,实行标准化生产,有利于保护生产者和消费者的利益,有利于提高产品质量促进流通。发展绿色肉鸡产品,首先必须解决技术标准问题。我国应在地区试点以及地方性标准基础上尽快建立健全国家绿色食品技术标准,使产业发展有法可依、有章可循、有标可达,以利于加快国内市场培育和国际市场开拓。

(2)开发推广无公害饲料以及添加剂　利用生物技术,开发生物饲料和添加剂(微生态制剂、酶制剂、中草药等),推广先进饲粮配方,控制和改善氮、磷对环境的污染,提高饲料利用率,降低成本,增加成效。利用生物饲料和添加剂,能减少疾病的发生,减少抗生素及其他合成药物的使用,降低药残,为绿色食品生产提供安全保证。禁用抗生素后,保证肉鸡产业健康发展的对策见表 1-1 和表 1-2。

表 1-1　采用无抗生素肉鸡饲料时可以使用或正在试验的措施

措　施	举　例
减少可为肠道有害细菌利用的营养素	使用高质量的饲料原料;使用酶制剂;饲料中加入整粒谷物;提高饲料加工技术
促进有益菌对病原菌建立优势的措施	使用高质量的饲料原料;使用酶制剂;饲料中加入整粒谷物;使用微生态制剂;使用低聚糖;饲料消毒处理(加热或加酸);降低饲料的含氮量
提高肉鸡对病原菌的抵抗力	使用疫苗;增加饲料中脂肪酸或维生素

表 1-2 不使用抗生素成功饲养肉鸡的对策

对 策	理论或作用机理
高质量的饲料原料	使用高质量的饲料原料，饲料的消化率较高，肠道中供细菌生长的营养基质减少。同时，高质量饲料原料也含有较少的抗营养因子（如胰蛋白酶抑制因子和外源性凝集素）。肠道的上皮组织被外源性凝集素破坏后，肠细胞周转加快，亚临床症状增多
整粒谷物	整粒谷物能刺激肌胃发育，从而将饲料磨成极细小的粒子，使饲料的消化更为有效。有人证明，饲喂整粒小麦能改善盲肠的发酵过程，导致较高的丙酸浓度，并降低肠道中沙门氏杆菌的数量
饲料加工	高温处理和加压制粒、膨化及挤压能提高饲料的消化率。饲料细胞壁破裂的好处是使饲料更好地暴露给消化酶，促进淀粉和蛋白质的分解。但加工过度也不好，会形成难消化的淀粉-蛋白质复合物
微生态制剂	给肉鸡肠道接种有益菌可改善肠道菌群结构，使病原菌减少，增进鸡的健康
低聚糖	向肠道有益菌提供促进生长的营养素，可以使有益菌大量增殖，以竞争方式压倒有害菌。结合使用微生态制剂可以获得更满意的效果
降低饲料的含氮量	肠道中未消化的蛋白质可为腐败菌提供营养基质，腐败菌产生的毒素会严重影响肉鸡的健康。因此，使用粗蛋白质含量较低并添加氨基酸予以平衡的饲粮是有益的
饲料消毒	用高温或酸处理的饲料可以保证肉鸡的肠道不会受到饲料中有害菌的侵袭

(3)改善饲养条件，发展设施肉鸡业　绿色肉鸡产品的生产，实现养殖产业化、规模化是关键的一环，必须加大投入，改变传统的饲养方式，发展适应绿色生产的设施肉鸡产业，使生产向良种化、专业化、科学化、工厂化发展。

☞ 6. 入世后我国肉鸡生产畜牧工程改革的主要内容有哪些?

过去的二十几年,肉鸡生产基本处于自由发展时期,建造什么样的鸡场、怎样布局、建多大规模、环境设施如何设计等,很少有人问津,使建成的鸡场形式多种多样,档次不一。由于鸡舍质量差异较大,加之布局、设施等不合理,技术人员无法实施标准化管理,生产中出现的问题往往比较复杂,采取的措施也往往针对性不强。尽管饲养的品种和采用的饲料配方较先进,仍无法充分发挥肉鸡的遗传潜能。环境污染、疫病发生率增高、产品药残含量居高不下、产品出口受限等问题日益突出。进入21世纪,我国加入了世贸组织,为适应国内外肉鸡产品激烈竞争的新形势,加快我国肉鸡生产畜牧工程改造,建造能够生产无疫病、无药残的绿色食品的肉鸡饲养场迫在眉睫。

今后我国肉鸡生产畜牧工程改革的主要内容可以归纳如下:

(1)*减少饲养户,扩大单元饲养规模* 目前,我国千家万户搞养殖的生产方式,无法生产出无公害的畜禽产品。必须减少经营单元,扩大经营规模,从生产方式上进行改革。近几年来,我国规模饲养场提供的肉鸡产品占总产量的比例越来越大,大中型加工企业畜禽产品加工量占总加工量的比例也越来越高,并且这两个特点呈加快发展的趋势。国外也是这种走势,如韩国,1991—1997年,肉鸡饲养量增长26.4%,饲养场却减少了35%。

分散、细小的生产经营方式,难以解决疾病和药残问题。如一个年加工肉鸡5 000万只的集团公司,“公司加农户”方式饲养肉鸡,一个养鸡户建一个塑料大棚,1次养1 000～2 000只鸡,一年出栏4 000～10 000只鸡,那么,该集团公司要面对5 000～10 000户农民,不能有效地控制生产过程,产品的质量等级很难保证。从2000年开始,很多公司注重营建高标准现代化肉鸡舍,如果一栋肉鸡舍1次可养2万只,一年出栏10万只,5 000万的加工规模,只需500栋鸡舍就可满足要求，如此，技术人员容易管理到位，可提高产品质量和产品出口的置信度。

我国农村的一大批养鸡专业户，由于饲养分散，技术管理水平极不平衡，很难使生产水平和生产质量再上一个台阶。政府应通过鼓励和扶持，促使一些有条件的农民成立农场或农庄，使养殖经营向正规化方向发展，使“公司加农户”生产结构得到加强。同时，对那些技术水平较低、饲养数量少、经济效益差的小型饲养场不予支持，使其自然淘汰。未来肉鸡生产只有规模生产，标准化管理才有利可图。

(2)加强养殖设施与环境的改革　多年来，特别是最近几年，有关技术人员在撰写论文或著作时，有普遍强调疫病防治是今后肉鸡生产重中之重的趋势，却很少有人问津环境与设施问题。应建立一个观念，就是将资金花在鸡舍和设施改造上，比花钱买药吃来的更经济、更富有成效。只有这样，肉鸡生产水平才可能再上一个新台阶。

设计建造设施装备先进、饲养环境优越的肉鸡舍是发达国家普遍采用的一种方式，不仅能够提高生产的集约化程度和生产效率，也可以保障养殖环境的净化，是生产无公害食品的基础。如现代化鸡舍应具备纵向通风，湿帘降温，自动控温、控光，自动喂料饮水和自动消毒等功能。

肉鸡场的环境污染是指空气、水、土壤、生物等污染，即自然污染，也包括药物及废弃物处理不当造成的人为污染。

世界上所有的生物，包括人在内，都是在适合的环境下生存的，环境的恶劣，对所有的生物都是有害的，在当今社会全面发展的情况下，“绿色”概念越来越浓厚，绿色养殖业也随之成为未来发展的必然趋势。实现“绿色”养鸡业就要求必须减少疾病的发生，减少用药剂量和次数，降低产品中药物残留量，这就必须从环境控制着手，离开了这一点，“绿色”养鸡业也就无从谈起。环境保护必须首先从加强鸡场粪污处理着手，其次还应搞好鸡场的合理规划及绿化，严格消毒制度以及使用绿色饲料添加剂等多方面采取措施。

我国各饲养场的粪污处理方法都普遍原始，多数堆集在鸡舍周围或直接运走作肥料使用。这种方式容易引起疫病的传播，而且严重影响环境卫生。在粪污处理方面，我们应尽快借鉴国外的及时发酵或干燥灭菌除臭等处理方法。新建鸡场必须设计营建粪污处理场所，做到粪污无公害处理。

近几年来，许多地方划分区域建设畜牧小区。由于缺乏统一规划，饲养户较多，鸡场密集，环境污染严重，加之技术管理水平低，相互串舍频繁，一旦某鸡场鸡群发病，则迅速传播，疫情难以控制。因此，不应提倡畜牧小区建设，应提倡分散建场方式，场与场之间应保持一定的间隔距离，防止疾病的交叉感染。

(3)建立健全各种生产标准，加强执法，净化服务市场　应建立健全饲料生产标准、防疫标准及畜禽产品质量标准等。发达国家实行的 HACCP 管理体系(关键控制点)对食品的安全生产起到了良好的保障作用，完全可以借鉴，用于肉鸡产品的生产。

我国对环保、生态资源、动物防疫、出口动物检疫、兽药生产经营、饲料和添加剂生产管理、肉鸡产品质量等方面都制定有相应的法律法规，在产业发展过程中，要认真贯彻落实，加强监督检查，依法打击违法行为，净化服务市场。各执法部门要密切配合，全方位保证肉鸡产业的健康发展。

第二部分　肉鸡优良鸡种

☞ 7.鸡在动物学中是什么地位？有何特征？

鸡在动物学分类中属于鸟纲、鸡形目、雉科、鸡属的一个物种。鸟类是由爬行动物进化而来的。鸟类除了具有爬虫类动物的特点以外，大多数还具有适于飞翔的身体结构，鸡也不例外。由于人类长期驯养，家养的鸡已基本失去了飞翔能力，但鸟类的特征仍保留着。鸡的一般特征有：全身被羽毛覆盖；头小眼大；视叶与小脑很发达；口腔中没有牙齿，口可张得很大；骨骼中有气囊；前肢演化为翅；胸肌和后肢肌肉非常发达；有嗉囊和肌胃；没有膀胱，粪尿都通过泄殖腔排泄；母鸡只有左侧生殖系统正常发育；卵巢排卵后不形成黄体，可连续产蛋；肺小而连接气囊；横膈膜只剩痕迹，胸腔与腹腔相连。

☞ 8.肉鸡主要有哪些生活习性？

成年鸡的体温是 41～42℃，每分钟呼吸 36 次，心跳 282 次。雏鸡体温调节机能差，体温稍低，约 39.6℃；10 天后体温调节机能逐渐完善，体温达到成年鸡标准。鸡没有汗腺，主要靠呼吸散热，所以，鸡的耐热能力较差。鸡的主要生活习性有：

①喜欢温暖干燥的环境，不喜欢炎热潮湿的环境。

②喜欢登高栖息，习惯在栖架上休息。光线能直接影响鸡的活动力：光线由弱到强，鸡的活动能力逐渐增强；相反，光线渐弱则活动能力减弱；完全黑暗则停止活动，登高栖息。

③鸡喜欢集群，一般不单独活动。刚刚孵化出来的雏鸡也会找寻群体，脱离群体就尖叫不止。

④胆小怕惊。陌生的声音、动作等突然出现，都会引起鸡的应激反应，惊叫、逃跑、炸群，甚至乱窜乱撞。

⑤高密集饲养的肉鸡常出现啄肛、啄羽、啄趾等不良行为，容易给生产带来损失。

⑥肉种鸡有不同程度的抱窝性。抱窝性影响产蛋量，应注意采取醒抱措施。

☞ 9. 肉鸡有哪些经济生物学特性？

(1)鸡的体温高，代谢旺盛　鸡的基础代谢高于其他动物（表2-1），鸡安静时的耗氧量和排出的二氧化碳量也很高（表2-2）。

表 2-1　各种动物的基础代谢量

动物	体重（kg）	基础代谢量（MJ/天）	每千克体重基础代谢量（kJ/天）
马	675	40.76	60.32
肉牛	401	31.05	77.33
奶牛	463	30.18	65.08
日本牛	405	19.55	48.24
绵羊	46	4.89	106.13
鸡	2	0.47	234.08

表 2-2　安静时每千克体重耗氧和排二氧化碳量　mL/h

项目	牛	马	猪	鸡
耗氧（指数）	328（44.4）	353（47.7）	392（53.0）	739（100）
排二氧化碳（指数）	320（45.0）	241（33.9）	336（47.3）	711（100）

可以看出，鸡的基础代谢为马、牛的3倍以上。鸡安静时的耗氧量和排出的二氧化碳也高出其他动物1倍以上。这就是说，鸡

的生命之钟转动的快，寿命相对较短。根据这一特性，应尽量创造良好的养鸡环境，利用其代谢旺盛的特点，生产更多的产品。

(2)繁殖能力强　鸡是卵生动物，卵巢排卵后不形成黄体，在人工饲养条件下，鸡可以连续排卵，以很快的速度进行生殖生产。母鸡的右侧卵巢和输卵管虽已退化消失，但左侧发达，机能正常。鸡的卵巢上有多达 10 000 个以上的卵泡，现代高产蛋鸡年产蛋量 300 枚、大群 280 枚以上已经实现。每一枚蛋就是一个巨大的卵细胞，这些卵细胞经过孵化若有 70%成为小鸡，那么一只母鸡一年就可以繁殖出 200 只以上的小鸡。

鸡的繁殖潜力不仅表现在母鸡方面，公鸡也很突出。据观察，性欲旺盛的公鸡一天可以交配 40 次以上，一只公鸡配 8～15 只母鸡可以获得高受精率。鸡的精子不像哺乳动物的精子容易衰老死亡，在母鸡的输卵管中可存活 5～10 天，个别的可存活 30 天以上。

此外，卵子排出后在输卵管中下行，由输卵管分泌多种营养物质，最后在子宫内包上蛋壳。所以，产出体外的蛋可以短期储存，适宜条件下储存 2 周左右仍可孵出小鸡，这为人工孵化实现鸡的快速繁殖提供了有利条件。

(3)对饲料营养要求高　鸡的体小，消化道短，除盲肠可消化部分粗纤维外，其他部位不能消化粗纤维，所以鸡不能利用粗饲料。因此，必须供给肉鸡营养全面、容易消化的饲料，才能保证正常的生长和健康。

(4)对环境变化敏感　鸡为多血型的神经质动物。鸡的听觉不如哺乳动物，但突如其来的噪声也会使之惊恐不安，乱飞乱叫。鸡的视觉很灵敏，鸡舍进入陌生人能引起炸群。雏鸡、育成鸡炸群后会向一处拥挤，造成压死鸡的现象。环境因素中温度、湿度、通风换气等都对鸡的健康有影响。

(5)抗病能力差　无论多大规模的鸡场，疾病仍然是肉鸡生产的最大隐患。鸡抗病力差的主要原因是：鸡的肺脏很小，并连接着气囊，这些气囊充斥于体内各个部位，甚至进入骨腔。如此，经空气传播的病原体可以沿呼吸道进入肺和气囊，从而也进入了体腔、肌肉、骨骼之中；鸡的生殖孔和排泄孔都开口于泄殖腔，蛋在产出过程中容易受到污染，故有些疾病可经蛋垂直传播给雏鸡；鸡没有横膈膜，腹腔的感染很易传至胸腔各器官，胸腔的感染也易传至腹腔，这是鸡容易出现喘、痢并发的原因；鸡没有淋巴结，等于缺少阻止病原体在体内通行的关卡。因此，在同样条件下，鸡比鹅、鸭的抗病力差，具有疾病传播速度快、发病严重、死亡率高的特点，极易给生产造成直接经济损失。

(6)适应工厂化饲养　在畜牧生产中，养鸡的工厂化程度最高，其他家畜不能与之相比。每只鸡占笼底面积 400 cm^2，即每平方米笼底面积养 25 只鸡。发达国家已有八层笼养，每栋鸡舍饲养数万只鸡早已实现。鸡之所以能适应这样的群居生活，与鸡的祖先是树栖息动物有关。鸡的粪便较干燥，饮水少而利索，不像鹅、鸭饮水时到处乱甩，这给高密度饲养管理工作带来了有利条件。但饲养密度应适宜，饲养太过密集，环境易脏污，易发生啄癖等。

☞ 10. 现代鸡种与标准品种有哪些区别？

鸡的标准品种是按照育种计划，经过系统培育形成的具有一定数量、有共同祖先、有相似的体型外貌、近似的生产性能、遗传稳定且有一定内部结构的鸡群。我国的九斤黄鸡、英国的科尼什鸡、美国的洛克鸡等品种，都是世界著名的肉鸡品种，在肉鸡生产发展过程中发挥了非常重要的作用。标准品种可以选种、留种并自繁制种，只要保持足够的数量，繁殖方法正确，群体的优良性能一般不会变异或衰退。

现代鸡种都是配套品系，是以标准品种为基础，通过配合力测定筛选出来的最优的杂交组合，也称为商用配套品系。现代鸡种是标准品种的继承和发扬，讲求突出的生产性能。现代鸡种建有严格的繁育体系，代次明确，如爱拔益加肉鸡是四系配套，其制种过程（四系配套杂交）如图 2-1 所示：

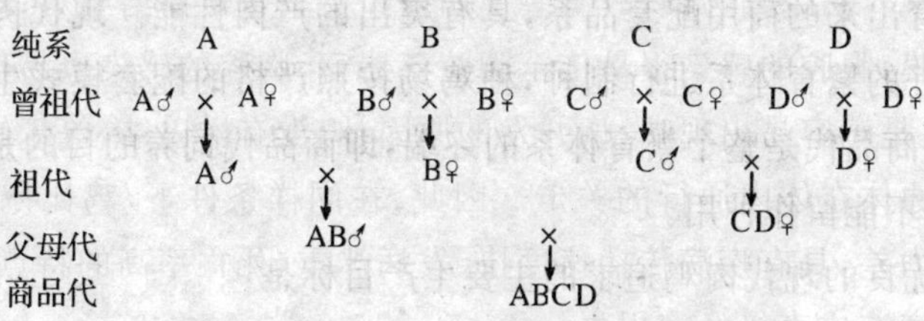

图 2-1　四系配套杂交

现代鸡种具有以下特点：

(1)高产性　高产性是现代鸡种的突出特点。现代鸡种是以标准品种为基础，以杂交优势利用为目的，使高产性能在商品代充分体现出来，较之纯系生产性能更高、生活力更强、产品更优秀等。

(2)综合性　现代肉鸡要求生长速度快、饲料报酬高、生活力强等。这些特点在任何一个纯系中都难以全部具备，只有采用分别培育若干独具某个突出特点的纯系，再通过各系间配套杂交，把各个纯系的优点集中在商品代，才能使预期的目标在商品生产中得以实现。当然，这需要长期的选育和严格的制种程序，并非任意几个品种或品系杂交就能成功。

(3)配套性　目前在生产中推广应用的鸡种，是根据品系间配合力测定而选择出的最佳组合。哪个品系作父系，哪个品系作母系，都是固定的模式。只有按照模式要求制种，商品代才有明显的杂交优势。否则，就难以保证商品鸡应有的质量。

(4)专一性　现代鸡种的商品代属于非种用鸡，只是向人们提供肉鸡产品。它是繁育体系的终端，商品鸡场不能再将商品鸡留种进行自群繁育。

☞ 11. 现代肉鸡追求的主要生产目标是什么?

现代肉鸡鸡种是在原来标准品种的基础上,采用现代育种方法培育出来的商用配套品系,具有突出的产肉性能。现代肉鸡依靠良好的繁育体系进行制种,种鸡场按照严格的配套模式生产商品代,商品代是整个繁育体系的终端,即商品代饲养的目的是供作食用,不能留作种用。

优良的现代肉鸡追求的主要生产目标是:

(1)*生长速度快*　生长速度越快,生产周期越短,短期内达到的体重越大,饲养过程中感染疾病的机会就越少。现代肉鸡出壳重 40 g 左右,50 日龄体重达到 2.4 kg,是出生重的 60 倍。

(2)*饲料转化效率高*　现代鸡种能高效率地利用饲料。目前,我国肉仔鸡生产中,50 天饲养期的饲料报酬一般为(1.9～2.1)∶1,管理良好情况下能够达到 1.8∶1。

(3)*肉质好*　肉质应细嫩、口感好,适于快速烹饪。

(4)*生活力强*　肉鸡一般采用高密度饲养方式,只有生活力强,成活率才能高,鸡群才能生长整齐,商品率高。

(5)*种鸡应繁殖力强*　只有种鸡的繁殖力强,才能产出较多的商品鸡苗。一般要求肉用种母鸡 24 周龄开产,64 周龄产蛋量达到 170 枚,种蛋合格率和受精率都在 90%以上,每只肉用种母鸡一个生产周期可提供商品雏鸡 130 只左右。

☞ 12. 我国从国外引进的优良肉鸡种主要有哪些?

(1)*爱拔益加肉鸡(AA 肉鸡)*　爱拔益加肉鸡是美国爱拔益加种鸡公司(Arbor Acres)培育的四系配套白羽肉鸡。以生长快、耗料少、生活力强为特点,是世界上最具竞争力的鸡种之一,也是引进我国的肉鸡鸡种中表现最优秀者之一(表 2-3)。

表 2-3 爱拔益加肉鸡商品代生产性能

周龄	平均体重(kg)			饲料转化率		
	公	母	混合	公	母	混合
1	0.148	0.144	0.146	0.89	0.90	0.89
2	0.376	0.349	0.363	1.11	1.12	1.11
3	0.690	0.626	0.658	1.28	1.30	1.29
4	1.075	0.957	1.016	1.44	1.47	1.45
5	1.522	1.326	1.424	1.60	1.64	1.62
6	2.009	1.717	1.863	1.76	1.81	1.78
7	2.502	2.109	2.306	1.93	1.99	1.96
8	2.989	2.489	2.739	2.11	2.18	2.14
9	3.459	2.847	3.153	2.30	2.38	2.34

爱拔益加父母代种鸡每只入舍母鸡可提供种蛋 170 枚，提供商品鸡苗 140 只以上。

(2)艾维茵肉鸡 是美国艾维茵育种公司培育的四系配套白羽肉鸡，其综合性能可与 AA 肉鸡相媲美(表 2-4)。

表 2-4 艾维茵肉鸡商品代生产性能

周龄	平均体重(kg)			饲料转化率		
	公	母	混合	公	母	混合
1	0.160	0.151	0.158	1.12	1.14	1.13
2	0.423	0.382	0.398	1.21	1.29	1.28
3	0.723	0.633	0.679	1.40	1.44	1.42
4	1.086	0.945	1.015	1.56	1.60	1.58
5	1.544	1.301	1.425	1.69	1.75	1.72
6	2.035	1.683	1.859	1.82	1.88	1.85
7	2.513	2.060	2.287	1.93	2.01	1.97
8	3.005	2.438	2.722	2.08	2.16	2.12
9	3.504	2.790	3.147	2.25	2.35	2.30

(3)哈伯德肉鸡　是美国哈伯德家禽育种公司培育的高产胸肉型肉鸡,具有产蛋量高、孵化率高、胸肉率高的特点。该鸡种生长速度也较快,商品代7周龄公、母平均体重可达到2.2 kg。父母代种鸡64周龄可生产种蛋165枚,孵化率高达85%。

(4)罗曼肉鸡　是德国罗曼动物育种公司培育的四系配套肉鸡。商品代7周龄体重可达到2 kg。

(5)明星肉鸡　由法国依萨育种公司培育,也称依萨费迪特肉鸡。该肉鸡育种过程引进了矮小基因,故体型较小,饲料转化率高。父母代种鸡64周龄产蛋166枚,可提供商品鸡苗132只左右。商品代肉鸡7周龄体重1.95 kg,饲料报酬(1.95～2.05)∶1。

☞ 13. 我国培育的优质肉鸡鸡种主要有哪些?

我国优质肉鸡的主要鸡种有:北京油鸡、石岐杂鸡、康达尔黄鸡、江村黄鸡和"817"小型优质肉鸡等。

(1)北京油鸡　已有250多年的历史,以外貌独特、肉质细嫩、肉味鲜美而著称,清朝时曾被指定为宫廷御膳食品。

北京油鸡体型中等,羽毛有黄色和黄褐色两种,具有毛冠(也称凤头)、毛髯和毛腿(简称三毛)的特征,因有黄羽毛、黄皮肤和黄腿脚的特点,民间也称之为三黄鸡。北京油鸡成年体重公鸡3 kg,母鸡2.5 kg,生长速度较缓慢,经过北京畜牧兽医研究所多年选育提高,纯种油鸡110～120日龄,公、母平均体重1.5 kg。

(2)石岐杂鸡　是香港渔农处根据香港的环境条件和市场需要育成的一种商品肉鸡。羽毛分黄色和麻黄色,体型中等,适应性强,肉质好,在我国广东、广西一带饲养居多。该鸡种105天,公、母平均体重可达1.65 kg,经选育提高的石岐杂鸡,94日龄就可达到1.65 kg。

(3)康达尔黄鸡　康达尔黄鸡是由深圳康达尔(集团)家禽育种中心培育,分康达尔黄鸡"128"和康达尔黄鸡"132"两个系列。

康达尔黄鸡“128”商品肉鸡 70～95 日龄出栏，体重 1.5～1.8 kg，料肉比(2.5～3.0)∶1，白羽率 2.5%～3.2%。

康达尔黄鸡“132”是利用矮脚基因根据市场需求生产的配套系，用做母本生产快大型黄鸡，父母代种鸡生产成本较正常型节省饲料 25%～30%；用做生产仿土鸡，可极大地提高种鸡的繁殖性能，降低生产成本。

(4)江村黄鸡　江村黄鸡是广州市江村家禽企业发展公司针对香港市场培育的黄羽肉鸡。具有香港石岐杂和本地土种鸡的优点，且生长速度快，饲料报酬高，抗逆性强，既适合于大规模饲养，又可以小群放养。商品肉公鸡 63 日龄体重 1.5 kg，料肉比 2.3∶1；母鸡 100 日龄体重 1.7～1.9 kg，料肉比(2.9～3.0)∶1。

(5)“817”小型优质肉鸡　“817”小型优质肉鸡是山东省农业科学院家禽研究所培育的扒鸡型优质肉鸡配套系。具有体型紧凑，肌肉丰满，鸡味鲜美的特点。羽毛浅黄色，被毛紧实。用其制作的扒鸡造型美观，鸡味浓香，成品率高。商品肉鸡 7 周龄体重平均 1.25 kg，料肉比(2.2～2.3)∶1。

☞ 14. 肉鸡雌雄自别配套系在实际生产中是否有推广价值？

多年来，肉鸡饲养一直主张公、母分开，但由于雌雄鉴别工作技术要求高，而且鉴别过程或多或少地对雏鸡有不利的影响。所以，肉鸡公、母分群饲养的愿望一直未能如愿。近年来，肉鸡雌雄自别配套系鸡种已经问世，为实现肉鸡公、母分开饲养打开了方便之门，在肉鸡生产中有很高的推广价值。肉鸡公、母分开饲养具有以下好处：

(1)公、母鸡生长速度不同　公鸡生长快，如 AA 肉鸡，在 4，6，8 周龄，公鸡体重比母鸡分别高 13%、20%、27%。公、母鸡混养，往往由于这个原因，鸡群中体重大小不一样，食槽、饮水器高低要求不一样，出现顾此失彼，特别是母鸡中的弱小者，受影响更大。

(2)公、母鸡遗传性能不同　母鸡7周龄后，生长速度相对下降，每千克增重的耗料量急剧增加。所以，母鸡在7周龄左右出售，饲养效率高，经济上合算；公鸡9周龄后生长速度才开始下降，故公鸡9周龄出售效益最好。

(3)公、母鸡对环境要求不同　公鸡的羽毛生长慢，母鸡羽毛生长快。所以，公鸡在饲养前期对温度的要求比母鸡高些，而后期则比母鸡低些。公鸡生长快，体重大，胸囊肿的发病率比母鸡高，因此要求垫料松软和适当加厚。

(4)公、母鸡的营养需要不同　公鸡沉积脂肪的能力比母鸡差，但公鸡比母鸡能更有效地利用日粮中的蛋白质。从2周龄起，公、母鸡对日粮中重要营养成分的需求量就开始出现显著差别。公鸡日粮的蛋白质水平应高于母鸡，适量添加赖氨酸可使公鸡的生长速度和饲料报酬明显提高，母鸡则反应不敏感。

总之，实行公、母鸡分开饲养，平均增重快，节省饲料，大小均匀，有利于机械屠宰加工、分割、包装等一系列作业。

第三部分　肉鸡营养与饲粮

☞ 15. 肉鸡的消化道与其他单胃动物有何区别？

鸡的消化道由喙、口腔、嗉囊、腺胃、肌胃、小肠、盲肠、结直肠等组成。成年鸡的消化道长约 150 cm，采食的饲料一般经 4 h 左右可排出。

鸡口腔内没有牙齿，靠喙采食饲料。鸡的嗅觉和味觉远没有其他单胃动物发达，但喙端也有丰富而敏感的物理感受器，饲料的物理特性如颗粒大小、硬度等对鸡的采食及消化都有很大的影响。肉仔鸡能区分饲料粒度的微小差别，饲料适度的颗粒大小和硬度，均有助于提高肉仔鸡的生产性能，颗粒大小变异越小，生产性能越佳，如饲喂颗粒饲料比饲喂粉状饲料的生长速度和饲料报酬要高。

鸡的食管下部膨大为嗉囊，有膨化、软化饲料的作用。鸡的胃分为腺胃和肌胃。腺胃分泌胃蛋白酶原和盐酸，是饲料化学消化的主要场所。鸡腺胃分泌盐酸的能力远远高于其他单胃动物。肌胃由发达的肌肉和内面角质膜构成，主要对来自腺胃的食糜进行机械压榨和化学降解。

鸡的肠道分为小肠（十二指肠、空肠、回肠）、盲肠、结直肠等部分。小肠内面被覆大量绒毛，主要功能是吸收食糜中的养分。小肠与结直肠结合部有一对左右对称的盲肠，盲肠中包含的微生物占鸡消化道全部微生物的 99%以上，从对饲料消化角度看，盲肠几乎没有什么作用。鸡的结肠和直肠很难区分，也较短，一般单称结直肠，主要功能是吸收水分。鸡的输尿管也开口在结直肠末端，故粪尿不能分开。

☞ 16. 肉鸡需要哪些营养物质?

肉鸡与所有的高等动物一样,需要的营养物质非常复杂,有40余种化合物或化学元素是肉鸡维持生命、生长和繁殖所必需的。这些物质大致可分为6大类,即碳水化合物、脂肪、蛋白质、维生素、矿物质和水。其中有些营养物质在肉鸡饲粮中所占的比例较大,如碳水化合物;也有一些占的比例较小,如脂肪、蛋白质等;还有一些如维生素和微量元素在饲粮中含量甚微。但所有这些物质都各有其生理功能,因而是构成饲粮所必需的营养成分,缺乏任何一种营养成分都会使肉鸡的生产性能下降。

营养工作者的任务就在于了解肉鸡在各个生长发育阶段对各种营养物质的需要,了解不同饲料中各种营养物质的准确含量,然后根据科学的计算将各种饲料按照合理的比例配合在一起,使之成为全价饲料,肉鸡采食后能够最有效地加以利用并发挥最高的生产水平。

☞ 17. 粗蛋白质有哪些营养作用?

粗蛋白质是饲料中含氮物质的总称,包括纯蛋白质和非蛋白含氮物。肉仔鸡只能消化吸收饲料中的纯蛋白质,难以利用非蛋白氮来合成机体蛋白质。蛋白质由多种氨基酸组成(约20种),蛋白质的营养作用是通过其分解后的氨基酸体现的。氨基酸是一种含氨基的有机酸,由碳、氢、氧、氮、硫等元素组成,是构成蛋白质的基本单位。氨基酸分为两大类:一类叫必需氨基酸,另一类叫非必需氨基酸。必需氨基酸是指在鸡体内不能合成或者合成的速度很慢,不能满足肉鸡快速生长的需要,必须由饲料供给的氨基酸。肉鸡的必需氨基酸有:蛋氨酸、赖氨酸、组氨酸、色氨酸、苏氨酸、精氨酸、亮氨酸、异亮氨酸、苯丙氨酸、胱氨酸、缬氨酸、甘氨酸等。这些必需氨基酸在饲料中的含量,无论哪一种不足,都会影响蛋白质的消化吸收和鸡体蛋白质的合成,进而影响鸡的生长速度和健康。

赖氨酸、蛋氨酸和色氨酸在植物性饲料中的含量较少，它们严重制约着其他氨基酸的利用，故称为限制性氨基酸。配制肉鸡饲粮时应特别注意满足限制性氨基酸的需要量。

蛋白质的营养作用主要有：

(1)构成鸡体的主要成分 没有蛋白质就没有生命，世界上所有生物的机体都是由蛋白质构成的。肉鸡通过采食饲料，饲料中的蛋白质进入胃肠，在胃肠蛋白酶作用下分解为氨基酸，经肠壁吸收进入血液循环，参入体内代谢，合成机体蛋白质。鸡体的肌肉、皮肤、羽毛、神经、内脏器官、激素、抗体及各种酶类等，都含有大量蛋白质。饲料中蛋白质含量不足，肉鸡将表现为生长缓慢、体重减轻、羽毛凌乱、抵抗力下降等。

(2)特殊情况下能为机体提供能量 在肉鸡饲粮碳水化合物和脂肪等含量不足情况下，蛋白质可以氧化释放能量。在蛋白质充足情况下，蛋白质还可以脱氨基转化为脂肪储存在体内。但必须强调的是，饲粮中的其他营养物质不能转化为蛋白质，也就是说，蛋白质在肉鸡饲粮中是不可替代的营养物质。另外，饲粮中蛋白质含量过高，不仅会造成蛋白质资源的浪费，而且会增加肉鸡的代谢负担，容易引起痛风等疾病。

☞ 18. 肉鸡对蛋白质的需要量与哪些因素有关？

肉鸡对饲粮蛋白质的需要量受多种因素的影响。在生产实践中，确定肉鸡饲粮的蛋白质水平，首先应依据饲养标准，其次要根据具体情况作适当调整。主要应考虑以下因素：

(1)蛋白质品质 饲粮中使用较多动物性蛋白质时，饲粮的各种必需氨基酸容易达到平衡，蛋白质利用率高，饲粮的蛋白质水平则可以适当降低。

(2)蛋白能量比 是指饲粮中每 1 000 大卡(或千焦)代谢能所含的蛋白质克数。肉仔鸡饲粮中能量与蛋白质含量的关系极为密切，在一定范围内，肉仔鸡的采食量依饲粮能量浓度的变化而变化，饲粮能量水平高，鸡的采食量则相对减少；反之，则相对增加。所以，饲粮中蛋白质与能量的比例一定要适当，即饲粮高能量必须高蛋白质。

(3)肉鸡鸡种类型 肉仔鸡的鸡种类型不同，对蛋白质的需要量也有差异。如从国外引进的快大型肉仔鸡，生长快，生产周期短，饲粮中蛋白质的水平应比优质型肉鸡高。

(4)生长的不同阶段 肉仔鸡饲养的前期，需要蛋白质较多，随着日龄增长，肉仔鸡沉积脂肪能力增强，则需要适当降低蛋白质水平，提高能量水平，以利于肥育。

(5)环境因素 如夏季环境气温高，肉仔鸡的采食量会出现一定程度的下降，需要适当提高饲粮的蛋白质水平。试验证明，在适宜的环境温度下，肉鸡饲粮蛋白质水平的提高，可改善增重和胴体蛋白质含量，并降低胴体脂肪含量；热应激情况下，适当提高饲粮蛋白质有助于肉鸡增重，但饲粮蛋白质水平过高则会抑制肉仔鸡生长。建议热应激时，3 周龄以上的肉仔鸡，饲粮的蛋白质水平控制在 18%～20%，代谢能控制在每千克饲粮 13～14 MJ。

☞ 19. 肉鸡常用的蛋白质饲料有哪些？

蛋白质饲料是指饲料干物质中蛋白质含量 20%以上，粗纤维 18%以下的饲料。肉鸡常用的蛋白质饲料有植物性蛋白质饲料和动物性蛋白质饲料两大类。

(1)植物性蛋白质饲料 植物性蛋白质饲料来源于植物体，主要指各种油料子实及榨油后的饼粕类，配制肉鸡饲粮时需与动物性蛋白饲料配合使用。这类饲料的特点是：

①蛋白质含量高，一般占干物质的 20%以上(饼粕类甚至高达 39%～45%)，比禾本科谷实类高 1～3 倍，而且品质较好。

②脂肪含量比较低，除大豆、花生外，饼粕类的脂肪含量一般

为2%左右。

③钙、磷含量比谷实类高，但钙多磷少，比例不当。

④粗纤维含量较少，容易消化。

⑤胡萝卜素缺乏。

⑥在不加热状态下，有些子实或饼粕中含有有毒物质，如大豆或生豆粕中含抗胰蛋白酶(能导致甲状腺肿胀)。因此，这类饲料的适口性比谷实类饲料差。

常用的植物性蛋白质饲料有：

①豆饼(豆粕)。是大豆榨油后的副产品，因为榨油方法不同，产品分为豆饼和豆粕两种。粗蛋白质含量40%～45%，代谢能可达10～11 MJ/kg。大豆饼粕的赖氨酸含量高，适口性好，热处理榨油的豆饼(豆粕)是肉鸡最好的植物性蛋白质饲料，在配合饲料中的用量可达到20%～35%。由于豆饼的蛋氨酸含量较低，与其他饼粕或动物性蛋白质饲料配合使用效果更好。

②花生饼。粗蛋白质含量与豆粕相当，精氨酸和组氨酸含量高，赖氨酸含量低，适口性好，与豆粕配合使用效果较好，在配合饲料中的用量一般占15%～20%。

花生饼脂肪含量高，不耐贮藏，容易染上黄曲霉而产生黄曲霉毒素，这种毒素对肉仔鸡危害严重。因此，变质的花生饼不能用来喂鸡。

③菜子饼。含粗蛋白质37%左右，可代替部分豆粕喂鸡，因含有毒物质芥子甙，用做肉鸡饲料最好进行脱毒处理，如果不经脱毒，用量要严格控制，在配合饲料中用量不能超过3%。

④芝麻饼。含粗蛋白质40%～42%，蛋氨酸含量高，与豆粕配合使用能提高饲粮蛋白质的利用率，在配合饲料中用量可占5%～10%。

(2)动物性蛋白质饲料　动物性蛋白质饲料包括鱼粉、血粉、蚕蛹粉及羽毛粉等。这类饲料的营养特点是：

①蛋白质含量高、品质好，含必需氨基酸齐全，特别是赖氨酸、色氨酸含量很丰富，生物学价值很高。

②含碳水化合物很少，几乎不含粗纤维，容易消化吸收。

③钙、磷含量较高且比例恰当，肉鸡能充分利用。另外，微量元素的含量也很丰富。

④B族维生素含量丰富，特别是维生素 B_6 含量高。还含有一定量的脂溶性维生素，如维生素A、维生素D等。

另外，动物性蛋白质饲料还含有一定量的未知生长因素，能提高肉鸡对营养物质的消化吸收率，促进生长。

常用的动物性蛋白质饲料有：

①鱼粉。是理想的动物性蛋白质饲料。蛋白质含量高，进口鱼粉的蛋白质含量高达65%，国产鱼粉也在45%～60%。鱼粉蛋白质的品质优良，含有多种必需氨基酸，特别是限制性氨基酸如赖氨酸、蛋氨酸等含量高，还含有丰富的维生素和矿物质，与植物性蛋白质饲料配合使用，能显著提高蛋白质的利用率。但必须注意，鱼粉中含有一种叫肌胃糜烂素的物质，这种物质是组织胺与赖氨酸结合的产物，该物质有极强的胃酸分泌亢进作用，是引起肌胃糜烂症的罪魁元凶。有些国产鱼粉的质量很不稳定，含盐量较高，应注意防止食盐中毒。考虑到以上因素，加之鱼粉价格较高，在配合饲料中的用量一般在2%～5%。

②蚕蛹粉。含蛋白质50%～60%，是肉仔鸡良好的蛋白质饲料。但蚕蛹粉有一种特殊的腥臭味，使用过多会影响肉仔鸡屠体的品质，应严格控制用量，一般不应超过5%，同时，在肉仔鸡出栏前1周，应停止饲喂蚕蛹粉。

③肉骨粉。由人不能食用的畜禽尸体或畜禽屠宰副产品，经高压消毒煮烂，烘干粉碎制成。蛋白质含量40%～60%，脂肪8%～10%，矿物质10%～25%，钙、磷比例恰当，富含维生素 B_{12}，价格也不是很高，是养肉鸡的好饲料。但其受细菌污染的可能性

极高，尤以沙门氏菌、大肠杆菌的污染最受关注。肉骨粉掺假现象也较严重，用来喂鸡时应特别注意，应将用量控制在5%以下。WTO对动物生产使用肉骨粉已提出质疑，有待进一步考查验证。

另外，动物性蛋白质饲料中血粉及羽毛粉，虽然蛋白质含量较高，但鸡对其利用率只有30%左右，且适口性差，用做鸡饲料不算理想。

(3)单细胞蛋白质饲料 是新开辟的蛋白质饲料资源。许多国家为解决蛋白质饲料问题，十分重视单细胞蛋白质饲料的开发。单细胞蛋白质饲料的营养特点是：

①干物质中蛋白质含量丰富，但蛋氨酸含量较低，故蛋白质品质不如动物性蛋白质饲料。

②各种营养物质的消化率比较高，在肉鸡饲养中有提高饲粮消化率的作用。

③矿物质中钙含量较少，磷含量较多，钙、磷比例不当。

④含维生素丰富，特别是B族维生素含量高，以维生素 B_2 和泛酸含量最丰富。

⑤适口性较差。

常用的单细胞蛋白质饲料有：

①饲料酵母。蛋白质含量50%～55%，品质较好，鸡对其消化率为85%左右，生物学价值为63%～68%，B族维生素和矿物质含量丰富，含多种消化酶，可促进对饲料的消化、吸收和利用。肉鸡饲粮中加入3%～7%的饲料酵母，可补充饲粮中蛋白质和维生素的不足，提高增重，降低饲料消耗，提高饲料报酬。

②石油酵母。是以石油或天然气为碳源和能量培养的一种酵母，蛋白质含量50%～60%，含赖氨酸较多，各种氨基酸种类和数量比较齐全。石油酵母的营养价值略低于豆粕，但适量加入0.2%～0.3%消旋蛋氨酸后，其营养价值与鱼粉相当，其蛋白质的消化率雏鸡为85%，成年鸡为87%。

☞ 20. 碳水化合物有哪些营养作用？

碳水化合物的来源最为广泛，它是植物性饲料的主要成分，也是肉鸡饲粮中含量最多的营养物质，占配合饲料的65%～85%。碳水化合物主要包括淀粉、纤维素、半纤维素、木质素及一些可溶性糖类。

淀粉存在于谷类饲料、果实与植物根茎中，是最容易消化的多糖。肉鸡对饲料中淀粉的消化率为95%左右。

可消化碳水化合物的营养作用主要是供给鸡体内生命活动所需要的能量。对肉鸡有用的碳水化合物主要有淀粉、二已糖、麦芽糖和葡萄糖，不能利用乳糖。可消化碳水化合物，在鸡的消化道内被分解成葡萄糖吸收进入血液，是鸡体能量需要的最主要、最有效的来源。除了氧化分解供能外，多余的碳水化合物在鸡体内可转化为糖原和脂肪，储存在体内。肉鸡生长过程中，如果饲粮中能量不足，为维持正常体温及各器官的生命活动，便开始动用体内储存的糖原和脂肪，甚至进而动用蛋白质产能。因此，肉鸡饲粮缺乏碳水化合物时，肉鸡生长减慢或停滞，鸡体消瘦，体重减轻。

由于鸡的消化道较短，肠道微生物也少，对纤维素几乎不能利用，纤维素含量过高，会影响其他营养物质的利用和肉鸡的生长速度。但纤维素有刺激肠道蠕动、维持正常消化功能等作用，严重缺乏时也会出现消化不良、便秘，甚至导致肉鸡啄癖。

☞ 21. 什么叫粗脂肪？粗脂肪有哪些营养作用？

脂肪是甘油和脂肪酸的化合物，是肉鸡饲粮中的重要组成部分。在饲料分析中，凡是能够用乙醚浸出的物质统称为粗脂肪，包括真脂肪和类脂(固醇、磷脂等)。粗脂肪的营养作用主要有：

(1)*产生热能* 脂肪同碳水化合物一样，在鸡体内分解后产生热量，用以维持体温和供给机体各器官运动时所需要的能量。脂肪含有的热能值比碳水化合物高，单位重量产生的热能是碳水化合物的2.25倍。所以，脂肪的首要作用是氧化供能。

(2)有利于脂溶性维生素的吸收 脂肪是体细胞的组成成分，也是脂溶性维生素的载体。脂溶性维生素A、维生素D、维生素E、维生素K，必须以脂肪作溶剂才能被鸡体吸收和在鸡体内运输转移，继而发挥生理作用。肉鸡饲粮缺乏脂肪时，由于脂溶性维生素不能被很好的吸收和利用，鸡群中容易发生维生素缺乏症，肉仔鸡生长缓慢，甚至引起鸡只死亡。试验证明，肉鸡饲粮中含0.7%的脂类时，胡萝卜素的吸收率只有20%，当饲粮脂类含量达到4%时，胡萝卜素的吸收率提高到60%。

(3)提供必需脂肪酸 脂肪酸中的亚麻油酸、次亚麻油酸及花生油酸对肉鸡的生长发育有重要作用，特别是亚油酸、亚麻酸和花生四烯酸，必须由饲粮提供，称为必需脂肪酸。肉鸡饲粮中缺乏必需脂肪酸时，生长受阻，甚至引起死亡。

实验证明，肉仔鸡饲粮中添加1%～5%的粗脂肪，能提高肉仔鸡的生长速度，并能有效地提高饲料转化率。

(4)延长食物在消化道停留的时间 脂肪的存在能一定程度地延长食物在消化道停留的时间，有助于饲粮中营养素的消化吸收。有试验报道，加油脂后可使肉鸡饲粮蛋白质消化率提高5%。

☞ 22. 什么叫能量饲料？肉鸡常用的能量饲料有哪些？

能量饲料是指富含碳水化合物和脂肪的饲料，其干物质中粗纤维含量低于18%，粗蛋白质含量低于20%。肉鸡生产中常用的主要有禾本科谷实类、糠麸类和油脂类等饲料。

(1)能量饲料的营养特点

①干物质中以无氮浸出物为主，主要是淀粉，平均占干物质的70%～80%。适口性好，消化率高，含能量高，每千克干物质的代谢能为7.1～14.6 MJ，是供给鸡能量的基础饲料。

②蛋白质含量较低，一般为 8%～15%，氨基酸种类不全，赖氨酸、蛋氨酸及色氨酸含量少，蛋白质的生物学价值一般为 50%～70%。

③矿物质中钙较少，磷较多，但鸡对其中的磷吸收利用率较低。

④B 族维生素和维生素 E 含量较多，但缺乏维生素 D 和维生素 C。除黄玉米外，一般都缺乏胡萝卜素。

(2)常用的能量饲料　肉鸡常用的能量饲料主要有：

①玉米。含热能高，粗纤维少，适口性好，来源广泛，有能量饲料之王的美称。主要成分是淀粉，脂肪含量较其他谷物高，也是必需脂肪酸的重要供给源。中等质地的玉米，每千克含代谢能 13.00～14.65 MJ，粗蛋白质 8.6%～8.8%。在肉仔鸡饲粮中用量一般在 50%～70%。

②高粱。高粱的主要成分为淀粉，粗纤维含量少，粗蛋白质含量与玉米相当。高粱的种皮部分含有单宁，具有苦涩味，适口性差，食用过量容易引起便秘。在肉鸡饲粮中用量一般不超过 10%。

③小麦。小麦含热量与玉米相近，蛋白质含量比玉米高，且蛋白质的氨基酸配比比其他谷实完全，B 族维生素含量也较丰富。小麦与玉米配合使用效果较好，在肉鸡饲粮中可以达到 10%～30%。

④大麦。含热量比小麦低，B 族维生素含量丰富，因皮壳较硬，较少用于肉鸡饲粮。一般要破碎或发芽处理后少量搭配饲喂。

⑤糠麸类。米、麦类加工后的副产品统称为糠麸类饲料，如小麦麸及米糠等。这类饲料粗纤维含量高，容积大，B 族维生素含量丰富，含热量较低，在种鸡饲粮中可限量使用，一般用量在 5%～10%，肉仔鸡生长强度大，饲粮中最好不使用糠麸。

⑥油脂类。油脂的热能值较高，其热能含量是碳水化合物的2.25倍。油脂可分为植物性油脂和动物性油脂两大类。肉鸡对植物性油脂的吸收率高于动物性油脂。肉仔鸡饲粮需要高蛋白和高脂肪，因此饲粮中一般需要加入1%～3%的油脂，这对提高肉鸡增重和饲料转化率都有好处。

☞ 23. 肉鸡饲粮中粗纤维有什么作用？其含量过高有什么危害？

由于鸡的消化道较短，肠道微生物也少，对饲粮中的粗纤维几乎不能利用。所以，粗纤维是肉鸡饲粮配合时很容易被忽视的一种成分。实际上，粗纤维对肉鸡是不可缺少的营养物质，而且具有重要的生理调节功能。粗纤维具有填充嗉囊和胃肠空间，刺激胃肠蠕动，帮助消化，增进食欲等作用。如果饲粮中粗纤维含量过低，会引起肉鸡消化道疾病，羽毛生长发育不良，出现便秘、啄癖等。

从另一个角度，肉仔鸡饲粮中粗纤维含量过高，对肉仔鸡的生长发育同样是不利的。饲粮粗纤维含量过高时，一方面，饲粮中其他养分的浓度会相应降低，特别是肉仔鸡高蛋白、高能量饲粮的要求不能得到满足，肉鸡早期生长速度快的优势也得不到发挥；另一方面，粗纤维含量过高，食物在消化道停留的时间缩短，排泄加快，其他养分的消化吸收率降低，饲料报酬随之降低。

总之，粗纤维在肉鸡饲粮中是不可或缺的营养成分，有重要的生理调节功能，但含量过多则有害。肉仔鸡饲粮中，粗纤维含量宜掌控在2.5%～4.0%，种鸡饲粮中也不宜超过5.0%。

☞ 24. 肉鸡饲粮中钙和磷的主要功能是什么？

钙和磷是肉仔鸡需要最多的两种矿物质元素。在体内矿物质总量中有65%～70%是钙和磷的化合物。体内99%的钙和80%的磷存在于骨骼中，其余的存在于血液、淋巴液及其他组织中。

钙和磷的主要功能是参与骨骼形成，它们是构成骨骼的主要原料。另外，血浆中的钙离子还参与维持肌肉和神经的正常生理功能。钙离子浓度下降能引起肌肉神经敏感性增强，严重时会发生抽搐。钙离子还有促使血液凝结的作用。磷在肌肉组织中以磷肌酸和三磷酸腺苷的形式存在，与肌肉收缩功能有密切关系。磷酸盐还是维持血液正常酸碱平衡的重要缓冲物质。饲粮中缺乏钙和磷时，肉仔鸡食欲减退，生长缓慢，严重时关节硬化，骨质疏松，易患佝偻病和软骨病。

肉仔鸡饲粮中，不仅要钙、磷数量充足，还要保持合适的比例，一般要求(1.5～2.0)∶1。另外，肉鸡不能有效地利用植酸磷，配合肉鸡饲粮时应注意满足有效磷的需要。

☞ 25. 哪些物质可以作为钙质饲料和磷质饲料的来源？

(1)钙质饲料　这类饲料含有多量的钙，基本不含磷。常用的钙质饲料有：

①石粉。又称石灰石粉，由石灰石加工粉碎而成，含钙35%以上，是肉鸡良好的钙质饲料，但有些石灰石中含氟，加工时应注意脱氟。

②贝壳粉。由各种贝类的贝壳晒干粉碎而成，含钙26%～40%。

③蛋壳粉。由蛋壳消毒后粉碎而成，含钙40%左右。

(2)磷质饲料　在肉鸡的能量饲料和蛋白质饲料中含有一定量的磷，但多为有机磷，鸡对其利用率很低。因此，鸡饲粮中应添加无机磷。常用的磷质饲料有：

①磷酸氢钙。磷含量16.5%～17%，钙含量23%～25%，是目前养鸡业应用最广泛的磷源饲料。

②过磷酸钙。磷含量24.6%，钙含量15.9%以上。

③磷酸氢钠。磷酸含量25.83%，钠含量19.87%。

④磷酸二氢钠。磷含量21.83%，钠含量32.89%。

使用磷酸氢钠和磷酸二氢钠时，应注意不要使肉鸡饲粮中的钠超过饲养标准。

(3)钙和磷平衡的钙磷饲料 这类饲料含钙也含磷，同时钙、磷比例也符合鸡的营养需求。常用的钙、磷饲料有：

①蒸骨粉。新鲜的骨头经高温蒸煮后，去除有机物质，经粉碎而成。其中的主要成分是磷酸钙，含钙30%，含磷14%。

②生骨粉。动物骨头在非高温高压下充分蒸煮，然后粉碎。含有较多的有机物质，质地比较坚硬，一般含钙23%，含磷10.5%。这种骨粉的消化性较差，用来喂鸡的效果低于蒸骨粉。

③骨炭粉。动物骨头在密闭容器内燃烧而成的骨炭粉，含钙22%，含磷10.9%，也是鸡较好的钙、磷补充饲料。

☞ 26. 脂溶性维生素有哪几种？对肉鸡有什么营养作用？

维生素是一类具有高度生物活性的低分子有机物质。它以调节碳水化合物、脂肪、蛋白质代谢为主要功能。它不产生热量，也不是构成机体组织的原料，肉鸡对其需要量也很少，但它对保持肉鸡的健康、促进生长发育、提高饲料利用率有着很大的作用。

维生素的种类很多，一般分为脂溶性维生素和水溶性维生素两大类。脂溶性维生素包括维生素A、维生素D、维生素E、维生素K。脂溶性维生素可在体内积蓄，长期超量饲喂，会出现有害作用。

(1)维生素A 维生素A的主要功能是促进鸡的生长发育，保护消化道、呼吸道和生殖道黏膜的完整性。能增强机体对疾病的抵抗力。缺乏维生素A时，肉鸡的生长发育受阻，抗病能力降低，易患眼睛疾病，眼和鼻排出干酪样黏液。肉种鸡缺乏会导致产蛋量下降，种蛋孵化率降低。

维生素A在动物性饲料中含量较多，植物性饲料中含维生素

A原，即胡萝卜素，在胡萝卜、苜蓿干草及青绿饲料中含量较多，黄玉米中含有少量胡萝卜素。因此，肉鸡饲粮中必须注意添加维生素A，一般每千克饲粮不少于1 600 IU。实际生产中添加量通常是最低需要量的几倍甚至十几倍。

(2)维生素D　维生素D与机体的钙、磷代谢有关，能促进饲料中钙、磷的吸收和利用，调节血液钙、磷水平。饲料中缺乏维生素D，肉仔鸡生长发育不良，羽毛蓬乱，骨化不良，腿脚无力，喙、脚、胸骨变软而弯曲，踝关节肿大，步态不自然，重者发生佝偻病和瘫痪。产蛋种鸡缺乏时，薄壳蛋、软壳蛋增多，种蛋孵化率显著降低。维生素D的存在形式有维生素D_2(麦角钙化醇)和维生素D_3(胆钙化醇)。可由植物内麦角固醇和动物皮肤内7-脱氢胆固醇转化而来。维生素D在动物肝脏、奶油和蛋黄中含量丰富。每千克肉仔鸡饲粮中一般需要添加1 000 IU。

(3)维生素E　维生素E对鸡的生殖机能具有重要作用。它是一种抗氧化剂和代谢调节剂，对消化道和机体组织中的维生素A具有保护作用。维生素E作为生物抗氧化剂维护生物膜的完整性；也可增强免疫机能，提高抗应激能力。肉仔鸡在应激状态下对维生素E的需要量增加。维生素E添加到肉鸡饲粮中有解毒、抗肿瘤、抗感染、增强抵抗力和抑制亚硝酸盐形成等作用。缺乏维生素E时，肉仔鸡生长发育缓慢，容易发生渗出性素质炎和肌肉营养不良。肉仔鸡对维生素E的需要量为每千克饲粮200 IU。

(4)维生素K　又叫凝血维生素或抗出血维生素。主要功能是促进肝脏合成凝血酶原和凝血活素，维持正常的凝血机能。维生素K主要的生物活性形式有维生素K_1、维生素K_2、维生素K_3，生物活性比为4∶2∶1。

维生素K缺乏时，雏鸡皮下出血，出现紫斑，种鸡孵化率下降。当有逆境因素存在时，如球虫病或服用抗生素等情况下，维生素K吸收率下降，会造成维生素K缺乏。

☞ 27. 水溶性维生素有哪几种？对肉鸡有什么营养作用？

水溶性维生素包括B族维生素及维生素C。水溶性维生素在鸡体内不能蓄积，因此短期超量使用一般无害。

(1)维生素B_1　又叫硫胺素，是许多细胞酶的辅酶，参与脂肪酸、胆固醇和神经介质——乙酰胆碱的合成。参与碳水化合物代谢过程的α-酮酸的氧化脱羧反应。当肉鸡饲粮中缺乏硫胺素时，丙酮酸不能进入三羧循环中氧化，积累于血液、脑及心肌组织中，使肉鸡出现多发性神经炎。一般表现为食欲减退，体重减轻，羽毛松乱，腿无力，贫血和下痢。出现麻痹或痉挛症状。头向背后极度弯曲，呈所谓“观星”姿势，有的发生瘫痪。

(2)维生素B_2　又叫核黄素，是黄素蛋白的成分，主要构成细胞黄素辅基，参与能量代谢、蛋白质代谢及脂肪酸的合成与分解。肉鸡饲粮中缺乏核黄素，会引起机体碳水化合物与蛋白质代谢紊乱。雏鸡缺乏维生素B_2的特征性症状是趾爪向内卷缩，两肢发生瘫痪，以飞节着地，翅展开以维持身体平衡。不论走动、休息，均用飞节着地。

(3)泛酸　也叫维生素B_3，是辅酶A的组成成分，与碳水化合物、脂肪和蛋白质代谢有关。泛酸缺乏时会影响辅酶A的合成，使三大营养物质的代谢紊乱。一般饲料中都含有一定量的泛酸，以糠麸和植物性蛋白质饲料含量最为丰富。但玉米中含量极少，以玉米为主要成分的饲粮，泛酸很难达到需要量，必须补充添加剂。泛酸缺乏时，肉鸡生长受阻，出现皮炎。

(4)烟酸　又叫维生素B_5，是辅酶Ⅰ和辅酶Ⅱ的组成成分，与三大营养物质的代谢有关，在氧化还原过程中起传递氢的作用。肉鸡缺乏时易发生“黑舌病”。

(5)维生素B_6　包括吡哆醇、吡哆胺和吡哆醛，三者的生物活性大致相同，是促进蛋白质代谢的酶系统中最活跃的组分，在氨基酸脱羧反应和氨基换位过程中起触酶作用。另外，肉毒碱是脂肪代谢所必需的，它参与脂肪酸的运转，而肉毒碱的合成需要维生素 B_6。当肉鸡饲粮缺乏维生素 B_6 时，鸡会出现神经障碍，从兴奋而至痉挛，雏鸡食欲减退，生长缓慢。

(6)生物素　又叫维生素 H，是一种辅酶，与各种有机物质的代谢都有关系。它能促进不饱和脂肪酸的合成。当生物素缺乏时，肉鸡可出现与泛酸缺乏相类似的皮炎。生物素在蛋白质饲料中含量丰富，青绿饲料、糠麸类饲料中含量也较多。鸡对禾本科谷实中的生物素利用率不同，对玉米中的生物素利用率高，麦类中的生物素几乎不被利用或利用率很低。

(7)叶酸　叶酸参与物质分解过程中形成的碳基团的中间代谢，参与氨基酸互变中碳单位的转移，是蛋白质合成所必需的生物活性物质。肉鸡缺乏叶酸时，生长发育不良，羽毛生长受阻，色素消失，还可造成贫血。种鸡缺乏时，产蛋率及孵化率降低，胚胎出现胫骨弯曲、下腭缺损、并趾和出血等。

(8)维生素 B_{12}　又叫钴胺素，含 4.5%的金属钴。它参与碳基团的形成、分解和转移。维生素 B_{12} 与叶酸的作用互相关联，影响体内活性甲基的形成。维生素 B_{12} 可以促使叶酸转变为活性形式，从而提高叶酸的利用率。当维生素 B_{12} 缺乏时，含有叶酸的蛋氨酸合成酶的活性下降，直接影响蛋白质的合成，导致肉鸡生长停滞，出现滑腱症，死亡率升高。成年鸡肝脏、肾脏脂肪化，发生肌胃炎症，种蛋孵化率降低，胚胎后期死亡等。动物性饲料中含丰富的维生素 B_{12}，而植物性饲料中几乎没有维生素 B_{12}。

(9)维生素 C　又叫抗坏血酸。维生素 C 可促进肠道内铁的吸收，增强机体免疫力。特别是在炎热的夏季或其他应激条件下，维生素 C 可缓解应激反应。肉鸡饲粮中充足的维生素 C 可增加机体肉毒碱的合成，促进甘油三酯在体内的沉积。维生素 E 可促进维生素 C 在肉鸡体内的合成，两者在抗应激和提高免疫功能方面有协同作用。

维生素C缺乏时，雏鸡表现为生长停滞，体重减轻，关节变软，严重时身体各部位出血或贫血。正常情况下，肉鸡体内能合成一部分维生素C，一般不会发生维生素C缺乏症，但高温应激时，鸡体内合成维生素C的能力降低，就需要及时补充维生素C添加剂。

商品维生素C是白色结晶粉末，极易氧化，在光和高温条件下易破坏。维生素C的酸性较强，会影响其他维生素的活性，应选用包被维生素C作添加剂。

☞ 28. 肉仔鸡饲粮中为什么强调添加氯化胆碱？

胆碱广泛存在于动、植物体内。它不作为代谢过程中的催化剂，而是卵磷脂和乙酰胆碱的组成成分。卵磷脂参与脂肪代谢，对脂肪的吸收、转化起一定的作用，可防止脂肪在肝脏内沉积。胆碱缺乏会引起脂肪代谢障碍，脂肪在细胞内沉积，肝脏发生脂肪浸润导致脂肪肝。胆碱不足，同时缺锰还是生长鸡发生骨骼短粗症和滑腱症的主要原因。

胆碱、蛋氨酸、甜菜碱都是鸡体内重要的甲基供体。肉鸡饲粮中胆碱充足，可降低蛋氨酸的需要量。胆碱中的甲基可供机体合成蛋氨酸，同样，蛋氨酸中的甲基也可供机体合成胆碱，这个甲基转移过程需要维生素B_{12}及叶酸的参与。所以，肉鸡对胆碱的需要量与饲粮中蛋氨酸、维生素B_{12}及叶酸的含量有关。

☞ 29. 食盐对鸡有哪些营养作用？

食盐中含有氯和钠，主要分布于血液和体液中。钠在消化液中呈碱性，有降低酸度，保持消化酶活性的作用。还调节血液的酸碱度，维持心脏的正常活动等。氯在胃内可形成盐酸，使胃内保持较高的酸度，有利于破坏纤维、细胞壁等，使蛋白质、淀粉等营养物质暴露，以便进行消化，同时，氯也对维持体内渗透压和酸碱平衡有重要作用。

配合肉鸡饲粮时,一般是使用食盐满足氯和钠的需要量。饲粮中补加食盐,不仅提供了氯,也满足了肉鸡对钠的需要量,同时食盐有改善饲粮适口性的作用。但配合肉鸡饲粮时,应考虑鱼粉等饲料原料中可能含有食盐,添加量过大,容易造成食盐中毒。肉鸡饲粮中食盐的需要量一般为0.3%~0.4%。

30. 肉鸡需要哪些微量元素?它们有什么营养作用?

(1)铁　铁是鸡体内血红蛋白和某些酶类的组成成分,是造血和形成羽毛色素所必需的物质。机体内的铁,有60%~70%存在于血红素中,有20%的铁与蛋白质结合成铁蛋白,储存在肝脏、脾脏、骨髓及其他组织中。有的铁还组成肌红蛋白和细胞色素酶及多种氧化酶。血红素和肌红蛋白是铁的主要载体,对鸡体血液中红细胞的更新有重要意义,如果机体缺铁,容易造成鸡贫血。

正常情况下,配合饲粮中的铁可以满足鸡的营养需求,但考虑到肉鸡快速生长及容易发生应激等情况,在实际生产中,应按照鸡的饲养标准再额外添加铁,一般每千克饲粮中添加硫酸亚铁130~200 mg,同时应保证有充足的铜和维生素 B_6,因为两者的缺乏会影响铁的吸收。

(2)铜　实验证明,鸡对铜的需要量很少,每千克饲粮 4 mg 即可。铜对鸡的作用却很广泛,它是鸡体内很多酶的组成成分,对血红蛋白的形成起催化作用。缺铜会影响铁的吸收,所以缺铜和缺铁一样会出现贫血症状。缺铜还不利于钙和磷在软骨上的沉积,影响骨骼的正常发育,从而导致佝偻病和骨质疏松症。

正常情况下,由于常用饲料中含铜量都高于鸡体需要量,加之微量元素添加剂大多使用硫酸盐,一般不会出现铜缺乏症。

(3)锰　锰在鸡体内主要存在于血液和肝脏中,是某些酶的辅酶,参与三大营养物质的代谢。锰是骨骼正常生长所必需的元素,缺锰时雏鸡易患骨短粗症，也叫滑腱症，还会使蛋壳强度降低，种蛋的孵化率下降。

鸡每千克饲粮中要求含锰 55 mg。常规饲料中一般不能满足鸡的需要量，需要补充锰制剂，如每千克饲粮补充 242 mg 硫酸锰，即可满足鸡对锰的需要。

(4)锌　锌对鸡体的作用非常重要，它是鸡体内多种酶、激素、胰岛素的组成成分，参与三大营养物质的代谢，与毛的生长、皮肤健康等有密切关系。鸡缺锌后表现为食欲下降，生长受阻，体质虚弱。

一般情况下，肉鸡饲粮中需要适量补充锌。肉鸡饲粮要求的含锌量是每千克饲粮含 65 mg 锌。如果饲粮中含钙过多，会影响锌的吸收，容易造成锌缺乏症。

(5)碘　鸡体内 70%～80%的碘存在于甲状腺中，是甲状腺的构成成分。碘参与体内各种物质代谢过程，对能量代谢、生长发育和繁殖等生理功能有促进作用。缺碘会使鸡患甲状腺肿大，鸡的生长缓慢，骨骼发育不良，成年鸡产蛋减少，种蛋孵化率降低。

沿海地区，海产品及饮水中含有一定量的碘，很少发生缺碘症。内陆地区，饲料中含碘量往往不够，需适量补充碘添加剂或使用含碘食盐。每千克饲粮中含碘 1 mg 即可满足肉鸡的需要。

(6)硒　硒是谷胱甘肽过氧化物酶的组成成分，与维生素 E 及一切抗氧化剂密切相关，可防止细胞的氧化，保护细胞膜不受损害。缺硒时，鸡发生渗出性素质、心脏损伤、心包积水等。一般情况下，每千克肉鸡饲粮中含硒 0.1～0.2 mg 即可满足需要。我国大部分地区的土壤中缺硒，饲料原料中含硒很微量，需要使用含硒添加剂。

目前，我国饲料生产中使用的微量元素添加剂原料主要是无机化合物，有硫酸盐、碳酸盐、氧化物等。其中，以硫酸盐最好，氧化物最差。近几年来出现的有机微量元素化合物，如蛋氨酸锌、蛋氨酸锰、色氨酸铁等，鸡对其中元素的利用率比硫酸盐要高，但由于成本提高，在生产中的推广应用受到了一定的限制。

☞ 31. 肉鸡常用哪些营养性饲料添加剂？

肉鸡饲料添加剂可分为两大类，即营养性添加剂和非营养性添加剂。营养性添加剂是指肉鸡生长发育所必需的营养素，但在饲粮中的用量甚微，诸如氨基酸、维生素、微量元素、矿物质等，均为营养性添加剂。

（1）氨基酸添加剂　由于蛋白质的营养就是氨基酸的营养，提高肉鸡饲粮蛋白质的消化吸收率，关键是改善蛋白质的品质。蛋白质品质的改善主要是通过使用氨基酸添加剂，使饲粮蛋白质的氨基酸含量达到平衡，提高消化吸收率和生物学价值。肉鸡饲粮中第一限制性氨基酸是蛋氨酸，第二限制性氨基酸是赖氨酸。所以，氨基酸添加剂最常用的是蛋氨酸和赖氨酸，色氨酸和苏氨酸有时也有使用。

①*DL*-蛋氨酸。又称甲硫氨酸，天然产品为*L*-蛋氨酸，人和动物对*L*型（左旋）和*D*型（右旋）蛋氨酸都能吸收，对其他氨基酸则只能吸收*L*型。所以，市售蛋氨酸多属化学合成的*D*-蛋氨酸和*L*-蛋氨酸的混合物，或消旋羟基类似物（MAH）。*DL*-蛋氨酸与天然蛋氨酸营养价值相同，是白色粉末。消旋羟基类似物也称为液体蛋氨酸，能替代蛋氨酸应用，其效价为1.29 g相当于1 g *DL*-蛋氨酸。

②*L*-赖氨酸盐酸盐。简称*L*-赖氨酸或赖氨酸。纯度98%，白色结晶粉末，易溶于水，略有潮解性。*D*-赖氨酸不能被动物利用，在动物体内也不能转化成*L*-赖氨酸。因此，饲料添加剂只使用*L*型蛋氨酸，其生物学活性为78%左右。

（2）维生素添加剂　国内外已作为商品生产的维生素添加剂有维生素A、维生素D、维生素E、维生素K、硫胺素、核黄素、吡哆醇、泛酸、叶酸、钴胺素、烟酸、胆碱和生物素等单品。复合维生素一般是将各种单体维生素，按一定配方，用玉米或次粉作扩散剂，充分混匀而成。

①脂溶性维生素。

维生素 A：维生素 A 的纯化合物是视黄醇，极易被破坏。商品维生素 A 一般先进行酯化，以提高稳定性。维生素 A 酯化物中性质比较稳定的是醋酸酯。本品易吸潮，遇热、遇酸、见光及吸潮后易分解，使活性降低，包被后可减少损失。在正常储存条件下，维生素 A 在维生素预混物中每月损失 0.5%～1.0%，在有矿物质的预混物中，每月损失 2%～5%，在全价饲料中，温度在 24～37.5℃的环境中，每月损失 5%～10%。

维生素 D_3：商品维生素 D_3 是以维生素 D_3 原油为原料，配以一定量的抗氧化剂，采用明胶和淀粉等辅料，用喷雾法制成米黄色或黄棕色的微粒。维生素 D_3 的活性成分含量多为每克 50 万 IU，也有每克含量为 20 万 IU 的产品。

维生素 D_3 遇热、见光、吸潮后易分解，活性成分降低。在维生素预混物中，20～25℃的避光干燥条件下，储存 12～24 个月没有损失，但在 35℃下，储存 24 个月损失 35%。

维生素 E：商品维生素 E 是由 *DL-α-*生育酚醋酸酯为原料，加入适当的吸附剂制成的白色或淡黄色粉末。1 mg *DL-α-*生育酚醋酸酯等于 1 IU 维生素 E。商品维生素 E 的活性成分为 50%。

维生素 E 在维生素预混物中可储存 24 个月，5℃条件下只损失 5%，20～25℃下损失 7%，35℃下损失 13%。

维生素 K：自然界中发现的维生素 K 有两种，即维生素 K_1，存在于所有青绿饲料中；维生素 K_2 在珍禽的肠道中可以合成。在珍禽饲粮中添加的通常是化学合成的维生素 K，即维生素 K_3，考虑到稳定性，多用其亚硫酸钠的复合物或其衍生物。维生素 K_3 是用明胶包被而成，为白色或黄褐色结晶粉末，含活性成分 50%或

63%。包被品易溶于水(实际成为水溶性维生素),遇光易分解,潮湿、高温能加速分解。

②水溶性维生素。

维生素 B_1:商品维生素 B_1 有两种产品,即盐酸硫胺素和单硝酸硫胺素,均为白色粉末,具有吸湿性,易溶于水,活性成分含量一般为 96%。单硝酸硫胺素较盐酸硫胺素稳定,在高温、高湿季节,或使用氯化胆碱的预混物中,应选用单硝酸硫胺素。

维生素 B_2:添加剂使用的商品维生素 B_2 为黄色或橙黄色结晶粉末,对热和氧稳定,对碱、光和紫外线极为敏感,易分解失效,易吸潮,应避光干燥保存。常用的维生素 B_2 纯度 96%,也有 55%和 50%的剂型。

泛酸:生产中常用白色 *D*-泛酸钙作添加剂,1 mg *D*-泛酸钙相当于 1.087 mg 泛酸,实际应用中一般不考虑 *D*-泛酸钙与泛酸之间的差数,商品 *D*-泛酸钙纯度为 98%。*D*-泛酸钙对湿热不稳定,与酸性物质接触时,易脱氧失去活性。

烟酸:商品烟酸为白色结晶粉末,性质稳定,耐酸、碱、光、热和氧。商品烟酸纯度为 99%。

维生素 B_6:维生素 B_6 的商品名叫盐酸吡哆醇,为白色结晶粉末,纯度 98%,活性成分为 82.3%,对热和氧稳定。

生物素:商品生物素纯品为白色针状结晶,对光和氧稳定,在弱酸、弱碱溶液中较稳定,但强酸、强碱和热都易使其分解。作添加剂使用的商品生物素含量一般为 1%和 2%两种剂型。

叶酸:商品叶酸是黄色或橙黄色结晶粉末。对空气和热稳定,光、酸、碱、氧化剂和还原剂均对其有破坏作用。商品叶酸含量为 97%。

维生素 B_{12}:商品维生素 B_{12} 是红棕色结晶粉末,对热和空气较稳定,在碱、强酸和紫外线下易被破坏。商品维生素 B_{12} 含量为 1%。

③胆碱。饲料生产中一般使用含量50%的氯化胆碱粉剂作为添加剂。本品吸湿性强，性质稳定，对其他维生素具有很强的破坏作用。因此，在维生素预混物中不加入氯化胆碱。

1.15 mg氯化胆碱相当于1 mg胆碱，即50%的氯化胆碱中相当于含胆碱43.5%，但实际应用时一般不计算氯化胆碱与胆碱的差数。

(3)微量元素添加剂 目前，珍禽饲粮中需要添加的微量元素主要包括铁(Fe)、铜(Cu)、锰(Mn)、锌(Zn)、碘(I)、钴(Co)、硒(Se)等，这些添加剂的来源如表3-1所示。为了便于用户使用，现在市场上也有复合微量元素添加剂，一般用石粉作扩散剂生产。

表3-1 微量元素添加剂原料

元素	化合物	化学式	微量元素含量(%)
铁	七水硫酸铁	$FeSO_4 \cdot 7H_2O$	20.1
	一水硫酸铁	$FeSO_4 \cdot H_2O$	32.9
	碳酸亚铁	$FeCO_3$	41.7
铜	五水硫酸铜	$CuSO_4 \cdot 5H_2O$	25.5
	一水硫酸铜	$CuSO_4 \cdot H_2O$	35.8
	碳酸铜	$CuCO_3$	51.4
锰	五水硫酸锰	$MnSO_4 \cdot 5H_2O$	22.8
	一水硫酸锰	$MnSO_4 \cdot H_2O$	32.5
	氧化锰	MnO	77.4
	碳酸锰	$MnCO_3$	47.8
锌	七水硫酸锌	$ZnSO_4 \cdot 7H_2O$	22.75
	一水硫酸锌	$ZnSO_4 \cdot H_2O$	36.45
	氧化锌	ZnO	80.3
	碳酸锌	$ZnCO_3$	52.1
硒	亚硒酸钠	$NaSeO_3$	45.6
	硒酸钠	$NaSeO_4$	41.77
碘	碘化钾	KI	76.45
	碘酸钙	$Ca(IO_3)_2$	65.1

☞ 32. 绿色饲料添加剂主要包括哪些种类？怎样使用？

为提高肉鸡饲粮的适口性和利用率，抑制肠道有害菌感染，增强机体的抗病力和免疫力，满足肉鸡健康需要，防止疾病发生，肉鸡饲粮中还需要添加一定量的非营养性添加剂。近年来，随着现代肉鸡生产的发展，人们越来越重视绿色饲料添加剂的开发利用，也收到了非常显著的成效。

(1)微生态制剂　也称有益菌制剂，是将动物体内的有益微生物经人工筛选培育，再经过现代生物工程工厂生产，专门用于动物营养保健的活菌制剂。有的微生态制剂中有几种或十几种有益菌，如加藤菌、EM、益生素等；也有单一菌种的微生态制剂，如乳酸菌制剂。这些有益菌制剂，既可作为饲料添加剂或饮水剂直接饲用，也可用来发酵秸秆、粪便等，制成生物发酵饲料。微生态制剂的作用有：

①进入消化道后，首先建立并恢复肠道的优势菌群和微生态平衡，并产生一些消化菌和生物活性物质，从而提高饲料的消化率。

②抑制大肠杆菌等有害菌的感染和增殖，增强机体的抗病力和免疫力。

③使用微生态制剂后，可以少用甚至不用抗生素，对减少鸡体药物残留，提高肉鸡产品质量有重要作用。

④改善鸡舍空气环境，可使鸡舍内氨气、硫化氢等有害气体的含量减少70%以上。

(2)低聚糖　又叫寡聚糖，是由2～10个单糖通过糖苷键连接成直链或支链的小聚合物的总称。低聚糖的种类较多，如异麦芽糖低聚糖、异麦芽酮糖、大豆低聚糖、低聚半乳糖、低聚果糖等。它们不仅有低热、稳定、安全、无毒等良好的理化特性，而且由于分子结构上的特殊性，进入单胃动物肠道后，不被肠道消化酶所分解，也不被有害菌所利用，而是被肠道乳酸菌、双歧杆菌等有益菌利用，在有益菌体内分解成单糖，再按糖酵解途径被利用，促进有益菌的增殖，对肠道大肠杆菌、沙门氏菌等有害菌产生抑制作用，维持肠道的微生态平衡。

低聚糖与微生态制剂的不同在于，低聚糖是促进并维持肠道业已建立的正常微生态平衡；而微生态制剂则是通过外源性有益菌群，在消化道内重建或新建有益菌群并维持其微生态平衡。

(3)酶制剂 酶是促进蛋白质、脂肪、碳水化合物消化的催化剂，并参与体内各种代谢生化反应。目前，在生产中应用的有单一酶和复合酶，如非淀粉多糖酶、淀粉酶、蛋白-淀粉复合酶等。在此，需特别一提的是植酸酶，鸡对豆粕、棉粕、玉米、小麦麸等饲料中的磷几乎不能利用，这不仅造成资源的巨大浪费，还严重污染环境，而且植酸在消化道内是一种抗营养因子，它影响着钙、镁、钾、铁等阳离子和蛋白质、淀粉、脂肪、维生素等的消化吸收。植酸酶能将植酸水解，不但释放出磷被鸡体吸收利用，而且消除了消化道内的抗营养因子，提高了被拮抗的其他营养素的消化吸收率。

(4)酸化剂 常用的酸化剂为有机酸，如柠檬酸、延胡索酸、甲酸、乳酸、醋酸及磷酸等，可单一使用，也可复合使用，复合使用优于单一使用。酸化剂的作用是增加胃酸，激活消化酶，促进营养物质吸收，降低肠道 pH，抑制有害菌感染。

(5)防腐剂 防腐剂种类很多，如甲酸、乙酸、丙酸、丁酸、乳酸、苯甲酸、山梨酸及其有关盐。这里需特别强调双乙酸钠，在养鸡业中它不仅能有效地渗透到霉菌的细胞壁而干扰霉菌生长，从而对饲料有效地防霉、防腐和保鲜，而且由于有醋酸的芳香味，能提高饲料的适口性，掩盖其他的不适气味。双乙酸钠能抑制十多种霉菌及其孢子的生长和蔓延。双乙酸钠在人和动物体内代谢的最终产物是二氧化碳和水，无残留，安全可靠。

(6)大蒜素及中草药添加剂 大蒜很久以来就是人们餐桌上的重要食物，能刺激食欲和抑菌。用于饲料添加剂的大蒜粉和大蒜素,有诱食、杀菌、促进生长、提高饲料利用率的作用。

近年来,国内外对中草药添加剂的研究和开发,投入了大量人力和物力,取得了一定的成绩。中草药的毒副作用小,对病原菌不容易产生耐药性。但需要用现代医学理论与祖国传统中医理论结合起来去研究开发中草药,也要去粗留精,去伪存真。

☞ 33. 入世后肉鸡生产中还能否使用化学药物添加剂?

肉鸡产品的药物残留主要是由饲料添加剂和滥用兽药所致,特别是抗菌类药物、激素类药物、安眠药物等。人吃了含上述药物的鸡产品,首先是患细菌病时,使用这些抗菌药物疗效不佳,甚至无效;其次是有可能引起人体其他毒害,损伤身体组织器官。因此,如何使用饲料添加剂和兽药已经成为肉鸡生产中非常重要的课题。

目前,世界各国都在探讨减少兽药使用量同时使用绿色饲料添加剂的问题,从目前我国肉鸡养殖的实际情况和防治鸡病的水平来看,完全不使用化学药物仅局限于特定的狭窄范围内,在广泛的大范围内不使用化学药物,目前的技术水平还达不到。因此,兽药还得用。问题在于临床用药必须严格执行兽药管理条例,控制用药剂量和时间,特别是抗菌药物,严禁违犯条例滥用药物饲料添加剂。根据条例允许作兽药添加剂的兽药种类,在使用时,应按规定在饲料标签上注明含有药物添加剂字样,还必须标明药物的法定名称、准确含量、配伍禁忌、停药期及其他注意事项等。只有这样才可以避免在饲养管理过程中重复用药,肉鸡产品的药物残留才能控制在安全范围内。

根据兽药卫生管理条例,激素类、磺胺类、镇静类等药物严禁用做饲料添加剂。在临床上,原则上不用,必须应用时也应严格控制用量和时间,必须有充分的停药期。

肉鸡生产中允许使用的药物添加剂、无公害肉鸡饲养允许使用的治疗药物分别列于表 3-2 和表 3-3。

表 3-2　无公害肉鸡饲养中允许使用的药物饲料添加剂

类别	药品名称	用量（有效成分）	休药期（天）
抗生素	阿美拉霉素	5～10 mg/kg	0
	杆菌肽锌	以杆菌肽计 4 mg/kg,16 周龄以下使用	0
	杆菌肽锌＋硫酸黏杆菌素	(2～20) mg/kg ＋(0.4～4) mg/kg	7
	盐酸金霉素	20～50 mg/kg	7
	硫酸黏杆菌素	2～20 mg/kg	7
	恩拉霉素	1～5 mg/kg	7
	黄霉素	5 mg/kg	0
	吉他霉素	促生长 5～10 mg/kg	7
	那西肽	2.5 mg/kg	3
	牛至油	促生长 1.25～12.5 mg/kg；预防 11.25 mg/kg	0
	土霉素钙	10～50 mg/kg,10 周龄以下使用	7
	维吉尼亚霉素	5～20 mg/kg	1
抗球虫药	盐酸氨丙啉＋乙氧酰胺苯甲酯	125 mg/kg＋8 mg/kg	3
	盐酸氨丙啉＋乙氧酰胺苯甲酯＋磺胺喹啉	100 mg/kg＋5 mg/kg＋60 mg/kg	7
	氯羟吡啶	125 mg/kg	5
	复方氨羟吡啶粉（氯羟吡啶＋苄氧喹甲酯）	102 mg/kg＋8.4 mg/kg	7
	地克珠利	1 mg/kg	
	二硝托胺	125 mg/kg	3
	氢溴酸常山酮	3 mg/kg	5
	拉沙洛西钠	75～125 mg/kg	3
	马杜拉霉素铵	5 mg/kg	5
	莫能菌素	90～110 mg/kg	5
	甲基盐霉素	60～80 mg/kg	5
	甲基盐霉素＋尼卡巴嗪	(30～50) mg/kg＋(30～50) mg/kg	5

续表 3-2

类别	药品名称	用量（有效成分）	休药期（天）
抗球虫药	尼卡巴嗪	20～25 mg/kg	4
	尼卡巴嗪＋乙氧酰胺苯甲酯	125 mg/kg＋8 mg/kg	9
	盐酸氯苯胍	30～60 mg/kg	5
	盐霉素钠	60 mg/kg	5
	赛杜霉素钠	25 mg/kg	5

表 3-3 无公害肉鸡饲养中允许使用的治疗药物

类别	药品名称	剂型	用法与用量（以有效成分计）	休药期（天）
抗菌药	硫酸安普霉素	A	混饮，0.25～5 g/L，连饮 5 天	7
	亚甲基水杨酸杆菌肽	A	混饮，预防 25 mL/L；治疗 50～100 mg/L；连用 5～7 天	1
	硫酸黏杆菌素	A	混饮，20～60 mg/L	7
	甲磺酸达氟沙星	C	20～50 mg/L，1 次/天，连用 3 天	
	盐酸二氟沙星	BC	内服，混饮，每千克体重 5～10 mg，2 次/天，连用 3～5 天	1
	恩诺沙星	C	混饮，25～75 mg/L，2 次/天，连用 3～5 天	2
	氟苯尼考	B	内服，每千克体重 20～30 mg，2 次/天，连用 3～5 天	30（暂定）
	氟甲喹	A	内服，每千克体重 3～6，2 次/天，连用3～4 天，首次量加倍	
	吉他霉素	D	100～300 mg/kg，连用 5～7 天，不得超过 7 天	7
	酒石酸吉他霉素	A	混饮，250～500 mg/L，连用 3～5 天	7
	牛至油	D	22.5 mg/kg，连用 7 天	
	金荞麦散	B	治疗，混饲 2 g/kg；预防，混饲 1 g/kg	0
	盐酸沙拉沙星	C	20～50 mg/L，连用 3～5 天	

续表 3-3

类别	药品名称	剂型	用法与用量(以有效成分计)	休药期(天)
抗寄生虫药	磺胺氨哒嗪钠＋甲氧苄啶	B	内服,每千克体重 20 mg＋4 mg,每天 1 次,连用 3～6 天	1
	延胡索酸泰妙菌素	A	混饮,125～250 mg/L,连用 3 天	
	磷酸泰乐菌素	D	混饲,26～53 mg/kg	5
	酒石酸泰乐菌素	A	混饮,500 mg/L,连用 3 天	1
	盐酸氨丙啉	A	混饮,48 g/L,连用 5～7 天	7
	地克珠利	C	混饮,0.5～1 mg/L	
	磺胺氯吡嗪钠	A	混饲 300 mg/L,混饮 600 mg/kg,连用 3 天	1
	越霉素 A	A	混饲,10～20 mg/kg	3
	芬苯哒唑	B	内服,每千克体重 10～50 mg/kg	
	氟苯咪唑	D	混饲,30 mg/kg,连用 3 天	14
	潮霉素 B	D	混饲,8～12 mg/kg,连用 8 周	3
	妥曲珠利	C	混饮,25 mg/L,连用 2 天	

注:表中 A、B、C、D 分别代表不同剂型,即 A 表示可溶性粉,B 表示粉剂,C 表示溶液,D 表示预混剂。

出口肉鸡必须禁用以下药物:氯霉素、马兜铃属植物及其制剂、氯丙嗪(冬眠灵)、氨苯砜、甲硝咪唑、克球粉、磺胺五甲氧咪啶(球虫宁)、磺胺间甲氧咪啶(制球磺、泰灭净)、恶喹酸、甲砜霉素、螺旋霉素、磺胺咪啶、万能胆素、呋喃类(包括痢特灵、呋喃唑酮、呋喃西林等)、氯仿、秋水仙碱(素)、二甲硝咪唑(达美素)、咯硝哒唑、尼卡巴嗪(球虫净)、氨丙啉(鸡宝-20、富力宝、安宝乐)、磺胺二甲咪啶、磺胺喹恶啉、灭霍灵、喹乙醇(喹酸胺醇、快育诺、痢菌净)、前列斯叮。

部分药品必须在出口肉鸡屠宰前 15 天停用,有以下药物:大环内酯类(红霉素、泰乐菌素、北里霉素等)、喹诺酮类。

34. 何谓预混料和浓缩料?

(1)预混料　由各种维生素、微量元素原料、氨基酸及其他非营养性添加剂,按照一定的配方制成的均质混合物,简称为预混料或复合预混料,也有的称其为料精,在肉鸡配合饲粮中的用量一般不超过6%。预混料包含着肉鸡所需要的几乎所有的活性营养成分,具有综合的添加效果。

随着我国饲料工业的迅速发展,预混料生产在我国也迅速得到发展,目前,遍布全国的预混料生产厂,如雨后春笋。国内进行一条龙生产的肉鸡生产场,为了有效控制药物残留,一般都有自己的饲料生产厂和预混料生产厂。小规模的肉鸡养殖场及个体专业饲养,使用预混料配制全价饲料,既方便又节省,省却了购买种类繁多的维生素和微量元素的麻烦,同时也保证了配制饲粮的全价性。使用预混料时应注意以下几点:

①要选择质量可靠的预混料生产厂家,应通过配制全价饲料进行饲养试验,以确定预混料的使用效果。不可贪图价格便宜而使用低质量甚至劣质的预混料。

②应选择添加比例适当和肉鸡相应阶段的预混料。

③准确计算用量,添加时称量要准确。

④预混料应妥善保存,避免长时间积压造成营养成分损失,使配制饲粮的全价性降低,特别是维生素和微量元素未分别包装的预混料,长时间积压保存,养分更容易失活。

⑤配制饲粮时混合均匀。

(2)浓缩料　浓缩料是由蛋白质饲料、维生素、微量元素、氨基酸及非营养性添加剂组成的均质混合物,在全价饲料中的使用比例一般在20%～40%,它只是不包括占全价饲料60%～80%的能量饲料,特别适合当地蛋白质饲料缺乏而能量饲料充足的地区使用,可减少运输费用,使用方便,成本也低。

使用浓缩料也应注意以下问题:①选择质量可靠的生产厂家。

②选好规格型号，不同厂家生产的浓缩料，同一饲养阶段有不同的浓缩料型号，使用时一定看好说明书，按说明的适用时期、用量等合理使用。③同样要注意妥善保管，避免养分损失等。

☞ 35. 怎样配合肉仔鸡的全价饲粮？

质量优良的饲粮是保证肉仔鸡快速生长的核心，应按照肉仔鸡不同饲养阶段的营养需求，科学配制饲粮。

(1)肉仔鸡的饲养标准　肉仔鸡的饲养标准不同地区各具特点，美国的饲养标准如表3-4所示。在我国，一般将肉仔鸡划分为3个阶段进行饲养，即0～3周龄为肉小鸡，4～6周龄为肉中鸡，7～8周龄为肉大鸡。3个阶段饲粮的营养水平有较大差别。

表3-4　美国NRC肉仔鸡的饲养标准

项　目	0～3周龄	4～6周龄	7～8周龄
代谢能(MJ/kg)	13.38	13.38	13.38
粗蛋白(%)	23.0	20.0	18.0
钙(%)	1.00	0.90	0.80
有效磷(%)	0.45	0.40	0.35
蛋氨酸(%)	0.50	0.38	0.32
蛋氨酸+胱氨酸(%)	0.93	0.72	0.60
赖氨酸(%)	1.20	1.00	0.85
色氨酸(%)	0.23	0.18	0.17

我国根据自身生产条件，提出了更加切合实际的肉仔鸡饲养标准(表3-5)。

表3-5　我国肉仔鸡的饲养标准

项　目	0～3周龄	4～6周龄	7～8周龄
代谢能(MJ/kg)	12.12	12.54	12.96
粗蛋白(%)	21.0	20.0	18.0

续表 3-5

项　目	0～3 周龄	4～6 周龄	7～8 周龄
钙(%)	1.00	0.90	0.80
有效磷(%)	0.45	0.40	0.35
蛋氨酸(%)	0.50	0.38	0.32
蛋氨酸+胱氨酸(%)	0.93	0.72	0.60
赖氨酸(%)	1.20	1.00	0.85
色氨酸(%)	0.23	0.18	0.17

(2)*肉仔鸡饲粮配方的计算*　按照肉仔鸡各个阶段的饲养标准,确定了使用的饲料原料种类及相关饲料原料的营养物质含量水平,就可以计算各种饲料原料在饲粮配方中的百分比。常用的计算方法是借助计算器用试差法或对角线法。一般先满足蛋白质和能量水平,然后满足钙磷的水平,最后用氨基酸添加剂满足平衡氨基酸的需要,具体计算方法详见有关参考书。手工计算速度慢,也很难得到一个成本低、各种营养平衡的饲粮配方。目前,利用电脑线性规划或多目标规划软件可以迅速得到优解配方。

为了使肉仔鸡的生长潜力得到充分发挥,应保证供给肉仔鸡高能量、高蛋白、维生素和微量元素丰富而平衡的配合饲料,饲粮蛋白能量比应符合肉仔鸡的生长规律和生长需要。前期应特别重视肉仔鸡对蛋白质的需要。如果饲料中蛋白质含量不足,就不能满足肉仔鸡早期快速生长的营养需要,生长发育就会受到阻碍,结果只会是增重慢、饲料报酬低。后期要求肉仔鸡在短期内快速增重,并适当沉积脂肪以改善肉质。所以,后期饲粮的能量要求较高,如果饲粮不与之相适应,就会导致蛋白质摄入过量,不仅造成蛋白质资源的浪费,而且会出现代谢障碍等不良后果。

根据肉仔鸡营养需要和当地饲料资源情况,筛选出最佳饲粮配方,这是饲养肉仔鸡最重要的课题之一,因为饲料的质量、价格是影响肉仔鸡生产成本的主要因素。由于饲料在生产上占的比重较大，肉仔鸡对蛋白质、能量水平的选择范围和余地又较宽。所以，计算肉仔鸡饲粮配方时，应根据市场饲料原料的价格、毛鸡的收购价格和最佳出栏日龄等多方面综合考虑，不能单从某一方面考虑肉仔鸡饲粮的配合，应着眼总体效益，否则会得不偿失。总体上讲，高能量、高蛋白饲粮可提高肉仔鸡的生长速度和饲料报酬。在生产实践中，要避免单纯以低价取料的方法，应考虑饲料营养水平是否合乎肉仔鸡生长发育的需要。因为不同差价的饲料，反映在饲料质量上不一样，反映在饲养效果上也不一样。多年来的经验证明，供给肉仔鸡价格便宜的饲粮，结果往往不如供给价格较高饲粮的盈利多。

(3)实用配方举例 下面列举几个肉仔鸡的实用饲粮配方(表3-6 和表 3-7)，在参考使用时应根据饲养的鸡种、环境条件和当地饲料资源情况灵活调整和不断修改完善，不可生搬硬套。

表 3-6 配方一 %

饲料原料种类	前期	中期	后期
玉米	58.15	60.75	65.5
豆粕	32	29	25
鱼粉	5	4	2
油脂	1.5	2.5	3.5
骨粉	1.6	1.7	1.8
贝壳粉	0.5	0.6	0.7
食盐	0.25	0.30	0.30
复合添加剂	1.0	1.0	1.0
蛋氨酸	0	0.15	0.20
合计	100	100	100

3-7 配方二 %

饲料原料种类	前期	中期	后期
玉米	60	64	69

续 3-7

饲料原料种类	前期	中期	后期
豆粕	33	28	22
油脂	2	3	4
5%预混料	5	5	5
合计	100	100	100

☞ **36. 肉鸡的夏季饲粮应怎样调整?**

夏季高温季节,如果缺乏必要的环境控制条件,鸡群长时间处在高温环境中,会发生严重的热应激现象。首先,肉鸡的食欲下降,使摄入体内的营养物质减少,导致肉仔鸡生长减慢;其次,肉仔鸡为了排除体内多余热量而高强度呼吸,容易发生呼吸性碱中毒。另外,饮水增多,排泄物稀薄,也使体内的电解质有过多的损失等。

针对上述鸡群热应激的反应,夏季饲养肉仔鸡,除注意防暑降温外,还应做好饲粮调整工作。

(1)提高饲粮的蛋白质和能量水平　提高饲粮的蛋白质水平,可弥补采食量减低而导致的蛋白质摄入量减少,但同时由于代谢蛋白质而产生热耗增多,所以,提高蛋白质水平应注重补加必需氨基酸。

能量是其他营养物质的载体,提高饲粮能量,尽快增加鸡的能量摄入量,可一定程度地缓解热应激带来的不良影响。生产中可应用适量脂肪代替等量的能量饲料。脂肪不仅热耗低,而且能改善饲粮的适口性,延长食物在消化道停留的时间,提高消化吸收率。但应注意脂肪氧化带来的负面影响。

(2)饲粮中增加碳酸氢钠、氯化铵、氯化钾等　饲粮中补加0.5%的碳酸氢钠,0.5%~1.0%的氯化铵和1.0%~2.0%的氯化钾,可改善鸡热应激的不良反应。碳酸氢钠健胃、增食欲,还是鸡体内的主要缓冲物质,可减轻呼吸性碱中毒,同时补钠;氯化铵有镇静作用并补充氯离子;氯化钾有维持机体细胞渗透压和酸碱平衡的作用。

(3)提高饲粮维生素C的水平 热应激情况下,鸡对维生素C的需要量增加。足量的维生素C可满足皮质类固醇激素及肉毒碱合成的需要,它们是能量供应和代谢不可缺少的代谢因子。维生素C还有助于维持较高的采食量。

(4)选用抗菌保健作用的药物 如每千克饲粮中添加100 mg杆菌肽锌,不仅抗菌促生长,而且有阻断高温下鸡体产热的作用;每千克饲粮中添加5 mg维吉尼亚霉素,既降低代谢热的产生,又能提高机体的免疫应答,使鸡的抵抗力增强等。

(5)加强管理 高温季节,应充分供给饮水,保证正常蒸发散热,饮水中最好添加电解多维;应充分利用早晚凉爽时节喂鸡,增进采食量;增加带鸡消毒次数;应改善通风条件,如安装风扇等,以保证良好的通风;应适量用切碎的青菜叶等拌料,增进鸡的食欲等。

第四部分　鸡场建筑与设施

☞ **37. 一个良好的肉鸡场应具备哪些条件?**

肉鸡场是集中饲养肉鸡和组织生产的场所,是肉鸡生产的重要外界环境条件。为了有效地组织生产,必须根据地方资源分布情况、国家畜牧生产布局、肉鸡的生物学特性、发展规划,本着节约耕地,有利于肉鸡健康和提高生产力的原则,进行肉鸡场址的选择,并按照最佳的生产联系和卫生要求配置有关建筑物。以合理利用自然条件和社会经济条件,最有效地进行生产。

不同性质的肉鸡场,其任务不同,所应具备的条件也就不同。

曾祖代场的任务是生产配套品系,提供祖代种蛋和种鸡。这类鸡场在规划、建设和管理上都要求严格,一般由专门育种机构实施运作。

祖代鸡场的任务是由曾祖代鸡场提供的种鸡或种蛋,生产父母代种蛋或种鸡。此类鸡场的建设要求也非常严格,一般由专门技术部门经办。

父母代鸡场的任务是利用祖代鸡场提供的种鸡或种蛋,生产商品肉仔鸡,供应市场的需求,建场的要求也比建商品肉鸡场严格。

随着肉鸡产业的发展,肉鸡的经营逐渐向高效能的集约化、工厂化方向转变,并逐步走向现代化,对肉鸡场的设置要求更加严格。因此,良好的肉鸡场都应具备以下基本条件:

①保证场区具有良好的小气候,以利于场内、舍内空气环境的控制和改善。

②便于严格执行各种卫生防疫制度和措施。

③便于合理组织生产，有效地提高设备利用率和工作人员的劳动生产率。

④不对周围环境造成污染，并可持续发展。

☞ 38. 怎样确定肉鸡场的适度规模？

(1)建设肉鸡场应遵循的原则

①肉鸡场生产所需要的原材料能就地取材，且来源广泛。

②生产的产品在营销方面，具有广阔的市场。

③兼顾防疫与污染，在防疫上能绝对保证本场人、鸡安全，避免外界的干扰和污染，同时也不会污染和影响周围环境。

④场内各功能区的规划和布局合理，各生产性建筑物安置恰当，联系紧凑，结构合理，便于运作。

⑤便于组织生产和小气候的控制，肉鸡场的规模应符合现代生产的要求，并且具有一定的超前性，便于先进饲养管理技术的运作，例如"全进全出"的实施。能为肉鸡创造一个比较适宜的小气候环境，为保证肉鸡健康和充分发挥其生产潜力提供有利条件。

⑥节约耕地，注重综合效益，确定肉鸡场的规模时切忌贪大求洋、华而不实。以经济效益、社会效益和生态效益为指导原则，使肉鸡场建成后能为当地的经济建设和大农业生态系统的正常运转发挥积极作用。

(2)肉鸡场适度规模的确定　肉鸡场适度规模的确定，应依据建设肉鸡场的基本原则，还要对市场需求量、饲养管理方式等综合分析。以确定肉仔鸡场的适度规模为例，需考虑以下问题：

①市场的需求量和生产能力。首先根据市场的需要量以及生产的能力，确定计划每年上市的肉仔鸡数量。就目前生产水平来说，肉仔鸡一般在6～8周出栏上市，然后利用15天左右的时间对鸡舍进行彻底清扫、消毒和空舍，接着开始饲养下一批肉仔鸡。因此，每栋肉仔鸡舍的利用周期为10～11周，每年可以饲养5批肉

仔鸡。然后依据鸡场的计划建设规模就可以确定每年上市的肉仔鸡数量。

根据目前肉鸡产业发展的状况，鸡场规模过小时，显然缺乏应有的抵御市场风险的能力。但规模过大时，所需要的资金、技术等也相应加大。

②饲养管理方式。在饲养肉仔鸡的过程中，采用笼养或地面平养，需要鸡舍的数量和占地面积上有很大的差别。肉仔鸡一般采用地面平养，原因是生产周期短、生长快，避免因上笼而引起应激反应；肉鸡喜爱趴卧、体重大，笼养容易造成胸囊肿和腿部疾病，影响肉仔鸡屠体的品质。

③鸡舍形式的选择。在饲养过程中，可采用封闭舍、半开放舍和棚舍 3 种形式。根据当地气候条件选择合适的鸡舍形式：封闭舍和地面垫料平养，适合寒冷地区；半开放舍和棚舍适宜于炎热地区或温暖地区的炎热季节。

根据上述要求肉鸡场应由小规模分散饲养，逐步过渡到大规模、集约化饲养。肉鸡场的适度建设规模可参考表 4-1。

表 4-1 各类鸡场建设规模 万只

项 目	世代	大规模鸡场	中规模鸡场	小规模鸡场
商品肉鸡		10.0 以上	1.0～5.0	0.4～1.0
肉种鸡场	祖代	3.0 以上	1.5	0.5
	父母代	5.0 以上	2.0	1.0

☞ 39. 如何正确选择肉鸡场场址？

场址选择时，应考虑经营的方式、生产的特点、饲养管理的方式以及生产集约化程度等特点，对地形地势、水源土壤、地方性气候等自然条件和社会条件进行全面考虑。

(1)自然条件　包括地势地形、水源水质、地质土壤、气候因素等方面。

①地势地形。应选地势较高、平坦干燥、向阳背风和排水良好的地方。平原地区的场址应注意选择在比周围地段稍高的地方，以利排水；在靠近河流、湖泊地区的场地，至少要高出当地历史洪水线以上，地下水位要距地表 2 m 以下；山区场地应选稍平的缓坡，坡面向阳，坡度一般以 1%～3%为宜，最大不超过 25%。

②水源水质。要求水源充足，水质良好，取用方便，便于保护。养禽场用水量较大，除家禽饮用外，还有清洗消毒和生活用水等。全场平均每天用水量可按每只鸡 2～3 kg 计算。养禽场须有专用储水池，应能储存 2～3 天的全场用水量。养禽场水质标准可以按人的公共卫生饮水标准。

③地质土壤。最好选择沙壤土或壤土，使雨后不致于积水过久而造成泥泞的环境。在一定地区内，由于受客观条件的限制，选择最理想的土壤是不容易的，不宜过分强调土壤种类和物理特性，应着重土壤的化学和生物学特性，注重地方病和疫情的调查。

④气候因素。应考虑当地小气候，如气温、风向、风力与鸡舍方位朝向、鸡舍排列距离、排列次序的关系，如何对防疫工作有利。

(2)社会条件

①三通条件。指供水、供电、交通条件。供水与排水要统一考虑。了解当地供电电源的位置、距离、最大供电允许量、是否经常停电等情况，必要时需自备发电机。养禽场要求交通方便，路面平整，但要离主要公路 500 m 以上。另外，禽场污水排出条件也很重要，要考虑水源污染和环境保护问题。

②环境疫情。禽场要远离兽医站、畜牧场、集贸市场、屠宰场及村庄，不要在旧鸡场上建场或扩建。

通过对以上几个方面的调查分析，确定选择场址的主次条件，以便正确选择场址。

☞ 40. 怎样合理进行肉鸡场的场地规划?

肉鸡场址选定后,根据地形、地势以及当地的主导风向,确定不同建筑功能区的位置。合理的场地规划不仅直接关系到经营管理、基建投资、生产组织、劳动生产率和经济效益,而且影响到场区小气候环境和兽医卫生状况。因此,要综合分析,研究各种因素,给以科学的合理安排,这是建立良好的肉鸡场环境和组织高效率生产的前提和可靠保证。

(1)*分区规划的原则* 应从人和肉鸡保健以及有利于防疫、有利于组织安全生产出发,以建立最佳生产联系和卫生防疫条件。因此,根据地势高低、水流方向、主导风向,合理安排不同功能区的建筑物。如地势与风向按防疫环境条件的要求,应按人、鸡、排污的顺序安排各房舍顺序。

总之,肉鸡场分区规划应注意的原则是:人、鸡、排污,以人为先,排污为后的排列顺序;风与水,则以风为主的排列顺序。

(2)*房舍的分区规划* 肉鸡场内各种房舍的分区规划,应按照肉鸡场分区规划的原则,首先考虑人的工作和生活区的环境保证,以免受到饲料粉尘、粪便气味和其他废弃物的影响。其次要注意肉鸡场的防疫卫生、生产环节的有序联系,以综合考虑,合理安排。

①职工生活区。应设在全场地势较高地段和上风处。

②管理区。主要包括与经营管理有关的建筑房舍、饲料加工房舍、饲料库、维修间、配电室、供水设施等。因该区的经营管理活动与社会经常发生极其密切的联系,在规划时,该区位置的确定,应有效地利用原有的道路和输电线路,充分考虑饲料和其他生产资料的供应、产品的销售及与居民区的联系。由于肉鸡场的经营活动与社会联系频繁,造成疫病传播的危险性比较大,所以管理区要单独成为一个小区,且与生产区加以隔离,外来人员不得进入生产区。场外运输应严格与场内运输分开,场外运输的车辆严禁进入生产区,车库应设在生产区之外。饲料原料库、加工车间和饲料

成品储存库应尽量靠近生产区，与鸡舍保持较短的距离，以缩短饲料的运输路线和工作人员的往返路程。

因此，在设置该区时，应着重考虑两个方面，既有利于防疫，避免造成疾病的传播，又要有利于组织生产，提高劳动效率。一般来说管理区与生产区应至少保持 200～300 m，最好保持 500 m 的距离。

③生产区。是鸡场的核心，对生产区的规划，应给予全面的考虑。应置于防疫比较安全和环境最佳的位置，必要时要加强与外界隔离措施。鸡舍要安排在空气新鲜、疫病较少，且靠近场门比较方便的地段，以便于与外界的联系。

④粪污和病鸡处理区。包括兽医诊疗室、病鸡隔离舍、粪污处理设施用房等。该区是病鸡及污物集中的地方，是卫生防疫和环境保护工作的重点。为了防止疫病传播和蔓延，粪污和病鸡处理区应设在全场下风处和地势最低处，并设置隔离屏障，如界沟、栅栏、林带和围墙等。

⑤兽医诊疗室。应与鸡舍保持 300 m 的卫生间距，处理病死鸡的尸坑、焚尸炉等设施与鸡舍保持 300～500 m 的间距，应单独设出入口，隔离应严密。粪污处理区应与鸡舍保持 100 m 的卫生间距，若有围墙，可缩小至 50 m，但贮粪池深度以不受地下水的浸渍为宜，底部应不渗水。

☞ 41. 怎样合理进行肉鸡场建筑物布局？

合理的建筑布局能防止疾病的传入和扩散，节省土地面积，节约建场投资，方便管理。

肉鸡场分生活区（宿舍、食堂、医务室、浴室、厕所等）、行政管理区（办公室，财务室，会议室，值班门房以及配电、水泵、锅炉、车库、机修等用房）、生产区（孵化室、育雏舍、育成舍、成年舍等）和生产辅助区（饲料加工车间、蛋库、消毒更衣室、兽医室、鸡粪处理场等）。

各种房舍的布局，不仅要考虑人员工作和生活场所的环境保护，尽量减少饲料粉尘、粪便气味和其他废弃物的影响，更要考虑防疫卫生。生产区是总体布局的主体，生产区内房舍的设置应结合地势地形、主导风向和交通道路的具体情况而定，按孵化室、育雏舍、育成舍和成年舍顺序给予排列，以减少雏禽感染的机会。孵化室在有条件的情况下最好单独建场，以免售雏时人员往来带进病原。

上述过程需在不同建筑物中进行，彼此发生功能联系，统筹安排，否则将影响生产的顺利进行，难以组织有效的生产，甚至造成无法挽救的后果。

在确定每栋房舍设施的位置时，应主要考虑它们彼此之间的功能关系，即建立最佳的生产联系和卫生防疫要求，将相互有关的、联系密切的建筑物和设施相互靠近，做到既有利于生产的联系又有利于卫生防疫。为有利于减轻劳动强度，便于实现生产过程机械化，提高劳动效率，建筑物之间的功能联系，尽量做到紧凑地配置，以保证最短的运输、供电、供水线路。饲料库、饲料加工调制间等，应尽量靠近或集中在一个或几个建筑内，并应靠近消耗饲料最多的鸡舍，以便于组织流水作业和实现生产过程的机械化。

此外，对于饲料库和贮粪场等，与每栋鸡舍都发生联系，其位置应考虑到净道和污道的分工布置，为相反的方向或偏角的位置。

鸡舍间距是鸡场总体布置的一项重要内容，它不仅关系到鸡场的占地面积，还影响到场区小气候的改善。因此，鸡舍的间距要从防疫、排污、防火和节约用地几个方面予以考虑。从防疫卫生角度确定鸡舍的间距，目的是避免或减少鸡舍之间的相互感染。从排污要求方面看是为了有利于改善鸡场的环境，有效地排除各栋鸡舍排出的有害气体及粪尿散发的难闻气味以及灰尘。确定鸡舍间距要考虑排污效果，作为场区的排污需要借助于自然通风，因此，要充分利用主导风向与鸡舍纵轴所形成的角度，在考虑节约占地面积，满足场区排污需要的前提下，可适当减小鸡舍的间距。通常鸡舍间距为鸡舍高度的3～5倍。

生产区入口处要设消毒池，宽度要大于门宽，长度要大于进场车轮周长的1.5倍。入口旁设洗澡间，洗澡间分为污染区（放置场外用衣服和鞋子）、消毒淋浴区和清洁区（场内衣物放置区）。三区要分明，防止场内外衣物混杂。

场内道路分为净道（运送饲料和产品）和污道（运送粪便、死禽、淘汰禽以及废弃设备），互不交叉，出入口分开，净道和污道可用草坪、林带或池塘隔离。粪便处理场应设在生产区下风口一角或场外，并采用堆积发酵处理粪便。

生产区下风向设焚尸炉或处理坑，将病死鸡采用焚烧法或深埋法处理。鸡舍进出口要设消毒池或消毒盆，并保持消毒剂新鲜有效。此外，还要搞好场地绿化，建立各种防护、隔离林带，种植遮阳植物，可起到美化环境、净化空气的作用，也有利于防疫。

☞ 42. 怎样进行肉鸡场的绿化设计？

场区绿化不仅可美化环境，改善场区的自然面貌，而且可起到防火、防疫等良好作用。因此，鸡场的绿化日益受到人们的重视。

在场内规划时，必须规划出绿化地，其中包括防风林、隔离林、行道林、遮阳林、绿地等，绿化目的性要明确，发挥各种林木的功能作用。

防风林带：以降低场内风速，防低温气流，防风沙对场区、鸡舍的侵袭为目的。防风林带应设在冬季上风向，沿围墙内外分布，林带的宽度以5～8 m为宜，植树行数视当地冬季主风的风力而定，乔木行株距可2～3 m，灌木绿篱行株距可1～2 m，乔木应棋盘式种植，一般3～5行。树种选择最好是落叶树和常绿树搭配，高矮树种搭配。

隔离林绿化带：主要设在各场区之间及围墙内外，场界周边种植乔木混合林带，特别是夏季上风向的隔离林带，应选择树干高、树冠大的乔木，如北京杨、柳或榆树等，行株距应稍大些。

遮阳绿化林：既要注意遮阳效果，又要注意不影响通风排污。因此，近舍的绿化应起到为鸡舍墙壁、屋顶、门窗遮阳的作用。在植物配置选择方面，可根据树种特点和当地太阳高度角，合理确定植树位置及树木类别。

绿化遮阳一般选择花荫的树种，如柿、槐、核桃、枫、枣等枝条长、树冠大而透风性好的树种，也可以搭架种植藤蔓植物，以防夏季阻碍通风和冬季的遮挡阳光。

☞ 43. 怎样做好肉鸡场综合灭鼠、灭蚊蝇工作？

(1)灭鼠　鼠是人、鸡多种传染病的传播媒介，给人、鸡带来极大的危害。不仅咬死、咬伤雏鸡，而且窃食饲料，咬坏器物，污染饲料和饮水，因此，必须采取措施严加防治。

鼠不易被毒死，捕捉也很困难。我国常采用的灭鼠方法主要是器械灭鼠、化学灭鼠和建筑防鼠等方法。

①器械灭鼠。即利用关、压、卡、扣、粘、电等器械灭鼠。此种方法简单易行，效果可靠，对人、鸡及环境无害。近年来，又有新的灭鼠方法，即使用持续而无规律的高频振荡，使鼠产生无法克服的混乱，最终无力活动而被捕捉。现在市场上有一种电子灭鼠器，利用电器的充放电原理达到电杀老鼠的作用。

②化学灭鼠。使用药物灭鼠方便、成本低、见效快。灭鼠的化学药物种类很多，可分为灭鼠剂、绝育剂和熏蒸剂等类型。但缺点是易造成2次中毒，有些鼠对药物有一定的选择性、拒食性和耐药性。所以，在使用时应选好药剂和注意使用方法，以保安全。

③建筑防鼠。其主要措施是防止鼠类进入建筑物。如墙基用水泥制作，用碎石和砖砌好墙基，再用灰浆抹缝；用砖、石铺设地面；通气孔、地脚窗、排水沟等的出口均应安装孔径小的铁丝网，以

防老鼠进入。

总之，对鸡场的灭鼠应给予足够的重视，应坚持不懈地定期防鼠巡查，从堵塞鼠洞，组织捕捉，加强防范等各个方面防鼠灭鼠，以免除鸡场鼠害。

(2)灭蚊蝇　鸡场易滋生蚊、蝇等有害昆虫，有害昆虫不仅是传播疾病的媒介，污染环境，并且影响周围居民的正常生活。为防止其滋生，应采取综合防治措施。

①保持干燥、清洁的环境。填平无用的沟坑洼地和污水坑，保持排水系统畅通，对阴沟、沟渠等定时疏通，勿使污水贮积。对污水池、粪池要密封加盖，必要时可加入一定的化学灭虫剂。

②妥善处理粪便。应注意防止昆虫在粪便中繁殖、滋生。对清除的粪便应及时送至粪池或堆积发酵。还可干燥处理或晾晒，减少粪便中水分，当粪便中的水分低于50%时，蝇蛆即不易滋生。

③使用化学灭虫剂。使用天然或合成的毒物，以不同的剂型(粉剂、乳剂、油剂、缓释剂、颗粒剂等)，通过不同途径，毒杀或驱除蚊蝇。近年来我国已生产多种低毒高效的杀虫药剂，如利用合成的昆虫激素，混合于饲料中，药物经消化道与粪便一起排出，蛆吃了这种药物，不能进一步发育、蜕变，直至死亡。这样将蚊蝇杀灭于幼虫阶段，使其不能变为成虫。而这种药对鸡的健康及生产性能无影响，具有使用方便、见效快等优点，是当前防除蚊蝇的重要手段。

④物理除虫。即是利用光、声、电等物理方法捕杀、诱杀或驱逐蚊蝇。我国生产的多种紫外线灯或其他光诱器，如电气灭蝇灯，这种灯的中部安装有荧光管，放射对人、鸡无害，而对苍蝇有高度吸引力的紫外线。灯管的外围有格栅，通电后将220 V变为5 500 V的10 A电流，当苍蝇进入接触电丝时，则接通电路而被杀灭，落于悬吊在灯下的盘中。

此外，还可使用细菌制剂(如内菌素)来杀灭吸血蚊的幼虫，效果也很好。

☞ 44. 怎样正确处理肉鸡场的鸡粪?

随着肉鸡产业的迅速发展,尤其是大规模、高密度的工厂化生产,集中产生了大量粪便、污水等废弃物,加剧了对周围环境的污染,造成的公害日益严重。环境污染问题已被人们所关注,并采取各种环境保护措施。粪污等废弃物处理的基本原则是:粪便等废弃物不能随意弃置,使恶臭扩散,蚊蝇漫飞;更不可弃之于河道、土壤而污染周围环境,造成公害;必须加以适当的处理,合理利用,变废为宝,化害为利,并尽可能在场内解决。

为了减少粪便对环境造成污染,充分利用粪便中丰富的营养和能量资源,必须通过适当的方法进行处理。在处理粪便方面,近些年已经摸索了不少物理、化学、生物学及其综合处理的方法,用各种高效率的设备,系统地处理粪便,达到净化的目的,并使其做到物尽其用。

(1)发酵处理　粪便的发酵处理是利用各种微生物的活动,使粪便中的有机物分解转化。在发酵过程中,粪便中形成特殊的理化环境,可基本上杀灭粪便中的病原菌和寄生虫卵。具体方法有:

①腐熟堆肥法。是在好气微生物的作用下,将富含氮有机物与富含碳有机物转化为腐殖质、微生物及有机残渣的过程。在堆肥发酵过程中,大量无机氮被转化为有机氮的形式固定下来,形成了比较稳定一致且基本无臭味的产物,即以腐殖质为主的堆肥。将粪便、垫草等废弃物堆成长、宽、高分别为10～15 m、2～4 m、1.5～2 m的条垛,在气温20℃左右经腐熟15～20天,在此期间须翻垛1～2次,以供氧、散热和使发酵均匀,而后再静置堆放2～3个月即可完全腐熟利用。此法要求粪便较干燥。

②平地堆肥法。将粪便及垫料等清除至舍外单独设置的堆肥场地上,平地分层堆积,利用废旧塑料薄膜覆盖粪便,并用绳索固

定。经过一段时间自然发酵处理后，可杀死粪中病菌及寄生虫卵。此种方法适于较干燥的粪便。

③充氧动态发酵法。在供养充足及适宜的温度、湿度条件下，好气微生物迅速繁殖，将粪便中的有机物分解转化，同时释放出氨、硫化氢等气体，在45～55℃下处理12 h左右，可得到灭菌、除臭的优质肥料和再生饲料。

粪便在处理之前，要将其含水量调至45%左右，然后送到发酵罐内，由搅拌器混合翻动；隔层中的热水和暖气机散发的热气对粪便混合物直接加温，使发酵机内温度保持在45～55℃，同时向机内充入大量空气，供给好气微生物活动的需要；粪便在富氧条件下发酵8～12 h，并使发酵产生的氨、硫化氢等废气及水分随气流排出；最后粪便中的有机物被转化成完全无味的微生物菌体，它是一种优质的肥料(含水率在40%以下)和再生饲料。

④发酵干燥处理法。为节省能源，充分利用发酵过程中自身产生的热量以及减少处理鸡粪的含水量，便于储存而采取的一种最有效的方法。这种方法不论是从节省能源，减少投资，提高效益，还是从解决粪尿污染问题，都是当前最有效的方法。

将粪便装入固体发酵塔，内分6层，即把粪便从发酵塔的顶部装入，每次装入的厚度是0.4～0.75 m为一层，每天装入一层并且向下移动一层，这样装入的粪便从发酵塔的顶层经过6天发酵后到达底层，发酵即可完成，然后用提升机送入制粒机，制成直径、长度不等的颗粒，制成商品有机肥料。在生产过程中，粪便经过6天的发酵，同时利用发酵过程中自身产生的热能，可以把鲜粪含水率干燥至30%左右，为进一步干燥到含水率20%，可在发酵塔的底部间歇通入80℃左右的热风。

发酵塔的大小可根据肉鸡场的规模灵活设计。如一个长10 m、宽5 m、每层间隔0.75 m的6层发酵塔，每天可处理鲜粪24吨。

⑤沼气处理法。沼气处理是利用厌氧菌对粪便及其他废弃物进行厌氧发酵的过程。目前,有不少畜牧场因清粪工艺的限制,采用水冲清粪,这样得到的粪含水量极高,采用其他方法(如堆肥法、干燥法等)难以处理,而沼气处理法可直接对这种水粪进行处理,这是此法最显著的优点。产生的沼气是一种高热值可燃气体,可作为燃料或供照明;残渣可作为肥料或饲料。

(2)干燥处理 粪便的主要成分是水,通过脱水干燥处理,使鸡粪中的水分迅速减少,含水量降到15%以下,不仅能很好地保存其中的营养物质,而且微生物数量大大减少,无臭味,便于运输和储存。因此,脱水干燥是一种较完善的处理方法。

①日光干燥处理法。利用日光干燥是最简便的方法。落后的方法是将粪便摊在晒场上进行晾晒,在处理过程中需经常翻动和摊散,以利通风排湿,加速水分蒸发。此法在干燥过程中虽节省能源,投资少,但效率低且散发出的臭气对环境造成污染。为解决污染问题可采取太阳能大棚干燥法。这种方法采用塑料棚中形成的"温室效应",充分利用太阳能来对粪便作干燥处理。

太阳能大棚干燥法主要是利用粪便发酵产生的生物热能和太阳能所给予的热量。在处理过程中可采取人工铺粪,也可采取机械铺粪。专用的塑料大棚长度可根据本场饲养规模及产粪便的多少而定。人工铺粪投资少,简单易行,适于小规模肉鸡场。

在专业的塑料大棚内有混凝土槽,两侧为导轨,在导轨上安装有混合搅拌装置。湿粪便装入混凝土槽后,搅拌装置沿导轨在棚内往复运行,并通过搅拌板的正反向转动来破碎、翻动和推送粪便。利用大棚内蓄积的太阳能和粪便发酵所产生的生物热能使粪便中的水分蒸发出来,然后通过强制通风把大棚内的湿气排出,从而达到干燥的目的。

在利用太阳能作自然干燥时,有的采用1次性干燥工艺,有的采用先发酵处理,后进行干燥的方法。发酵和干燥分别在两个大槽内进行。舍内的粪便清除后，送到发酵槽内，发酵槽上设有搅拌机，定期来回搅拌，往返1次能把槽内的粪便向前推进2 m。经过20天左右，将发酵粪便向前推到腐熟槽内，在槽内静置10天，使粪便的含水率降到30%～40%。而后，把发酵粪便转到干燥槽中，再通过频繁的搅拌和排湿，将粪便干燥，最后可得到含水率低于13%的鸡粪产品。此种产品由于含水率低，便于储存。因此，肥效比未经发酵的干燥鸡粪好且使用方便。

②高温快速干燥法。是利用高温将粪便加热，使水分迅速减少。将含水率达70%的湿粪便迅速干燥至含水仅10%～15%，在加热干燥过程中，做到彻底杀死病原微生物及寄生虫卵，消除臭味，营养损失少，减少体积，便于运输储存，可作为饲料或肥料。

☞ 45. 怎样正确处理病死鸡尸体?

在肉鸡养殖过程中，由于多方面的原因，病死鸡可能是在所难免的，但对病死鸡的处理是否妥当却是一个非常重要的问题。处理不当就可能造成病原微生物的传播，破坏生态环境的良性循环。我国的大多数鸡场都能做到对病死鸡的妥善处理，但有些小规模鸡场，特别是广大农村养殖专业户，往往忽视病死鸡的正确处理，有的甚至将病死鸡出售给不法商贩。出售给不法商贩，表面上看似乎病原离开了鸡场，实际上却在大肆散播病原，成为威胁肉鸡健康生产和持续发展的很大隐患。病死鸡正确的处理方法一般有焚烧、深埋、堆肥、提炼动物油及制成高蛋白饲料等。

(1)包裹　肉鸡死亡后，首先应使用塑料袋包裹，然后送到当地兽医部门进行疾病诊断。不能将死鸡随便扔在鸡舍内或鸡舍周围。

(2)焚烧　就是将病死鸡放到焚烧炉中，进行火化的一种处理方法，这是一种简单的无效化处理方式。所谓简单的无效化处理是指处理过程没有考虑死鸡身体上还含有有利用价值的营养物质，没有加以综合利用。但这种方法做到了彻底消灭病原微生物、虫卵、蝇蛆等污染源，对控制传染病、避免环境污染和社会公害有利。焚烧处理所需设备较少，成本也较低。国外采用焚烧处理较多，随着我国绿色肉鸡产业的发展，也应提倡使用焚烧法处理病死鸡。

(3)深埋　将病死鸡扔到地下 1～2 m 的坑中，表面洒上消毒剂，坑的最上面封盖；或将病死鸡深埋到地下至少 1 m 处，盖上厚土。这种处理方法省工、省力，经济成本低，不需要设备。目前，一些小型鸡场及农村专业养鸡户应用较多。但这种方法易成为病原的地下贮藏之所，更有可能污染地下水。

(4)堆肥　首先建造一个高 2.5 m，面积 4 m^2 的建筑物，地面是混凝土结构，四周用厚 5 cm 的木板或砖墙封闭，留进、出门口。然后在地面铺放一层 15 cm 厚的鸡舍地面垫料，垫料中开挖出深 10 cm 左右的沟槽，将病死鸡顺沟槽摆放，在鸡体上洒水后将沟槽掩埋，最后再覆盖部分鸡舍垫料。一般在几天内，堆积的垫料内温度可上升到近 70℃，可将病原杀死，30 天内将全部完成堆肥过程，可随鸡场其他废弃物一并运出鸡场。

(5)提炼动物油或制成动物性蛋白质饲料　将病死鸡在炼油厂进行提炼加工，或将病死鸡的尸体在高温下除菌，消灭病原，然后干制、粉碎制成动物性蛋白质饲料。这种处理方法一方面消灭了传染源，减少了环境污染，另一方面也获得了一定的经济效益，是变废为宝之举。但这种方法比较复杂，所需投资较大，只有大型鸡场或养殖肉鸡比较集中的地方，联合起来办厂才能实现。

☞ 46. 何谓开放式鸡舍？何谓密闭式鸡舍？

鸡舍是鸡生活和从事生产的场所。为使鸡在适宜的环境中生活，鸡舍不仅要满足鸡生物学特性的要求，还要根据养鸡场的生产工艺方案和环境工程管理等设计参数，为鸡生产创造一个最佳的生活空间，只有这样才能有效地控制舍内的环境因素，充分发挥其生产潜力，提高经济效益。

根据不同地区气候环境特点、社会经济条件、生产水平、饲养管理方式及生产方向而定，鸡舍的建筑形式多种多样，各有其特点。按舍的封密程度可分为开放式鸡舍和密闭式鸡舍两种类型。

(1)开放式鸡舍 墙体一面或多面敞开的鸡舍形式。主要包括：开敞式、半开敞式和棚式鸡舍。

①开敞式鸡舍。三面有墙，有屋顶，正面(向阳面)敞开或设有丝网。其特点是通风好，有利于采光，舍内空气清新，管理方便，造价较低。但舍内温度因空气流动性强而易受到外界气温的影响，不便于进行环境控制，防寒能力较差，不利于防兽害，适宜较温暖地区。

②半开敞式鸡舍。三面有墙，有屋顶，正面(阳面)设有半截墙，为防止兽害的侵袭，在半截墙之上可安装丝网。为了提高其实用效果，在冬季为加强保温，可封上活动式的塑料膜；为夏季有利于通风，在后墙设窗户。此种类型鸡舍通风、采光较好。舍内空气新鲜，有一定的防寒能力，适宜冬季不太冷、夏季不太热的地区。

③棚式鸡舍。四周无墙，只有棚顶，靠立柱支撑。其特点是防止日晒，减少辐射热和空气流通大等，是一种防暑的有效形式，同时舍内空气新鲜，光照充足，结构简单，投资少，造价低。但此类鸡舍四周无墙壁，不利于防兽害，由于屋顶隔绝了太阳辐射，使棚内得不到上面来的热量，而四周又是完全敞开的，对寒流的侵袭没有防御能力。因此，仅适宜温暖或四季如春的地区。

(2)密闭式鸡舍 通过墙体、屋顶等围护结构形成封闭状态的鸡舍形式，包括有窗鸡舍和无窗鸡舍两种形式。

①有窗鸡舍。四周有墙，有屋顶，通风换气依靠门、窗或通风管道，舍内外空气环境差异较大。优点是具有较好的保温隔热能力，便于人工控制舍内环境和人工管理。缺点是由于墙壁和屋顶

等围护结构形成封闭状态，舍内的水汽、有害气体浓度较高，若不进行有效地通风，易发生呼吸道疾病。尤其是在冬季，通风和保温往往形成矛盾。但此种形式是目前我国各地应用最多的一类鸡舍形式。

②无窗鸡舍。又称环境控制式鸡舍，舍内的小气候如温度、湿度、气流和光照等完全是人为控制的，不受外界环境因素的影响。其优点是生产不受季节的影响，为鸡创造了一个最佳的生存空间；便于控制鸡的生长、发育和繁殖；有效地控制了疾病的传播；充分发挥其生产潜力，提高了饲料的转化率；便于实现机械化，减轻了劳动强度，提高了劳动生产率。其缺点是投资较大，建筑物和附属设备要求较高，并要求绝对保证充足的电力。要求饲养管理水平高，必须供给全价营养的饲料。同时要求鸡群质量高，发育整齐一致，为无特定病原群。

采用无窗式鸡舍，必须有周密的生产计划，科学的管理手段，有效的防疫措施。在生产过程中，一般都采用“全进全出制”，即同舍内或同场的某个区域内的鸡群，同时进舍又同时出场，这样做的目的是为了有利于控制疾病，避免疾病的交叉传染，便于饲养管理，提高饲养效果。

☞ 47. 何谓横向通风？何谓纵向通风？

通风是现代肉鸡生产中环境控制的重要内容。鸡舍的通风方式主要有两种：

(1)横向通风　在通风时，气流顺禽舍的短轴方向流动的通风方式。根据风机类型和舍内压力，可分为横向零压通风、横向正压通风和横向负压通风 3 种形式。

①横向零压通风。又称联合式通风，是一种同时采用机械送风和机械排风的方式，由于舍内外压差接近为零，故称谓零压通风。通常适用于大型鸡舍，尤其是无窗鸡舍。但因在通风时，使用

的风机多,设备投资大,目前在生产上没有广泛采用。

②横向正压通风。也叫进气式通风或送风,即通过风机将舍外的新鲜空气强制送入舍内,舍内的空气压力增大,舍内的污浊空气经风口或风管自然排走的换气方式。此种通风方式的优点在于可以对进入舍内的空气进行预先加热、制冷以及过滤等,从而可有效地保证舍内空气环境的清新和温、湿度状况良好。横向正压通风方式必须采用风压较高的风机。由于管理费用高,运行费用大,因而生产上也不普遍使用。

③横向负压通风。这种通风工艺是将风机安装在鸡舍的纵墙或屋顶,通过风机将舍内的污浊空气排出,造成舍内的空气压力小于舍外,新鲜的空气通过入风口或通风管道进入舍内。国内许多封闭型鸡舍采用轴流式风机进行负压通风。

随着现代化养鸡业的发展,多层笼养、密闭横向通风存在着一些不足。如横向通风效果差,舍内气流速度小,易造成死角和易造成疾病的交叉感染等。为适应现代化养鸡业发展的需要,必须对横向通风进行改造,采用纵向通风。纵向通风克服了上述通风方式的弊端,从而达到了在通风时,舍内气流速度大,降温效果好;避免了鸡舍间疾病的交叉感染,保证了生产区空气清新;降低了鸡只的死亡率,提高了经济效益。

(2)纵向通风　是将大量的风机集中在鸡舍的一端山墙,在通风时,气流顺禽舍的长轴流动。根据舍内外压力差可分为纵向负压通风和纵向正压通风两种类型。

①纵向负压通风。就是通过集中布置的排风机,使舍内空气纵向流动,从而达到舍内气流分布均匀的目的。

此种通风方式主要是利用位流原理,风机在排风时产生位能差,造成大量的空气流动而在舍内形成一定的风速。在纵向负压通风系统设计中,理想的设计是,把进气口设在一端山墙上(净道一侧),而所有的排风机则设在对面一端山墙上(污道一侧)。

②纵向正压通风。就是通过集中布置的送风机，使舍内空气纵向流动，对进入的空气进行加热、冷却和过滤等预处理，在纵向正压通风系统设计中，把送风口设在一端山墙上（净道一侧），而所有的排风口则设在对面一端山墙上（污道一侧）。

纵向正压通风设备投资高，对技术电力要求也高，适宜于环境条件要求高，经济价值较高的种鸡舍。随着能源事业的发展和高密度饲养规模的不断扩大，此种方式将是发展的大趋势。但在目前生产情况下，此种通风方式一般不主张在商品生产鸡群中应用。

☞ 48. 如何设计肉鸡舍的纵向负压通风？

纵向负压通风是一种有效的通风方式，不仅舍内气流速度大，平稳无死角，降温效果好，而且避免了鸡舍间疾病的相互交叉传染，改善了生产区内的空气环境，保证了空气清新。同时，采用低压大流量节能型轴流式风机，可大大减少风机的安装台数，且运行效果更高，更省电，噪声更低。在此就纵向负压通风作一介绍。

(1)进风口位置的设计　通过集中布置的排风机，使舍内空气顺鸡舍的长轴流动，从而达到舍内气流分布均匀的目的。

理想的设计是把进风口设在一端的山墙上即净道一侧，而所有的排风机则设在对端山墙上即污道一侧（图 4-1）。有时由于实际条件的限制，如端部设有工作间等，可将有些进气口设在靠近端部的两侧墙上。需注意的是这种设置只是对夏季和春秋季而言。对于在寒冷地区或温暖地区的冬季，由于舍内外温差大，舍外低温气体若仅从鸡舍一端进入，会使该附近舍内气温下降大，造成舍两端温差过大。因此，在寒冷气候进行通风时，应调节进风口的位置，封闭近山墙的进风口，启用接近舍中央的进风口，并用小风机进行排风（在布置风机时，可大小风机相结合；以适应不同季节通风之需要）。

此外，侧墙上均匀布置进风口的纵向通风设计方案也是可行的(图 4-2)。

1.进风口 2.风机

图 4-1 进风口设在一端山墙纵向通风鸡舍

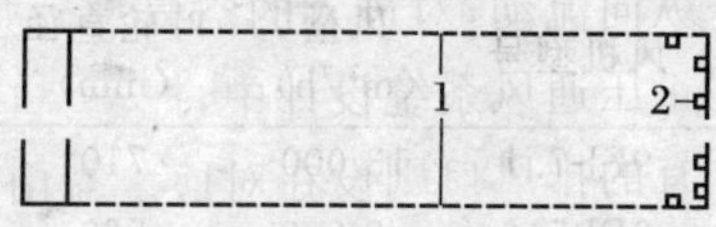

1.进风口 2.风机

图 4-2 均匀进风口纵向通风鸡舍

进风口可以是可调节开度的进气窗,也可以充分利用窗户,这种方式的优点是舍内气流分布均匀,但进风口的开度大小调节比较复杂,需要较高的管理技术。当鸡舍长度较长如超过 100 m 时,可把排风机集中布置在鸡舍中部(图 4-3)。

(2)进风口大小的设计 在通风时,进风口阻力越小,风机的排风量就越大,舍内的气流速度就越高。因此,在纵向通风设计中,若不考虑光照控制,进风口面积应与鸡舍横断面积大致相等,或至少也应大于 2 倍的排风口面积。

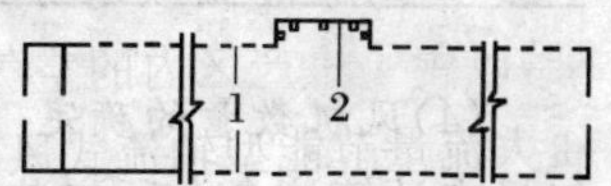

1.进风口 2.风机

图 4-3 排风机集中布置在鸡舍中部

(3)纵向负压通风使用的风机类型 下面是高效节能轴流式风机部分的风机类型(表 4-2 和表 4-3)。

表 4-2 高效节能轴流式风机类型

风机型号	风量 (m^3/h)	叶轮直径 (mm)	功率 (kW)	外形尺寸 (mm)	噪声 (dB)
9FJ-14.0	56 000	1 400	0.76	1 500×1 500×665	<70
9FJ-12.5	40 000	1 250	0.75	1 400×1 400×665	<70
9FJ-10.0	32 000	1 000	0.38	1 100×1 100×350	<70
9FJ-9.0	26 700	900	0.55	1 000×1 000×350	<70

续表 4-2

风机型号	风量 (m^3/h)	叶轮直径 (mm)	功率 (kW)	外形尺寸 (mm)	噪声 (dB)
9FJ-7.1	13 000	710	0.37	860×825×430	<70
9FJ-5.6	9 000	560	0.25	690×645×472	<70

表 4-3 肉种鸡和肉仔鸡舍通风换气参数

项　目		育雏期	育成期	成年肉种鸡	肉仔鸡
舍温(℃)		25～33	15～29	5～29	20～33
湿度(%)		70	70	70	70
换气量	夏	6.6	12	18	10
[m^3/(只·h)]	春、秋	3.3	8	12	6
	冬	1.8	3	5	2

(4)风机数量的确定　选择使用风机的型号后，可根据通风换气量来计算该禽舍所安装的风机的数量(考虑风机的损耗与其他产生的阻力)，其计算公式如下：

$$N=Q(1+10\%\sim15\%)/Q_{风机}$$

式中：N 为风机台数；Q 为通风换气量，m^3/h；$Q_{风机}$ 为风机的风量，m^3/h。

示例：某鸡舍饲养成年肉种鸡 8 000 只，确定需要安装 9FJ-12.5 型风机的台数。

查表 4-2 和表 4-3 得到 9FJ-12.5 型风机的风量和每只成年肉种鸡夏季所需要的通风换气量，先计算出该鸡舍总的通风换气量后，根据上面的计算公式可确定风机数量如下：

通风换气量为：18×8 000＝144 000(m^3/h)，需要安装 9FJ-12.5 型风机的台数为：144 000(1＋10%)÷40 000 ＝ 4(台)。

(5)设计纵向负压通风应注意的问题

①在排风量相等时，应尽量减少横断面空间；

②安装风机时，应大小相结合，以适应不同季节通风之需要；

③合理确定进风口的位置；

④地面平养雏鸡舍，为保温、避免风直接吹向鸡体，风机安装位置要高于鸡身 0.3 m 左右。

☞ 49. 养肉鸡常用饮水器有哪几种？

饮水器应保证鸡只随时都可饮到充足的清洁水，应渗漏少、蒸发面积小，以控制鸡舍内的湿度，避免疾病传播，同时能减少水的消耗。

目前，肉鸡生产中常用的饮水器有：

(1)槽式饮水器 用水槽供水在我国应用广泛，因其结构简单，可直接由自来水龙头供水。一般用常流水式供水(图 4-4)。即水槽上水端的水龙头调节成稳定的小流量，排水端有溢水孔控制水面的高度。在水槽底部设有排水孔，便于清洗水槽，排除污水。

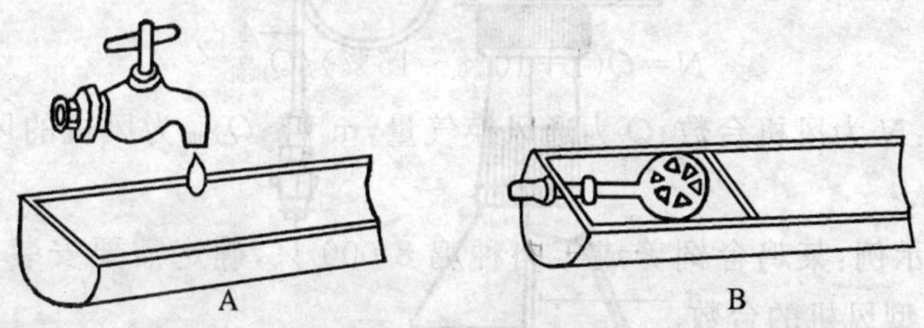

A. 常流水式长槽饮水器 B. 浮子阀门式长槽饮水器

图 4-4 槽式饮水器

其优点是结构简单，不需附加其他装置，造价低，供水可靠，便于直接观察。缺点是水量浪费大，易造成水质污染，增加疾病的传染机会，对防疫不利。因此，使用水槽式饮水器应定期清洗消毒。

(2)真空式饮水器　多采用聚乙烯塑料制成,结构简单,由水盘和饮水器两部分组成。饮水盘上开一个出水孔,水从出水孔流出,直到将孔淹没为止,水停止流出。当盘内水位下降低于出水孔时,外界空气重从出水孔进入水罐,使水罐内的真空度下降,水又自动流出,直到再次将孔淹没为止。这样饮水盘中始终能保持一定的水位。

此种饮水器的容量为 1～3 L,盘的直径为 160～220 mm,槽深 25～30 mm,可供鸡只数量为 70～100 只。此种饮水器广泛适宜于平养和笼养头 1 周的雏鸡。

(3)吊塔式饮水器　此种饮水器能自动保持饮水盘中有一定的水量,主要用于平养鸡舍。如 9LS-260 型吊塔式饮水器,其总体结构见图 4-5。

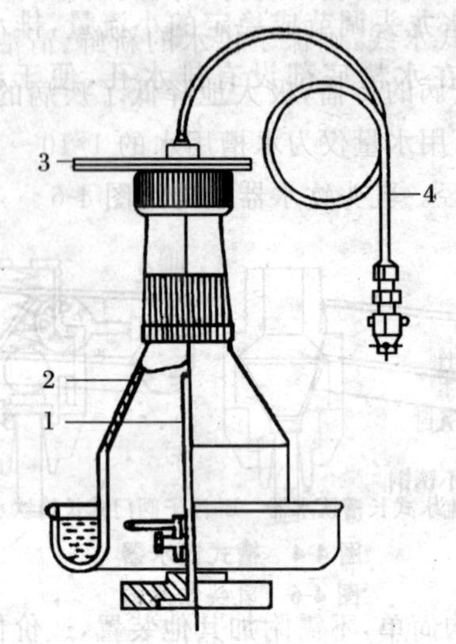

1. 防晃装置　2. 饮水盘　3. 吊攀　4. 进水管

图 4-5　9LS-260 型吊塔式饮水器

吊塔式饮水器的主要参数如下：

工作水压 19.6～117.6 kPa，饮水盘高度 53 mm，饮水盘直径 260 mm，饮水盘水量 1.0 kg，可供饮水的鸡只数为 50～80 只。

吊塔式饮水器的工作水压有低压和高压两种。低压约为 68.6 kPa，应与减水阀或水箱连用；高压饮水器可直接与自来水管相连。

在悬挂饮水器时，水盘环形槽的槽口平面应与雏鸡或成鸡的背部等高或略高。

（4）乳头饮水器　乳头饮水器因其端部有乳头状阀杆而得名。多用于笼养，在近几年的发展中，乳头饮水器有了很大的改进。由原来的 2 层密封发展为 3 层密封，乳头漏水现象大为减少，有利于鸡舍内地面的干燥，使舍内环境得以大大改善。

由于全密封式水线，确保了供水的新鲜、清洁，杜绝了外界污染，有效地防止疫病的传播，极大地降低了疾病的发生率，同时大大减少了用水量，用水量仅为水槽用水的 1/10～1/8，饲养者的劳动强度也大为减轻。乳头饮水器结构见图 4-6。

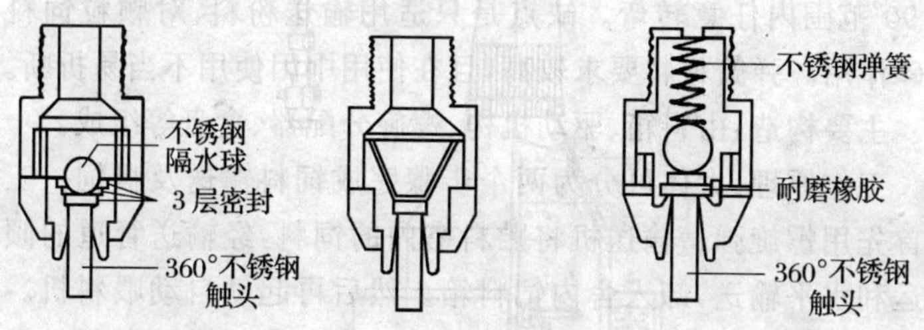

图 4-6　乳头饮水器

使用乳头式饮水器应注意以下问题。

①饮水中不含杂质。使用前要清洗水箱、供水管、乳头饮水器，以防杂质堵塞而造成滴漏不止。

②安装高度要适宜。其高度应使鸡自然抬头即可触及到乳头

为宜。严防过低，以免被鸡体碰触而造成滴水现象。

③经常检查有否滴漏水现象。遇到有滴水时，可用手指反复按压活塞乳头，排除积物，检查部件。对无法修理、滴漏不止的要及时更换。

☞ 50. 养鸡供料有哪几种形式？

养鸡供料的形式主要分为机械自动供料和人工供料两种，机械自动供料是现代养鸡生产中广泛采用的一种供料形式，节省人力，供料均匀一致，便于管理，但设备投资大；而人工供料适于规模小，管理比较粗放的一种供料形式，在供料时费时费力，但简单易行，不需要特殊的设备。现就供料的形式介绍如下：

(1)机械自动供料　主要有螺旋弹簧式供料、链环式供料和缆车式供料 3 种方式。

①螺旋弹簧式供料。是一种固定喂饲方式，常用于平养鸡舍的喂饲和输送饲料。优点是结构简单，装配方便，整机重量轻，在喂饲过程中不易进入脏物和因鸡挑食而引起喂饲不均，并可在小于 90°范围内任意转弯。缺点是只适用输送粉料，对颗粒饲料有破碎作用。弹簧材料要求较高，且在使用中因使用不当易折断。

主要构造：由料箱、驱动机构、螺旋分配器、食盘等组成。

工作原理：大体可分为两个步骤完成饲料输送及喂饲。工作时首先用螺旋弹簧输送机将贮料塔内的饲料，经输送管道的倾斜升运和水平输送，卸入舍内饲料箱。然后再起动自动喂料机。电机减速后经皮带传动，带动驱动轴旋转，此时装在轴上的搅拌杆与对接在轴上的螺旋弹簧同时旋转，箱内饲料在搅拌杆的作用下，推出箱外，送入管道，然后经螺旋弹簧向后推进，饲料首先进入第一个食盘，食盘装满后继续送到第二个食盘，直至送到最后一个装有一个控制开关的食盘，饲料装满后自动断电停止输送。螺旋式输送机技术性能如表 4-4 所示。

表 4-4 螺旋式输送机技术性能参数

机型	运送距离(m)	输送量(kg/h)	螺旋转速(r/min)	配套电机功率(W)
饲料输送	25	400～600	250～400	200
	25	1 000～1 400	250～400	400
	50	400～600	250～400	150
	50	1 000～1 400	250～400	400
喂饲	100～150	80～300	180～300	200
	150～200	200～300	180～300	400

②链环式供料。是国内外多采用的一种舍内喂饲方式。我国目前很多集约化鸡场广泛使用,其优点是:方法简单,适应性广,操作方便,易维修保养,便于自动控制,既适宜平养鸡舍,又适用于笼养鸡舍。缺点是:工作中链环易拉长变形,且当饲料各成分粗细不均时,易产生因鸡挑食而喂饲不均现象。

主要构造:由链环、料箱、转弯机构、清洁器、饲槽、支架等组成。

工作原理:送料时,首先起动喂料机,使电机经减速后,带动链条运行(每个链轮驱动一根链条)。链环经过料箱时将饲料带走,送入饲槽。链环转弯时,进入转弯机构的控制轨道内,并与转弯轮产生摩擦,使转弯轮旋转,减少链条运行时的前进阻力,链条过渡也较平稳,磨损少。

当饲料送入鸡笼后,对于使用封闭式饲槽的输送机,饲料进入食盘后鸡群方可采食,或者落入鸡舍(或槽)供食用;用于敞开饲槽,饲料进入鸡笼后,鸡群可从饲槽直接采食。链条边运行,鸡群边采食。一般当链环循环一周,饲槽内均匀分布一定数量的饲料供鸡群食用。由于链条不停地回转,未吃完的饲料便又回到料箱,下次再饲用。喂料机一般由人工启动,停止进行操作控制,也可用定时钟进行定时自动控制。

链环式喂料机单根链环总长度可按实际需要而选定。一般总长度为150～200 m,链环的移动速度一般为3.6～5.3 m/min,当链环移动速度为4.8 m/min时,输送量为120～480 kg/h。

③缆车式供料。是一种移动式供料方式,适用于多层笼养,尤其是给肉仔鸡供料。

主要构造:由料箱、驱动装置、牵引架、钢禀牵引绞盘和控制箱等组成。

工作原理:贮料塔的输料机向顶层料箱供料时,牵引架两侧分别设有与笼层数相同的料箱,上、下料箱由垂直竖管相通,并通过连接竖管依次将各层料箱充满。钢禀以设定速度带动牵引架沿饲槽移动,各层料箱通过伸入料槽的送料管向饲槽分配饲料,直至笼的尽头。喂料机当触动行程控制开关后,再返回驱动,回到初始位置。

(2)人工供料　即人工投料。所用的盛料器主要有料盘、料槽和料桶等形式。

①料盘。适用于雏鸡饲养,面积的大小可根据雏鸡的数量而定,一般为50～80只/个,有圆形、方形等不同形状:圆形的直径为35 cm或45 cm,方形的为40 cm×60 cm。

②料槽。常用的制作材料有硬塑料板、镀锌板或木版。各种材料制作的料槽各有特点:硬塑料料槽,价廉易于消毒,但使用寿命短;镀锌板料槽,使用寿命长,易消毒,但造价高;木制料槽价廉,制作方便,但不易消毒。常用料槽适宜长度如表4-5所示。

表4-5　平养料槽尺寸　cm

日龄	长度	槽高	上宽	下宽	脚高	鸡数
1～15	70	2.5	6	3.0		40
16～30	90	4.5	7	3.5		40

续表 4-5

日龄	长度	槽高	上宽	下宽	脚高	鸡数
31～45	110	5.5	9	5.0	3	40
46～60	120	7.0	12	6.0	7	30
61～90	125	8.0	14	8.0	10	30

③料桶。适用于平养育成鸡、肉仔鸡。料桶材料一般为塑料和玻璃钢，其特点是 1 次可添加大量饲料，储存于桶内，供鸡只不停地采食。对于肉仔鸡为了加快生长速度，可以不限制供料，而对于育成鸡则要根据饲养要求、体重情况，按标准供料。料桶容重一般为 3～10 kg。容量的大小可根据需要灵活选用。

需要注意的是：容量小，供料次数和供料点多，可刺激食欲，有利于肉鸡的采食和增重；容量大，可以减少喂料次数和对鸡群的干扰，但由于供料点少，将会影响鸡群的均匀度。

☞ 51. 鸡舍内的供热方式有哪几种？

在生产中只要能按舍温要求，进行相应合理的热工学设计，并按设计施工，成年鸡鸡舍基本上可以有效地利用自身产热维持适当的舍温，不必供暖。但对于雏鸡，由于其自身热调节机能发育不全，等热区较窄，临界温度较高，要求较高的舍温。所以，在寒冷地区，对于雏鸡舍需要实行采暖，采暖主要分为局部采暖和集中采暖。

(1)局部采暖　在鸡舍内单独安装供热设备，如电热器、保温伞、散热板、红外线灯、火炉、火墙等。

①电热保温伞供热。电热保温伞由电源和伞部组成，其工作原理是利用伞部的反射，将电源发出的热量集中反射到地面。通过温度控制系统，使温度保持在适宜的范围内，为雏鸡提供一个适宜的环境温度。

伞下所容雏鸡数，要根据伞的面积和高度而定，一般可容雏鸡300～1 000只，如表4-6所示。

表4-6 电热保温伞育雏器的容鸡只数

伞罩直径(cm)	伞高(cm)	容2周龄以下的鸡数(只)
100	55	300
130	60	400
150	70	500
180	80	600
240	100	1 000

电热保温伞育雏的优点是干净卫生，雏鸡可在伞下自由活动，寻找最适宜的温度区域。若在室温低的环境下，单独使用电热保温伞育雏，效果并不佳，耗电多且舍温难以控制。

②红外线灯供热。温暖地区或提供一定的舍温育雏时，可用红外线灯供热。红外线发热元件主要有两种形式：一种是明发射体，所用灯泡为250 W，一盏250 W红外线灯泡可供100～250雏鸡保温。另一种是暗发射体，只发出红外线，不发可见光，因此在使用时，应配置照明灯。其功率为180 W以上。红外线离地面的高度视季节不同而异，炎热的夏季离地面40～50 cm，寒冷的冬季离地面为35 cm。

(2)集中式采暖　指在寒冷地区的集约化鸡场或种鸡场进行冬繁，可采用一个集中的热源(锅炉房或其他热源)，将热水、蒸汽或预热后的空气，通过管道输送到舍内或舍内的散热器等。

目前采暖基本上采取常规方法，但这些方法普遍存在设备费用高，受热不均，与通风系统不能良好地协调，使保温和通风产生矛盾。有些鸡场为了保温而减少通风量，致使呼吸道疾病的发生率上升。近年来，为了解决保温与通风的矛盾，通风供暖设备的研制有了新的进展，热风炉、暖风机的使用使这一矛盾得到了很好的解决。

下面将着重介绍热风式通风供暖的工艺及设备。

热风式通风供暖的设备构造：主要由热风炉、轴流风机、带孔塑料管、调节风门等组成，位于保暖空间另一端的排风机是用于通风换气的装置（图 4-7）。

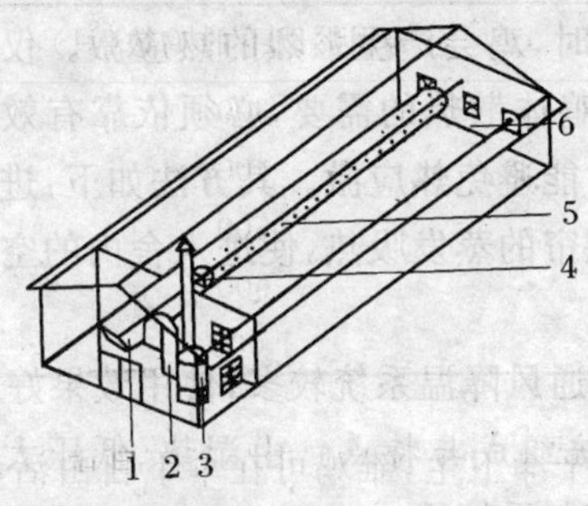

1.方形通风管　2.连接弯管　3.热风炉　4.轴流风机　5.有孔塑料风管　6.排风机

图 4-7　热风炉供暖系统

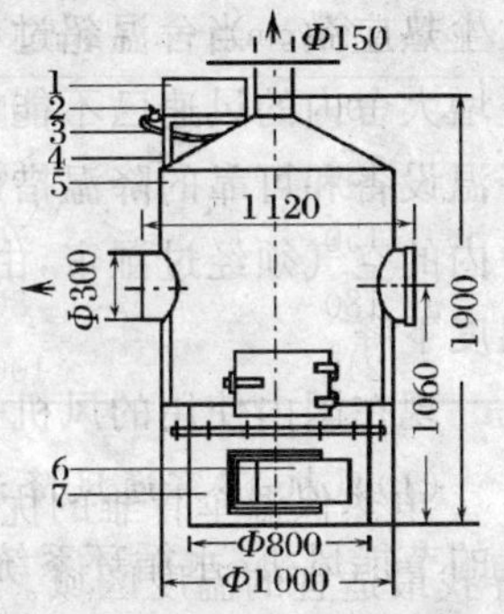

1.初级水箱　2.水龙头　3.胶管　4.水箱架　5.热风炉炉体　6.风门　7.热风炉炉堂

图 4-8　热风炉(单位:mm)

热风炉是供暖系统的主体（图 4-8），为供暖空间提供无污染的洁净热空气。热风炉供暖系统有 3 种运行方式：A. 加热换气；B. 通风换气；C. 单纯加热（图 4-9）。该设备结构简单，送热快，热效率高，成本低（比热水锅炉成本降低 40%多）。

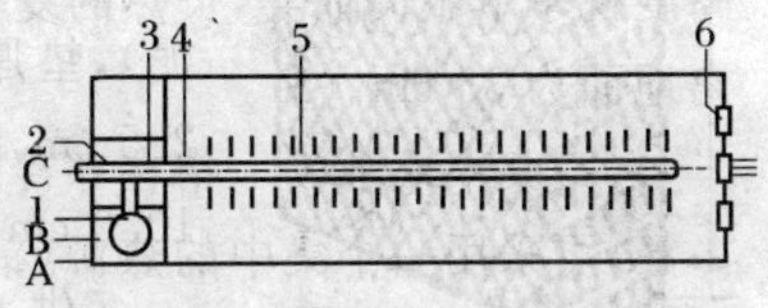

1.热风炉　2.调节风门　3.方形通风管　4.轴流风机　5.有孔塑料风管　6.排风机　A.加热换气　B.单纯加热　C.通风换气

图 4-9　供暖系统的 3 种运行方式

鸡舍采用热风炉采暖，应根据饲养规模确定不同型号的供暖设备。如 210 MJ 热风炉供暖面积可达 500 m^2，420 MJ 热风炉可供暖面积达 800～1 000 m^2。

☞ 52. 怎样合理利用风机-湿帘通风降温系统降低鸡舍温度?

在一般饲养条件下,肉鸡最适生长温度是18～21℃。夏季天气炎热,当舍内温度高于25℃时,由于鸡的特殊生理构造,就开始发生热应激。当舍温超过34℃时,鸡会产生强烈的热应激。仅通过增大舍内的风速已不能满足鸡体散热的需要,必须依靠有效的降温设备和可靠的降温措施,才能避免热应激。其方法如下:进入舍内的空气须经过湿帘,由于湿帘的蒸发吸热,使进入舍内的空气温度下降。

现在国内使用的风机-湿帘通风降温系统较多,使用效果好。

(1)风机-湿帘通风降温系统组成与特点　由湿垫、低压大流量的节能风机、水循环系统及控制系统组成。

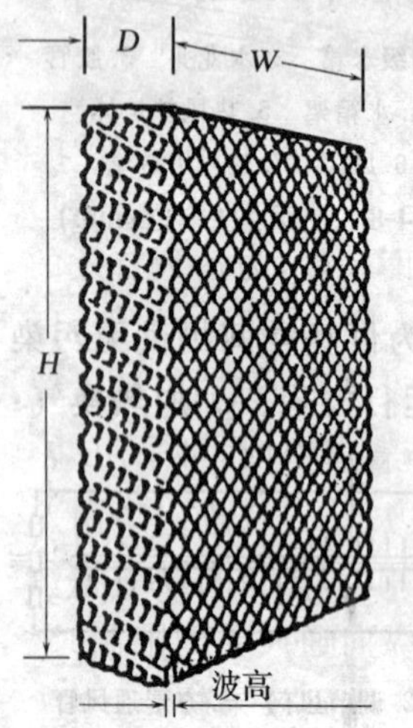

图 4-10　湿帘外形示意图

湿帘又称蒸发垫、水帘(图4-10),制成波纹多孔形状,减少对水的截流,采用高耐水性材料胶结而成,保证了高吸水性能,并且有较大蒸发表面积和较小的过流阻力损失。

湿帘种类:主要有猪鬃蒸发垫(涂橡胶),垫厚2.5 cm;甘蔗渣蒸发垫(涂水泥),垫厚2.5 cm;白杨木蒸发垫,垫厚2.5 cm,纸板蒸发垫(波纹沟槽),垫厚有10.0 cm和15.0 cm,此种目前使用最广。

供水循环系统:包括水泵、集水池(箱)、供水管路、滤污网、泄水管、回水栏污网和浮球阀等。浮球阀自动补水并稳定控制水位。水循环系统的主要作用是按照所需要的循环水量将湿垫均匀湿润,并保证适宜的水流量,以保持湿垫的降温效果。

自控装置分为两个层次，常规的由热电阻或热敏电阻检测电路及电气控制装置组成，经济简便，运行可靠。较高层次是由8098单片微机与电气控制装置所组成。两者均可实现经温度为条件的自动控制、报警等功能，夏季水泵风机温度联动自控，春秋季节可实现风机温度自控。

(2)湿垫-降温系统的布置　通常采用的布置方式有4种(图4-11)。

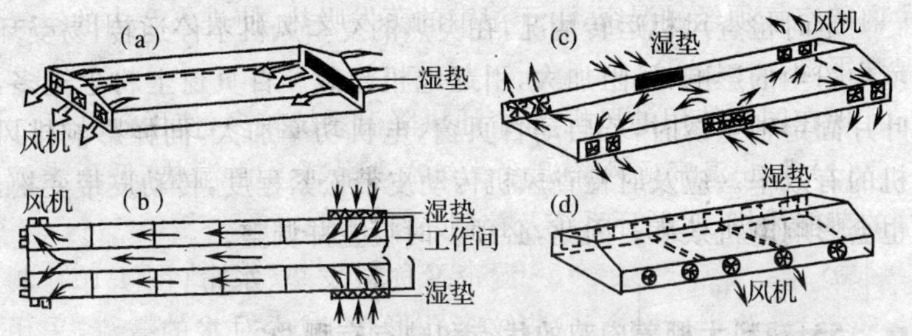

图4-11　湿垫-降温系统的布置方式

由于工厂化、集约化养鸡生产，饲养密度较高，为达到有效的通风降温效果常采用纵向通风。因此，湿垫-降温系统的布置，以图4-11(a)型纵向通风布置为好，一端山墙设风机，对端山墙设置湿垫；当一端设有工作间而不能在山墙上布置湿垫时，可采用(b)型。当鸡舍长度超过100 m时，为减少阻力损失，或进出口温差超过3℃以上而不能满足生产要求时，可采用(c)型。在某些特殊需要的情况下，需在屋脊方面分为若干间，纵向通风受到限制时，可考虑(d)型设置方式。采用横向通风往往通风效果较差，不能有效地进行通风。因此，实际生产中很少采用。

(3)风机-湿帘通风降温系统使用应注意的问题　湿帘是整个冷却系统的关键，每干、湿1次，对其使用年限就会有所损害。因此，使用湿帘不可昼夜连续使用，应只在炎热时应用，最好是在每天鸡舍温度要升高之前开始使用，这样可保持鸡舍一直处于凉爽状态，但风机可不停止地转动，以保持通风良好。

为防湿帘中藻类生长和堵塞，在水中可添加 0.2～0.5 mg/kg 硫酸铜，同时每晚要使湿帘彻底干燥 1 次。控制循环水的水质，对于使用的水必须经过过滤和消毒，每周排水 1 次。在多风沙地区以及闲置不用时，为防止沙粒、金属粒、油污、羽毛等的堵塞，在湿帘外设置遮栏。

定时检查风机运转情况，在炎热的夏季风机不停运转，易受环境中粉尘的影响，风阻加大，引起电机超载。百页窗上粉尘过多，叶片固定轴生锈时，若启动百页窗，电机功率加大，同样影响排风机的有效率。应及时检查风机传动皮带松紧程度，传动皮带变松，也会影响电机效率。因此，必须及时检查并调整。

☞ 53. 塑料大棚养肉鸡的优点和缺点有哪些？

我国属典型的大陆型季风气候，大多数地区四季分明，冬季寒冷，尤其是我国的北方，冬季严寒而漫长，严重束缚了养鸡业的发展。近年来，北方地区广泛采用的塑料大棚饲养肉鸡技术，较好地解决了冬季饲养肉鸡的生产环境问题，是一种适于广大农村和中、小型养殖场应用的肉鸡饲养方式。符合我国国情，为在寒冷的冬季发展优质高效的养鸡业提供了前提条件。其优点表现在以下方面：

(1)改善生产小气候　塑料大棚是一种结构紧凑、封闭性好的小型温室，充分利用太阳的光热效应，有利于提高舍内的环境温度，改善舍内气候条件，保证肉鸡正常生长发育和生产所需要的环境温度，透光性好，透进舍内的紫外线多，可有效地杀灭或抑制病菌微生物的生长、繁殖；消毒防疫方便，提高了肉鸡的抗病能力，减少了疾病的发生率。此外，还具有防风、雨、雪和霜，拆卸方便，便于实行农牧结合养殖等特点。若种植和养殖结合，共处一个环境，植物可以将肉鸡排出的粪便和有害气体充分利用,促进作物增产,消除废弃物对环境的污染,改善肉鸡生活环境,起到相互补充和良性循环的作用。

(2)提高饲料转化率和降低生产成本 塑料大棚具有密闭、透光性好和蓄热作用强,可将太阳能有效地转化为热能,有利于提高棚内的环境温度,为肉鸡生长提供一个适宜的生长温度,使鸡体散热减少,有效地降低维持消耗,从而提高饲料中营养物质的利用率,降低了生产成本的特性。

(3)降低建筑费用,促进养鸡业的发展 塑料大棚鸡舍与小气候条件相当的同类鸡舍(如封闭舍)相比,建筑造价低,结构简单,经济适用。塑料大棚养鸡技术的应用,可改善肉鸡生存的环境,改变传统的饲养管理方式,显著提高肉仔鸡的成活率、出栏率,降低饲料消耗,大大提高经济效益,是我国北方地区加快农村脱贫致富的有效途径,能有利地推动适度规模饲养的发展。

塑料大棚饲养肉鸡也存在着一些不足:棚内温度日较差较大,因棚顶的塑料膜隔热能力较差,特别是在没有日光照射的情况下,夜间棚内热量向外散发,使棚内的温度下降;棚内湿度较大,易形成高湿的环境,因塑料薄膜不透气,当棚内水分蒸发上升与塑料薄膜接触时,很快凝结成水珠,返回地面,使棚内湿度不断增大;此外,棚内的光照易受到影响,若塑料薄膜表面有灰尘、水珠或积雪,将会严重影响塑料薄膜的透光性,降低棚内的光照度。

54. 塑料大棚的类型和规格是怎样的?

塑料大棚根据结构和造形,可分为单斜面式、双斜面式、半拱圆式和圆拱式 4 种。

(1)单斜面式塑料大棚 暖棚的顶部如图 4-12 所示,一面为土木结构的屋面,另一面为塑料膜覆盖。中梁处最高,在没有覆盖塑料膜时呈半敞式,半敞式屋面占整个暖棚顶部的 1/2～2/3。从中梁处向前沿墙覆盖塑料膜，形成密封式塑料暖棚。一般由地基、墙体、框架、加温设备和覆盖物等组成。

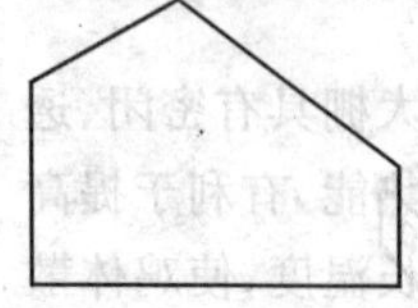

图 4-12　单斜面式塑料大棚

此种类型的暖棚多采用东西走向，坐北朝南，结构简单，保温性能好，管理方便，但棚下空间、跨度较小，适于单列式饲养。

(2)双斜面式塑料大棚　暖棚顶部两面均为塑料膜覆盖，有的两棚面不等，称不等面式；有的两棚面对称相等，称等面式(图 4-13、图 4-14)。双斜面式暖棚四周有墙，顶梁处最高，塑料膜由顶梁向两边墙延伸，形成严密的塑料膜暖棚。其中以等面式暖棚居多，为了有利于采光和提高暖棚内的温度，多为南北走向；不等面暖棚比较少见，一般是坐北朝南，东西走向，南棚面积大，北棚面积较小。

图 4-13　不等面式双斜面塑料大棚　图 4-14　等面式双斜面塑料大棚

此种类型暖棚的特点是采光面积大，棚内的温度高。由于跨度大，对建筑材料要求高，多采用木材和钢材做框架材料，造价高，并且抗风、耐压能力较差。

(3)半拱圆式塑料大棚　其结构与单斜面式基本相同，暖棚棚顶一般占整个塑料暖棚面积的 2/3。由顶梁向前墙用塑料膜覆盖，由顶梁向后墙部分用草泥、油毡或瓦片覆盖，形成密封的半拱圆形塑料暖棚。

此类暖棚的特点是：棚下空间大，采光系数大，棚内的温度较高，跨度小，多为单列式，结构简单，易于建造，抗风抗压性强，管理方便。适于各种类型的规模化肉仔鸡生产。

(4)圆拱式塑料大棚　棚顶呈半圆形,全部用塑料膜覆盖。由山墙、前后墙、棚架和棚膜组成,如图4-15所示。

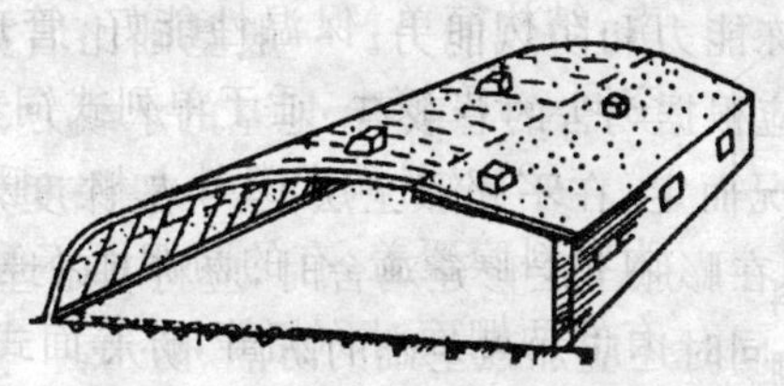

图4-15　圆拱式塑料大棚

此类暖棚的特点是:采光好,跨度较大,多采用双列式饲养。由于棚顶全部用塑料膜覆盖,易于升温也易于降温,白天棚内环境温度较高,夜间暖棚内环境温度不易保持,为了有效地加强保温,可在棚顶加盖草帘或采用双层膜暖棚,两层塑料膜间有8～10 cm的空气隔层。

塑料大棚的规格应根据饲养的规模而定,各种暖棚规格见表4-7。

表4-7　塑料暖棚规格

暖棚类型	鸡		牛		羊		肥育猪	
	只数	面积(m^2)	头数	面积(m^2)	只数	面积(m^2)	头数	面积(m^2)
单列(半斜面)	200	300	30～50	105～180	50～100	75～130	25～50	50～110
双列(双斜面)	250～500	38～200	100	350	150～200	230～300	100	200

☞ 55. 大棚养鸡应注意哪些问题?

对于大棚养鸡应注意两方面的问题:一方面是大棚的建造,另一方面是棚内环境的控制。

(1)塑料大棚建筑应注意的问题

①基础和墙基。基础是承受暖棚重量、设备荷载和禽荷载等力的重要部分。因此,基础要求坚固耐久,有适当的抗机械能力及抗震、防潮、抗冻能力和防风能力。一般基础比墙宽 10～15 cm,基础埋置深度应根据鸡舍的总载荷、地基的承载力、土层的冻胀程度及地下水情况而定,在不膨胀土层上,一般深度为 50～70 cm。我国北方地区,在膨胀土层修建鸡舍时,应将基础埋置在土层最大冻结深度以下,同时还应加强基础的防潮、防水。

墙壁是棚舍的主要结构,是棚舍与外部空间隔离的主要外围护体,对舍内温、湿度状况起重要作用。据测定,冬季通过墙散失的热量占整个棚舍总失热量的 35%～40%。

对墙壁的要求:坚固、耐久、严密、防水、抗震、结构简单、便于清扫、消毒。同时具有良好的保温隔热性能。

墙壁的保温隔热能力取决于采用的建筑材料的特性与厚度,尽可能选用隔热性能好的材料,以保证最高的隔热设计。否则,在冬季,特别是寒冷地区,就不能保证舍内应有的温度而导致水汽在墙壁表面凝结,造成舍内潮湿,对舍内湿度的控制造成麻烦。而在炎热地区,若墙壁隔热能力低,必然导致舍内温度过高,对防暑降温带来一定的困难。

②地面。棚舍地面不仅要考虑保温性能,还要考虑到便于消毒、清扫、不渗水,对舍内保持清洁有较好的作用。

因此,地面应具备下列基本要求:坚实、致密、平坦、有弹性、不硬、不滑;有足够的抗机械能力与抗各种消毒方式的能力;导热性小,不透水,易清扫和消毒;具有一定的坡度,保证粪尿及污水及时排走。

(2)棚内环境控制应注意的问题　塑料暖棚内的小气候环境与普通封闭舍存在着很大的差别,主要的问题是加强保温、防潮、减少有害气体等。

①保温问题。由于棚顶的塑料薄膜隔热能力差，易于散失热量，尤其是夜间，不能得到来自太阳辐射方面的热量，而通过棚顶塑料薄膜散失大量的热能，导致棚内的温度降低，为保持棚内较高的温度，可加盖草帘，草帘下最好铺一层厚纸或着塑料薄膜，夜间放下，覆盖在棚膜上，白天卷起固定在棚顶。

此外，也可设防寒沟和地温加热等措施，以利于保温。

②防潮问题。由于塑料薄膜的密封性好不透气，并且棚内的水汽蒸发上升，遇棚膜接触时，由于遇冷而凝结成水珠，返回地面，从而使棚内的湿度不断增大。为了解决这一问题，最好采取综合治理措施，除日常及时清除粪便、节约用水、加强通风换气外，还应采取加强对棚膜的管理和增设干燥带等。

③控制有害气体的问题。棚内的有害气体对鸡的影响是长期的，即使有害气体浓度很小，也会使鸡体质变弱，生产力下降。因此，控制棚内有害气体的含量，防止棚内空气质量恶化，对保持鸡的健康和生产力的提高具有非常重要的意义。

控制棚内有害气体的措施：及时清除粪尿，防止粪尿潴留，腐败物分解；加强鸡舍的保温防潮，以防氨和硫化氢溶于舍内水汽中；合理地进行换气，将有害气体及时排出。

第五部分　种鸡的饲养管理

☞ 56. 为什么要对肉种鸡限制饲养?

限制饲养是指人为控制肉种鸡对饲料营养物质摄入量的饲养方法,主要体现在对饲粮质或量方面进行一定程度的限制。主要目的是:

(1)控制种鸡生长速度,使其达到标准体重　肉用种鸡采食量大,增重速度快,饲喂不当易出现体重过大。种公鸡 20 周龄体重应控制在 2 700～2 900 g,公鸡过重会严重影响其种用价值,导致精液品质差、淘汰率增加。种母鸡 20 周龄的体重标准要求在 1 900～2 400 g。在生长期间,若任其自由采食,20 周龄时母鸡体重则可达 3 000 g 以上。肉种母鸡体重过大时,产蛋期产蛋率低,死淘率高。通过合理的限饲,使肉种鸡达到标准体重,可保持高产稳产。

(2)控制性成熟,使性成熟适时化、同期化　通过合理的限制饲养,控制种鸡生殖系统的发育,使性成熟适时化、同期化。合理的限饲,使个体间体重差异缩小,产蛋率上升快,到达 50%产蛋率所需要的日数短。鸡群性成熟日龄的差异越小,性成熟就越趋近同期化。因此,可使种鸡适时开产,肉用种鸡正常 24 周龄见蛋,25 周产蛋率达 5%,30 周左右进入产蛋高峰。如果限饲不当则会造成过早产蛋(22 周左右)或产蛋过晚(27 周后)的不良后果。产蛋过早,蛋重小,产蛋高峰低,产蛋持续期短,最终产蛋量减少;过晚开产,蛋重虽大,但产蛋量也少,种蛋合格率低,仍然不经济。

(3)减少脂肪沉积,节约饲料,提高种用价值　限制饲养可以减少肉鸡体内脂肪沉积,一般可降低 20%～30%的沉积量。通过合理的限饲,鸡的采食量比自由采食量减少,可节约饲料 10%～

15%。若让鸡自由采食或限饲不当，则会出现“脂肪鸡”，这种鸡的体质差，胸骨较短，腹部较硬，说明体内沉积脂肪过多，腹内的容积狭小，体躯发育不佳，内脏器官周围沉积较多脂肪。“脂肪鸡”不仅饲料消耗大，而且进入性成熟后，生理代谢机能也不旺盛，特别是卵巢和输卵管的生殖机能下降，严重影响种用价值。

☞ 57. 怎样对种鸡进行限制饲养？

肉种鸡的限制饲养，就其饲养全过程来讲是一个严密的饲喂程序，但生产中应依据不同鸡种、不同周龄的体重增加速度以及生产状况，及时调整限饲方法。

(1)限饲的方法

①限质法。限质就是使饲粮中某些成分低于正常水平，如低能饲粮、低蛋白饲粮等。通常将饲粮中粗蛋白降至13%～14%，代谢能比正常低10%左右，以达到限饲的目的。

②限量法。限量法就是给鸡群喂自由采食量的80%或90%，依鸡群状况、品种类型等灵活掌握。

③限时法。就是限制饲喂时间。有每日限饲、隔日限饲和每周限饲。

每日限饲：在饲喂全价饲粮的基础上，减少每日饲喂量。这种方法较缓和，产生的应激反应比较小，适用于幼鸡雏自由采食转入限制饲养的过渡期或育成末期。

隔日限饲：在饲喂全价饲粮的基础上，将2天的喂料量在1天投喂，另一天停喂。这种限饲方法的强度较大，也容易产生应激反应，适用于生长速度最快且难以控制的阶段，或体重严重超出标准时采用，采用此方法时应注意料量不可超过产蛋高峰期的料量，否则应改用其他限饲方法。

5/2限饲：同样是在饲喂全价饲粮的基础上，将7天的喂料量分为5天喂给，其中必须有不连续2天停喂。它的限饲强度介于每日限饲和隔日限饲之间，适用于育成期的大部分阶段。根据生产的实际和体重控制的情况，与 5/2 限饲相似的还有 6/1、4/2、4/3 等限饲方法，实际生产中可视具体情况选用适当的限饲方法，可以灵活掌握。

(2)限饲程序示例（以艾维茵父母代种母鸡为例）

①1～3 周自由采食，饲喂雏鸡料。开始几天连续不断给料，以促进骨骼、肌肉充分地生长发育，1 周后由日喂 8 次、6 次降到 4 次，尽可能使鸡只尽快达到标准体重。

②从 4 周开始，实行限制饲喂。采用每日限饲，根据鸡群生长发育情况，限量 70%、80%或 90%。饲料营养同 1～3 周龄的雏鸡料。

③5～12 周是鸡只迅速生长发育、体重难以控制阶段，应采取隔日限饲，同时应降低饲料的能量和蛋白质水平。

④13～19 周体重的增长趋于平缓，应采取每周限饲(5/2 限饲或 6/1 限饲)，饲料营养同前。

⑤20 周后进入产蛋期，应按产蛋期的要求进行饲养。此期是新母鸡一生中最重要的时期，为满足母鸡产蛋的需要，必须提供足够的能量、蛋白质及矿物质饲料。

需要特别注意的是：为满足鸡对钙的需要，从 24 周开始添加片状或粒状的贝壳，每 100 只鸡每周 1 次投喂 1.36 kg，撒在垫料上或料槽内使鸡自由采食；使用限饲程序时，在生长期任何一个喂料日中，喂料量不可超过产蛋高峰期的料量；在 5 周前，要尽可能使鸡只达到目标要求体重；5～12 周要减缓种鸡的生长速度，到 12 周尽可能使鸡只的体重略高于推荐标准体重的下限，并一直保持到 15 周；15 周后应使体重缓慢增加，使其在 20 周时平均体重接近推荐体重范围的上限。

总之，在生产实践中，无论是采用哪种限饲方法及限饲程序都必须依据标准体重，将体重控制在标准体重范围内，这是限制饲养的基本准则。

(3)肉种鸡体重及限饲程序　参考见表 5-1 和表 5-2。

表 5-1 育雏育成(0～20 周龄)肉种母鸡体重和限饲程序推荐表

周龄	停饲日称重		每周增重		饲料		建议喂料量[g/(天·只)]
	全封闭鸡舍母鸡体重(g)	常规鸡舍母鸡体重(g)	全封闭鸡舍(g)	常规鸡舍(g)	类型	计划	
1					育雏期饲料(蛋白质18%～19%)	不限饲	—
2	182～272	182～318	91				40
3	273～363	295～431	91	113			44
4	364～464	431～567	91	136	育成期饲料(蛋白质15%～16%)	每日限饲、隔日限饲、5/2限饲或其他限饲方法	48
5	455～545	567～703	91	136			52
6	564～636	658～794	91	91			56
7	637～727	795～885	91	91			59
8	728～818	840～976	91	91			62
9	819～909	931～1 067	91	91			65
10	910～1 000	1 022～1 158	91	91			68
11	1 001～1 091	1 113～1 249	91	91			71
12	1 092～1 182	1 204～1 340	91	91			74
13	1 183～1 273	1 295～1 431	91	91			77
14	1 274～1 364	1 408～1 544	91	113			81
15	1 365～1 455	1 521～1 657	91	113			85
16	1 456～1 546	1 634～1 770	91	113			90
17	1 547～1 637	1 748～1 884	91	114			95
18	1 638～1 728	1 862～1 998	91	114	育成期饲料(蛋白质15%～16%)	5/2限饲	100
19	1 774～1 864	1 976～2 112	136	114			105
20	1 910～2 000	2 135～2 271	136	159	产蛋前期料	5/2限饲	110

表 5-2 肉种公鸡的体重及限饲程序

周龄	日龄	平均体重(g)	每周增重(g)	限饲计划	建议喂料量[g/(天·只)]
1	7	—	—	全饲	—
2	14	—	—	全饲	—
3	21	—	—	全饲	
4	28	680	—	每日限饲	60
5	35	810	+130	隔日限饲	69
6	42	940	+130	隔日限饲	78
7	49	1 070	+130	隔日限饲	83
8	56	1 200	+130	隔日限饲	88
9	63	1 310	+110	隔日限饲	93
10	70	1 420	+110	隔日限饲	96
11	77	1 530	+110	隔日限饲	99
12	86	1 640	+110	隔日限饲	102
13	91	1 750	+110	5/2 限饲或	105
14	98	1 860	+110	继续采用	108
15	105	1 970	+110	隔日限饲	112
16	112	2 080	+110		115
17	119	2 190	+110		118
18	126	2 300	+110		121
19	133	2 410	+110		124
20	140	2 770	+360*	每日限饲	127
21	147	2 950	+180	每日限饲	130
22	154	3 130	+180	每日限饲	133
23	161	3 310	+180	每日限饲	136
24	168	3 490	+180	每日限饲	139
25	175	3 630	+140	每日限饲	根据
26	182	3 720	+90	每日限饲	情况
27	189	3 765	+45	每日限饲	酌情
28	196	3 810	+45	每日限饲	饲喂

*20 周龄时体重急剧增加，是由于自然增重(180 g)再加上改变限饲计划所致。

☞ 58. 限制饲养应注意哪些问题?

(1)调群　限饲前应进行逐只称重,根据体重大、中、小分别组群,分别饲养,同时剔除病、弱、残鸡,根据需要做好免疫、驱虫工作。

在限饲过程中要及时调群,调群时间一般是在停料日的下午称重时,要求每周 1 次,开产后每月 1 次。笼养情况下,是按列划分组群,便于给料量的计算和喂料操作。

调群的方法是将体重大的和体重小的选出来分别放在体重大的和体重小的栏中,同时将体重符合标准的鸡只调回至中等体重栏中,调入和调出的数量应相等,调群的方法如图 5-1 所示。

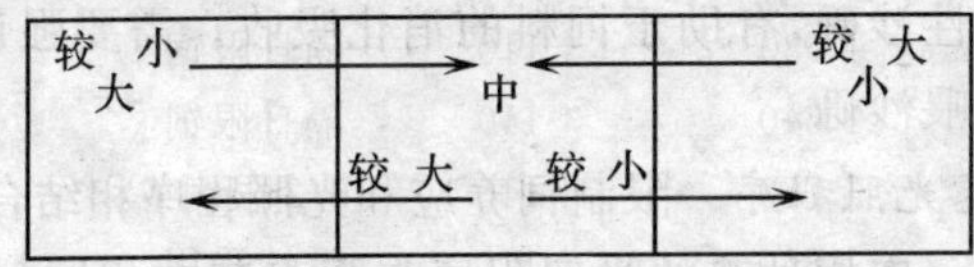

图 5-1　调群法

(2)应有充足的采食饮水位置　由于限饲,使鸡群处于饥饿状态。因此,投料后鸡群必然争抢采食,若没有足够的采食和饮水位置,将使一部分弱小鸡只因采食饮水不足而造成体重和体质差异过大,导致均匀度差,甚至在喂料时因抢料而发生伤亡现象。

在限饲期间,除保证每只鸡有 10～15 cm 长的食槽位置外,还应留有 10%的料位以保证每只鸡都有充足的采食空间。料槽和水槽距鸡活动的范围要求在 3 m 之内,水槽应距料槽近些,一般是在两料槽间放置水槽。

(3)加快投料速度　应将规定的料量迅速均匀地投到喂料器内,使用料桶或料槽喂料时,需增加人员,在均等的位置上同时添料,动作要快,一般要求在 3～5 min 完成。也可在天亮前或晚上关灯时将料桶装好料挂起,在第二天喂料时同时放下,采食结束时再挂起。如果是用链式饲槽机械送料，要求传送速度每分钟不低于 18 m 或采用 30 m 以上的快速喂料系统，速度低时应考虑增加辅助料箱或人工辅助喂料。

(4)注意调整营养　在限饲过程中，要注意观察鸡群动态，防止或减少各种应激。如果遇到断喙、疫苗接种、转群、发病以及气候变化时，应有准备地在饲料或饮水中投放抗应激药物，需要时可以适当调整饲料营养，甚至转入正常非限制饲喂。

(5)各阶段应及时换料　结合限饲程序在保证肉用种鸡标准体重的前提下，应按育雏期、育成前期、育成后期、预产期、产蛋期及时更换饲料，以满足各时期的营养需要。饲料的更换应有 3～5 天的过渡期。从 7 周龄开始，每 100 只鸡每周应喂给 450 g 粒度适宜的不溶性沙砾，有助于饲料的消化吸收。需要强调的是在停饲日不能投喂沙砾。

(6)注意光照程序　限制饲养应和光照程序相结合，才能达到最佳的效果。肉用种鸡的光照程序与蛋鸡基本相同，但由于肉用种鸡实施了限制饲养，为使鸡群的性成熟略为推迟，体成熟和性成熟尽可能的同步，要求在生长期给予较少的光照时间。

有条件的鸡场可实施遮黑式鸡舍管理，可以更有效地控制性成熟，达到理想的生产效果。方法是在适宜季节或机械调节舍温的情形下，将鸡舍所有进光的门窗用塑料遮帘遮黑，采用人工光照。

☞ 59. 怎样合理控制肉种鸡的体重？

肉种鸡体重的控制，主要是生长期体重的控制，特别是育成期鸡只的体重，因体重与产蛋率有密切的关系。育成期体重大，产蛋期体重也大；反之，育成期体重小，产蛋期体重也小。实验证明，开产时若体重达到该品种的标准体重且整齐度高时，鸡群的产蛋率上升快，进入高峰期产蛋率平稳，高峰期维持的时间长。因此，对肉种鸡体重的控制非常重要。

控制肉种鸡的体重，关键是定期监测体重的变化，并根据测定结果采取相应措施。

(1)*体重监测方法* 抽测鸡时要随机抓取，不可人为的挑选大小。地面或网上平养的情况下，可将鸡舍沿对角线采取两点，用折叠铁丝网随机的将鸡围起来，所围的鸡只数应接近抽测的计划数；或者将鸡舍划分为几个小区，小区的数量视鸡群的大小而定，使得每个小区的鸡只都有称重的机会；若是分层笼养时，除将鸡舍均匀地划分为若干小区外，还要分别抽测上、中、下 3 层鸡笼鸡只，每个小笼都要全部称重。

抽测应每周称重 1 次，抽测的时间一般在每天饲喂前或停饲日进行。抽测的数量 10 000 只以上抽测 1%～2%，一般不应少于 100 只；10 000 只以下抽测 2%～5%，一般不能少于 50 只。因为数量少很难代表鸡群的整体情况。

(2)*鸡群体重的控制措施* 抽测称重结束后，应立即计算平均体重和均匀度，并与标准体重对照。根据具体情况，采取相应的措施。

①体重低于标准的鸡群，为了使鸡群的平均体重尽快达到标准体重，主要采取如下措施：一是提前执行下周的喂料量，如第七周末实测鸡群体重低于标准体重时，第八周应饲喂第九周的喂料量；二是体重低于标准体重百分之几，喂料量就应相应增加百分之几，当体重恢复到标准体重后，再饲喂相应周龄的料量。

例如，育成肉种公鸡第七周的标准体重为 1 070 g，每日给料量为 83 g/只；第八周的喂料量为 88 g，第七周末实测平均体重为 1 020 g，低于标准体重 4.68%，第八周则应增加喂料量 4.68%。那么，第八周的进食量为：88＋(88×4.68%)＝92.1 (g)。

②体重超标的鸡群，为使其平均体重尽快达到标准体重，可采取下列方法：一是继续维持上周喂料量，当体重符合标准后，再喂

相应周龄的料量；二是体重超出标准体重百分之几，喂料量就应相应减少百分之几，当体重恢复到标准体重后，再饲喂相应周龄的料量。

☞ 60. 什么是鸡群均匀度？怎样计算？

所谓鸡群均匀度，是指鸡群内个体间体重的整齐程度。均匀度高，说明鸡群内的个体体重差别小，鸡群发育整齐。实际生产中，鸡群均匀度通常用平均体重±10％范围内的个体占全群的百分数表示。鸡群均匀度的评判标准见表 5-3。

表 5-3 鸡群的整齐度标准

在鸡群平均体重±10％范围的蛋鸡所占的比例(％)	均匀度
85 以上	特佳
80～85	佳
75～80	良好
70～75	一般
70 以下	不良

例如：某鸡群 12 周龄平均体重为 1 650 g，则平均体重±10％的范围是 1 485～1 815 g。在 3 000 只鸡中，按 5％的比例抽取 150 只鸡进行测定，体重在上述范围内的有 120 只，占抽测鸡数的 80％(120/150)，抽测结果表明，这群鸡的体重均匀度较好。

☞ 61. 怎样提高种鸡群的均匀度？

均匀度是衡量鸡群限饲效果、预测开产整齐性、蛋重均匀程度和产蛋量高低等的重要指标。一般来说，育成鸡的均匀度越高，开产后产蛋率上升越快，产蛋高峰到来越早，产蛋高峰维持时间越长，蛋的大小整齐度越高，产蛋量越高。实践证明，肉种鸡的均匀度每增减 3％，每只入舍母鸡的产蛋数相应增减 4～5 枚。

鸡群均匀度受限饲方法是否得当、鸡群是否染患疾病、环境是否适宜等因素的影响。因此，提高鸡群均匀度应注重以下措施：

(1)合理分群，细致管理　将群中个体较小的鸡挑出，单独进行饲养，不限饲甚至提高营养水平，使其体重迅速增加达到平均体重；同时，对体重较大的鸡也单独组群，进行严格的限饲，以降低其生长速度。

(2)喂料要均匀　提供充足的采食位置和加快投料速度使每只鸡都有足够的采食和饮水位置，否则因争抢饲料，使一部分鸡采食不足而造成体重差异过大，两极分化，不利于均匀度的提高。

(3)减少疾病的发生　当鸡群发病时，由于不能对鸡群进行限饲，对鸡群的生长不能做到很好的控制，特别是患寄生虫病时，鸡群的均匀度将明显下降。

因此，在饲养过程中，要加强饲养管理，定时消毒，定期驱虫，严格执行防疫程序，减少疾病的发生，以利于均匀度的提高。

(4)降低饲养密度　饲养密度过大，鸡群拥挤，环境易脏污，采食不均匀，不仅影响鸡群的均匀度，而且会导致鸡群发病。因此，应保持适宜的饲养密度，以提高鸡群的均匀度。

(5)加强管理　在饲养管理过程中，若舍内的温度不均匀，有过热过冷的地方，断喙不成功，有些鸡断喙不整齐或过度断喙，造成不能正常采食，将使鸡群的均匀度下降。

因此，要加强管理，合理进行通风换气，防止贼风；做好断喙工作，应及时做好修喙工作。

62. 光照对种鸡的性成熟和产蛋有何影响？

(1)光照对种鸡性成熟的影响　光照对鸡性成熟的影响主要在育雏、育成期每天给予光照时间的长短，尤其是育成期的光照时间上。小母鸡在培育期光照时间的长度与其性成熟日龄有很大的关系。

种鸡性腺的发育特点是:小母鸡在7～10周龄前其性器官发育较慢,从10周龄卵巢和输卵管开始快速发育并积累营养物质,小母鸡的输卵管重量、容积、长度等逐渐增大,16周龄的小母鸡其卵巢的重量迅速增加。因此,育成期的后半期若在渐减的光照时间下,较为晚熟,即性成熟的日龄随光照时间的缩短而延长;在渐长的光照时间下,性成熟的日龄随光照时间的增加而提早。为使小母鸡适时开产,18周龄前,应控制光照时间,使光照时间的改变有规律性。

其原则是:每天的光照时间只能逐渐减少或恒定,不能增加,但每天不能少于8 h的光照。

(2)光照对鸡产蛋性能的影响　决定于性成熟的早晚和产蛋期光照时间的长短。小母鸡的生长期,在渐长的光照时间下,其性成熟由于早熟,而导致产蛋期前半期的蛋形较小、产蛋量较少;在渐减的光照时间下,由于鸡的性成熟较为晚熟,体重相对较大,鸡的体重与蛋重呈明显的正相关,有利于提高初产蛋重和前半期的产蛋量。

据现代鸡的实验证明,肉种鸡在产蛋期,每天的光照时间逐渐减少,其产蛋率会下降,甚至停产;而每天的光照时间在一定范围内逐渐延长或恒定(16 h),可维持较高的产蛋率。

☞ 63. 怎样对种鸡合理光照?

光照对种鸡的繁殖有决定性的刺激作用,即对种鸡的性成熟、排卵和产蛋等均有影响。对种鸡合理进行光照,是现代养鸡生产中不可缺少的重大技术措施之一,必须高度重视和严格执行。

对种鸡合理进行光照,就是根据种鸡的不同阶段给予不同的光照制度。在养鸡生产中,制定光照制度的原则是:

①雏鸡和育成鸡阶段。此阶段的光照原则是促进健康生长发育，提高成活率，但要防止母雏过早成熟。过长的光照时间会刺激其性器官的加速发育，从而造成过早性成熟对产蛋不利。因此，在雏鸡、育成鸡阶段的光照原则是每天的光照时间只能逐渐减少或恒定，不能增加，但每天不能少于 8 h 的光照。

②产蛋阶段。使母鸡适时开产并尽快进入高峰期，充分发挥其产蛋性能，维持高的产蛋量。因此，此阶段每天的光照时间应逐渐增加或恒定，不能减少，但每天不能超过 16 h 的光照。

(1)密闭式鸡舍的光照方案 可以根据肉种鸡不同养育阶段的光照原则制订光照方案，参见表 5-4。

表 5-4 密闭式鸡舍的光照方案

周 龄	1～3 天	4 天至 18 周	19	20	21	22	23	24	25	26	27	28	29	30
光照时数(h)	23	8	9	10	11	12	12.5	13	13.5	14	14.5	15	15.5	16
光照强度(lx)	20	5～10	20～30											
灯泡瓦数(W)	40～60	15	40～60											

如果育雏育成期养在密闭式鸡舍，到产蛋期转到开放式鸡舍，要考虑转群时当地日照时间，然后根据此时间决定育雏育成期光照，如果转群时当地日照时间在 10 h 以内，则可用此光照时间作为恒定光照时间，基本上与全期养在密闭式鸡舍光照程序相同。如果转群时当地日照时间在 10 h 以上，则应采用渐减法(同开放式鸡舍)。

(2)开放式鸡舍的光照方案 根据出雏日期不同有两种光照方案。

①育雏育成期自然光照方案。在我国适合于 4 月上旬至 9 月上旬期间出雏的鸡，例如北纬 35°地区，9 月 1 日出雏的鸡，经查表制订光照方案如表 5-5 所示。

表 5-5 育雏育成期自然光照产蛋期补充光照方案

周　龄	1～3 天	4 天至 18 周	19	20	21	22	23	24	25	26	27	28	29	30
光照时数(h)	23	自然光照	10	11	12	12.5	13	13.5	14	14.5	15	15.5	16	16
光照强度(lx)	20						20～30							
灯泡瓦数(W)	40～60						40～60							

②育雏育成期控制光照方案。在我国适合于 9 月中旬到第 2 年 3 月下旬期间出雏的鸡。其控制办法有以下两种。

恒定法:查出本批鸡育成期当地自然光照最长一天的光照时数,自 4 日龄起即给以这一光照时数,并保持不变至自然光照最长一天为止,以后自然光照至性成熟,产蛋期再增加人工光照。如北纬 35°地区,3 月 31 日出雏的鸡,查表该批鸡育成期为 3 月 31 日至 8 月 18 日,此期间最长日照时数是 6 月 15 日的光照时数为 13 h 20 min,制订的光照方案如表 5-6 所示。

表 5-6 育雏育成期控制光照产蛋期补充光照方案(恒定法)

周　龄	1～3 天	4 天至 11 周	12～18	19	20	21	22	23 周以后
光照时数(h)	23	13.30	自然光照	14	14.5	15	15.5	16
光照强度(lx)	20	10			20～30			
灯泡瓦数(W)	40～60	25			40～60			

渐减法:查出本批鸡 20 周龄时的当地日照时数,加 7 h 作为 4 日龄光照时数,然后每周减少光照时数 20 min,到 20 周龄时恰好为当地日照时间。如上例中,该批鸡 20 周龄时当地日照时数约为 13 h 20 min,制订的光照方案如表 5-7 所示。

表 5-7 育雏育成期控制光照产蛋鸡补充光照方案(渐减法)

周　龄	1～3 天	4 天至 19 周	20	21	22	23	24	25	26 周以后
光照时数(h)	23	20～13.30	13.30	13.30	14	14.5	15	15.5	16
光照强度(lx)	20	10				20～30			
灯泡瓦数(W)	40～60	40～25				40～60			

☞ 64. 种鸡育成转群时应注意哪些问题?

转群是养鸡生产中一项很重要的工作,若处理不当将对鸡群产生较大的应激。这种应激主要来自两方面:一是对新环境的不习惯而产生影响,二是转群本身对鸡群直接产生应激。因此,在转群时尽量将不良影响减少到最低程度,力争做到如下方面:

①要做好组织工作,将人员分成抓鸡组、运鸡组和装鸡组。做到抓鸡要轻以防损伤;运鸡不能过多,以防途中过挤,出现压死、闷死鸡现象。

②转群前 6 h 要停料,转入鸡舍的食槽和水槽内要有备好的饲料和饮水,并且将饲料中多种维生素水平提高 1～2 倍,饮水中添加维生素 C 和电解多维,以降低转群应激的影响。

③转群时间要避开炎热、雨雪天。夏天,要在早、晚凉爽的时间进行;冬天,要安排在晴朗暖和的中午进行。

④转群中要将鸡数点清,并按体重的大小将鸡分开,这样有利于鸡群的生长发育。同时要求对病弱伤残鸡及时淘汰。

⑤转群后,由于环境改变,使鸡群感到不安。同时由于鸡群个体间的关系变了,必然要发生争斗,受伤的鸡要及时隔离。

⑥转群时要避免断喙、预防接种同时进行,以免引起更大的应激。

☞ 65. 更换饲粮时应注意哪些问题?

在更换饲粮的过程中,总是存在饲粮营养成分发生改变的问题。为减少对鸡只的应激,必须做到不能突然换料,应逐渐更换,有一个过渡期。根据肉种鸡的生长阶段不同,在饲养管理过程中,不同阶段应做到适时调整和合理更换饲粮。

(1)育雏到育成阶段饲粮的过渡　从育雏到育成饲粮的更换是一个大的转折,饲料的营养成分如蛋白质、能量等都要降低,饲粮的适口性下降,将会影响鸡的采食量。此时若管理不好,鸡只容易发生疾病。因此,更换饲粮要使鸡只有一个逐渐适应的过程,其方法如表 5-8 所示。

表 5-8 育成鸡逐渐换料法

方法	雏鸡料＋育成鸡料	饲喂时间(天)
1	2/3＋1/3 1/2＋1/2 1/3＋2/3 0＋1	2 2 2～3
2	2/3＋1/3 1/3＋2/3 0＋1	3 4
3	1/2＋1/2 0＋1	5～6

由表 5-8 可以看出,第一种方法比较细致,常使用于雏鸡和饲料种类成分变化较大的情况下;第二种方法介于两者之间,使用范围广;第三种方法比较简单但较粗,一般适用于成年鸡和饲料种类成分变化不大的情况。

(2)*育成期进入到产蛋阶段饲粮的过渡* 指由生长饲粮更换为产蛋饲粮,进入产蛋期更换饲粮要与增加光照相结合,如只更换饲粮不增加光照,会使鸡体积聚脂肪而过于肥胖;若只增加光照,不改变饲粮,易造成生殖系统与整个体躯发育的不协调。在此过程中,要注重对鸡只进行补钙,在生产实践中,可采用的补钙方法是当鸡群中“见第一枚蛋”时,或开产前 2 周,为照顾部分已经开产的鸡只,在饲粮中加一些贝壳或碳酸钙碎片、颗粒放于食槽中,任鸡只自由采食,直到鸡群产蛋率达 5%时,再将生长饲粮改换为产蛋饲粮。

(3)*产蛋阶段饲粮的改变* 此阶段饲粮的改变,即调整的目的在于使鸡只维持较高的产蛋率和减少饲料浪费，降低饲养成本，提高经济效益。根据鸡只的产蛋率变化做到适时调整，在调整过程中，应注意以下问题。

①以饲养标准为原，保持饲料配方的相对稳定。无论在任何情况下，饲料配方都不能做大的改变，尽量微调，换料应维持1～2周的过渡，否则将会影响鸡只的采食量，引起产蛋量下降。

②掌握好时机。根据鸡群的产蛋率、蛋壳的质量、健康状况、饲养环境等做到适时调整。

③检查调整后的效果。每次调整后都要仔细观察鸡群的情况及产蛋量的变化。若影响太大，则应及时分析原因，找出对策，恢复调整前的饲养，以便保持营养平衡和经济效益。

☞ 66. 雏鸡为什么要断喙？断喙时应注意哪些问题？

(1)断喙的必要性　饲养期间，如果鸡群密度过大或光线过强，温度过高，通风不良，饲料缺乏某些营养物质等，都会导致鸡群发生啄羽、啄趾、啄肛等啄癖现象。啄癖一旦发生，会导致鸡群骚乱不安，影响生长和健康，增加淘汰率和死亡率。

因此，必须认真查找啄癖发生的原因，及时改善饲养管理条件，如减少光照，加强通风换气等。但目前认为适时断喙是防止啄癖发生的最有效措施之一，同时断喙还可以防止鸡扒损饲料，减少饲料的浪费。肉种鸡生产中一般分两次断喙，第1次多在6～10日龄进行，这样可以节省人力，降低成本，减少应激和早期啄羽的发生。第2次一般在第12周龄进行，这次主要是补充修剪。

(2)断喙应注意的问题　断喙是一项技术性比较强的工作，为了保证效果，必须注意以下几点：

①断喙时，上喙切除从喙尖至鼻孔1/2，下喙切除从喙尖至鼻孔1/3。种用小公鸡只断去喙尖，注意切勿把舌尖切去。

②断喙前后1～2天，应在每1 000 kg饲料中加入2 g维生素

K,在饮水中加0.1%的维生素C及适量的抗生素,有利于凝血和减少应激。

③断喙后2～3天,料槽内饲料要加得满些,以利于雏鸡采食,防止鸡喙啄到槽底,影响采食,断喙后应保证充足的饮水。

④断喙应与接种疫苗、转群等错开进行,炎热季节应选择在凉爽时间进行。此外,抓鸡及操作动作要轻,不能粗暴,避免多重应激。

⑤断喙器应保持清洁,定时消毒,以防断喙时造成交叉感染。

⑥断喙后要仔细观察鸡群,对流血不止的鸡只,要重新烧烙止血。

☞ 67. 肉种鸡生长期管理的要点是什么?

肉种鸡生长期管理的好坏,直接影响到鸡群发育的整齐度、成活率、体质健康状况以及产蛋性能。所以,必须加强管理工作。

(1)提供合理的空间需要　空间需要是指鸡只对饲养密度、采食和饮水槽位的最低需要。在饲养过程中,若低于此需要,常常会造成舍内的地面脏污而潮湿,空气污浊,发育不整齐,整齐度差,易出现啄癖以及导致疾病的发生。

(2)定时称重　体重是衡量鸡群生长发育的重要指标之一,不同品种的鸡都有它的标准体重。符合标准体重的鸡,说明生长发育正常,将来产蛋性能好,饲料报酬高;体重过大的母鸡,脂肪沉积过多,性机能较差,种用价值降低;体重太轻,说明生长迟缓,产蛋持久性也差。因此,在育成期要通过称重,了解鸡群的生长发育情况,并根据体重变化及时调整饲喂料量,以得到比较理想的体重。此项工作非常重要,是肉种鸡生长期管理的主要任务。

(3)维持适宜的环境　为鸡群提供一个适宜的生存空间,充分发挥遗传潜力,提高其生产性能,减少疾病的发生。

①温度。育成期适宜的温度是18～21℃,夏季要做好防暑降

温工作，冬季要做好防寒保温工作。

②相对湿度。育成期防止舍内潮湿是一项重要的管理措施，舍内最适湿度为55％～65％。如果舍内湿度适宜，相对湿度范围在40％～75％对鸡也无影响。但在高温或低温下，应保持舍内干燥，以免造成高温高湿、低温高湿，对鸡造成不利的影响。

③通风换气。为维持舍内适宜的温度、湿度，防止有害气体浓度升高，排除舍内灰尘、病原微生物等，主要措施是合理地通风换气。在寒冷的季节，为了鸡舍保温往往忽视通风换气，而造成舍内空气污浊，容易引起呼吸道疾病的暴发，不仅影响鸡的生长发育，严重时可造成鸡只的死亡。因此，即使是在天气较冷的季节，在保证舍温的前提条件下，也要进行合理的通风换气。

④合理光照。在鸡的生长期要注意控制光照时间，以避免造成鸡只过早成熟。因此，光照、限制饲养和控制体重三者合理结合。其光照原则是每天的光照时间只能缩短或恒定，不能延长。

(4)加强消毒和防疫卫生　育成阶段，容易发生的疾病有球虫病、黑头病、霉形体病和一些体外寄生虫病等，为了有效的控制疾病的发生，除定期驱虫和接种疫苗外，还要加强日常卫生管理，定期清扫鸡舍，及时更换垫料，注意通风换气，严格执行日常的消毒工作。

(5)保持环境的相对稳定　随着鸡的生殖器官的发育，特别是在育成的后期，对外界环境的变化越来越敏感。在日常管理上应尽量避免外界的各种干扰，保持环境的相对稳定，捉鸡、注射疫苗等动作要轻，不能粗暴，避免小鸟的干扰和老鼠的危害。另外，不要随意变动饲料配方和作息时间，饲养人员也应相对固定。

(6)及时选择淘汰　在饲养管理过程中，要勤观察鸡群的状况，结合称重结果，对于体重过轻以及病、弱、残鸡、确无饲养价值的鸡，应尽早淘汰以免浪费饲料和人力。一般是在育雏结束转入育成阶段，在转群时进行初选，第2次一般在18～20周龄时结合转群或接种疫苗时进行。

☞ 68. 肉种鸡产蛋期管理的主要目标是什么?

肉种鸡产蛋期管理的主要目标是:

(1)适时开产 控制鸡的性成熟,虽然在很大程度上取决于育成期饲养管理的好坏,开产前后的管理对鸡群性成熟的同期化也是非常重要的。

如在育成期由于限饲不当或其他因素的影响,发育不整齐而导致鸡群的均匀度差。尤其是体重发育差的,从转群后应马上给予较高营养水平的饲料,经3～4周的饲养管理,体重逐渐恢复正常,发育整齐度提高。在此情况下,光照延长最好推迟1周进行为好,以防性成熟提早,导致早产。

因此,在肉种鸡的饲养管理过程中,必须保持性成熟和体成熟的一致性,适时开产。生产上一般要求种鸡见蛋不早于22周龄,不迟于25周龄。以24周龄左右见蛋,27～28周龄开产,30～32周龄达高峰比较合适。

(2)保持健康的体况,减少疾病的发生 要达这一目标,必须加强日常管理,定时消毒、严格执行防疫制度、维持适宜的环境、营养全面和平衡的饲粮。定时检疫白痢和霉形体等经蛋传播的疾病,以便每只肉种鸡能繁殖尽可能多的健壮而肉用性能优良的肉仔鸡。

(3)加强种蛋管理,提高种蛋合格率 种蛋是肉用种鸡生产的一个重要环节,只有生产数量多、受精率高、符合孵化要求的合格种蛋,才能获得较好的经济效益。为达到这一目标,除充分发挥肉种鸡的优良遗传因素外,关键是重视合格种蛋的生产。在种蛋生产过程中,必须注意鸡群中公、母的配比;公鸡的健康状况、配种能力和营养的需要;种蛋清洁无污染,同时种蛋收集后要及时消毒和妥善保管等措施。

(4)防止饲料浪费,降低饲养成本 在肉种鸡生产中,饲料成本占总支出的65%~70%,节约饲料能明显地提高经济效益。防止饲料浪费的原因是多方面的,在生产过程中,要采取一切措施,减少饲料的浪费。其措施如下:及时淘汰低产鸡和停产鸡;添加饲料时,饲料量不应超过槽深的1/3;不喂发霉变质的饲料;加强灭鼠工作和减少人为饲料的浪费等。

☞ 69. 肉种鸡产蛋期的饲养管理要点是什么?

①18周龄开始,改换为产蛋前期饲料(钙2%,粗蛋白质17.5%,代谢能12.14 MJ/kg)。24周龄更换为产蛋鸡饲料(钙3.5%,粗蛋白质15%~16%,代谢能11.72~12.14 MJ/kg)。

②20周龄起,一律采用每日限饲,以减少鸡的应激和稳定新陈代谢。

③产蛋高峰前2~3周,提前饲喂产蛋高峰期的喂料量,以刺激高峰早日到来。

④24周龄后,仍需抽测鸡的体重,抽测数量可以减少。因为体重仍然是很有价值的喂料量参考依据。

⑤产蛋期也需要补喂沙砾。每周100只鸡0.5 kg。

⑥产蛋高峰过后几周内,不要急于减少饲料喂量。当产蛋率下降到80%以下时再减料。每降低5%的产蛋率,100只鸡减料0.22 kg。

⑦采用诱导饲养法。

A. 产蛋率在10%~70%这段上升期内,种母鸡若连续3天都没有达到日增产蛋率2%以上,则每只鸡增加喂料量5 g,第四天观察效果。

B. 产蛋率在10%~70%这段上升期内,若产蛋率有3~4天增量低于1%甚至停止增长,每只鸡需增加喂料量9 g,第四天后仍不见效果,则返回到原来的喂料量。

C. 产蛋率下降阶段，若下降速度过快，应每只每日增加喂料量 10 g，第四天观察效果，若回升则说明增加喂料量是正确的，应按增加后的喂料量继续饲喂；若无反应则返回到原来的喂料量。

D. 有些鸡群产蛋高峰维持的时间很短，而且下降速度很快，若采用加料法不见效时，应提高日粮蛋白质和能量水平，第四天观察是否有效。

☞ 70. 怎样做好肉种公鸡的选择与淘汰？

种公鸡的质量对种蛋的受精率和后代的生产性能都有很大的影响，尤其是种鸡笼养方式和人工授精的普遍采用。因此，必须加强对种公鸡的选择，在实际生产中，种公鸡的选择一般分 3 次进行。

第 1 次在 6～8 周龄时进行。

①在符合本品种体型外貌特征的前提下，选择体重大的个体。

②选择腿、脚强健而直，脚趾正常，结构匀称，体态良好，关节无畸形的公鸡。

③龙骨长而直，附着的肌肉厚实，胸部羽毛生长良好。

④脊背长而直，站立时呈方形。

⑤选留的比例，以公、母比例 1∶(8～10)为宜。

第 2 次一般在 18～20 周龄常结合转群进行选择。

①应选留身体健壮、发育匀称、体重符合标准。

②雄性特征明显、外貌符合本品种特征要求的公鸡。

③用于人工授精的公鸡，还应考虑公鸡性欲是否旺盛、性反射是否良好。

④选留比例，自然交配以公、母比 1∶(9～10)，人工授精以公、母比 1∶(15～20)确定。

⑤被选留的公鸡，用于人工授精的应单笼饲养，用于自然交配的应于母鸡转群后开始收集种蛋前 1 周放入母鸡群中。

第3次选留一般在公、母混群交配后10～20天时进行。

①此时应淘汰性欲不良、过于胆怯、没有交配能力以及影响其他公鸡配种的公鸡。

②留种比例，自然交配为1∶(10～15)，人工授精为1∶(20～30)。

☞ 71. 怎样做好肉种鸡大群配种工作？

肉种鸡的大群配种系指公、母鸡同群饲养，鸡群较大，在母鸡群中放入一定比例的公鸡，使每只公鸡随机与母鸡进行交配。

大群配种不仅省工省力，便于管理，劳动强度小，而且获得的种蛋受精率高。在公、母交配活动中，无论公鸡对母鸡的偏爱或母鸡对公鸡的偏爱都将导致受精率下降，大群配种由于公、母鸡的数量多，公、母鸡彼此的选相问题，在很大程度上得到了较好的解决，双重配种发生率也较高，因此，种蛋受精率高。

但大群配种也存在很多不足，主要表现在：种鸡接触粪便，易感染疾病，不利于鸡群的净化工作；获得的种蛋较脏污，雏鸡质量差；公鸡存养量大，饲料消耗增多；公、母鸡的营养需求不同，特别是对钙质饲料的需求量相差很大，如果公鸡采食过多的母鸡饲料，会影响精液品质；自然交配也容易引起生殖系统疾病的传播等。

目前，我国仍有为数不少的种鸡场采用大群配种，为保证种蛋品质，应注意处理好以下技术环节：

(1)鸡群的大小应适当　不管多大的饲养规模，每栋鸡舍都要合理分栏，使每群种鸡保持在300只左右，不能超过500只。

(2)公、母的配比要适当　根据公鸡的年龄、体质状况合理搭配，公、母配比一般为1∶(8～10)。鸡群中公鸡过多或过少都对提高种蛋受精率有不利的影响。

(3)采取适当措施，解决公、母鸡分饲问题　大多数种鸡场是在母鸡的饲槽上设置防止公鸡采食的栅状架子，栅格间隙4.1～

4.2 cm。母鸡头小，能探入采食。而公鸡头大，不能探入采食；每8～10 只公鸡悬挂一只料桶，将料桶悬高，使料桶上缘距地面 41～46 cm。公鸡体型大，能够采食，母鸡体型小，不能够采食。

(4)及时集蛋，及时消毒　产在产蛋窝的种蛋，如果不及时拣出消毒，微生物在蛋的表面会迅速增殖侵入蛋内，使孵化质量降低。因此，种鸡场每天至少应进行 4 次集蛋，每次集蛋后立即对种蛋进行消毒处理。

☞ 72. 种鸡人工授精技术有哪些优越性？

我国鸡的人工授精技术始于 20 世纪 50 年代，但到 80 年代中期至 90 年代初期，才被较大面积的推广应用。与自然交配相比，鸡的人工授精技术具有以下优越性：

①可以扩大公、母比例。自然交配，每只公鸡只能配 10～20 只母鸡，而人工授精一只公鸡可以配 30～50 只母鸡。这样可以少养公鸡，节省饲料和鸡舍，降低生产成本。

②可以克服公、母鸡体重相差悬殊，以及不同品种间的鸡杂交造成的困难，从而提高受精率。自然交配的受精率前期比较高，受精率在 90%以上。但是，后期受精率较低受精率在 70%～80%，而采用人工授精技术，无论在配种的前期或后期，受精率均保持在 90%以上，高者可达 96%。

③对腿部损伤的优秀公鸡，无法进行自然交配时，人工授精可以继续发挥该公鸡的作用。

④对笼养鸡进行人工授精，操作方便，种蛋清洁，可提高孵化率。

⑤克服公鸡的选相问题，在公、母交配活动中，无论公鸡对母鸡的偏爱或母鸡对公鸡的偏爱，都将影响受精率，特别是小群配种受精率极低，只有人工授精才能解决这种选相交配，而提高受精率。

☞ 73. 如何做好肉种公鸡的采精工作?

(1)采精前的准备

①公鸡的隔离与调教。公鸡在配种前3～4周,转入单笼饲养,便于熟悉环境和管理人员。在配种前2～3周,开始训练公鸡采精,每天1次或隔天1次,一旦训练成功,则应坚持隔天采精。公鸡经3～4次训练,大部分公鸡都能采到精液。对经多次训练不能建立性反射的公鸡应淘汰。

②剪毛和禁食。为了防止污染精液,开始训练之前,应将公鸡泄殖腔周围的羽毛剪去,以不妨碍采精污染精液为宜。尾基部的鞍羽也剪去一部分。公鸡于采精前3～4 h禁食,以防排粪尿。

③用具的准备。所有人工授精用具,都应清洗、消毒、烘干。如无烘干设备,清洗干净后,用蒸馏水煮沸消毒,再用生理盐水冲洗2～3次后方可使用。

(2)采精方法　鸡的采精方法有多种,目前在生产中应用较多的是按摩采精法,具体操作有以下两种方法。

①双人采精。保定人员双手握住鸡的双腿同时握住两翅,使公鸡头向后,尾部向前,平放于右侧腰部。采精者右手小拇指和无名指夹住采精杯,杯口贴于手心(也可用中指和无名指夹集精杯,杯口向外);右手拇指和食指伸开,以虎口部贴于公鸡后腹部柔软处。左手伸展,除拇指外,其余四指并拢,手掌贴于鸡背部并向后按摩,当手到尾根处时稍施加压力。连续按摩数次,当公鸡出现性反射(交尾动作)时,左手迅速将公鸡尾羽压向其背部,拇指和食指放于泄殖腔中上部两侧轻轻挤压,使泄殖腔充分外翻,此时右手迅速反转,将集精杯口贴于泄殖腔下方(或一侧),协同左手将精液收集入杯。

②单人采精。采精人员坐在约35 cm高的小凳上,左腿放在右腿上,将公鸡双腿夹于两腿之间,使其头向左,尾向右。右手将

采精杯贴于公鸡后腹部柔软处，左手由背向尾部按摩数次，即可翻尾、挤肛、收集精液。

(3)采精频率　正常情况下可采用隔日采精制度，也可连续采精2天休息1天，以使公鸡有充足的恢复时间。若配种任务大时，可在1周之内连续采精3～5天，休息2天，但应注意公鸡的营养状况和体重变化。

☞ 74.采精过程中常遇到哪些问题？如何处理？

采精过程常常遇到一些问题，要查找原因并及时解决，以便人工授精顺利进行。

(1)精液量极少或没有　其原因是多方面的，如饲养管理不善、饲料搭配不均匀、更换饲料和出现疾病等。在此情况下，应改善饲养管理，减少应激因素，保证饲料质量，稳定饲料的种类，并合理搭配，在发生疾病时，要及时治疗。另外，更换采精人员或改变采精手法、操作不熟练等也能导致精液量极少的现象。有时当构成排精条件时，用力不当、捏得过紧或过松都可影响采精量。

(2)精液被粪便污染　在采精过程中，由于按摩和挤压，易出现排粪尿现象。因此，在按摩时，集精杯口不可垂直对着泄殖腔，应放在泄殖腔的一侧，以防止粪尿直接排到集精杯内。

当精液被粪尿严重污染时，应弃掉；轻度污染时，可用吸管将粪尿吸出弃掉。否则，给母鸡输入污染严重的精液，不仅影响受精率，而且易引起输卵管发炎。

(3)精液中带血　往往是由于采精手法不正确，挤压用力过大，使乳状突黏膜血管破裂，血液与精液一起混合流出。

遇到此种情况，应用吸管将血液吸出弃掉。对污染轻的精液，在输精时，可加大输精量。

(4)性反射快　有的公鸡只要采精人员用手触其尾部或背部，甚至保定人员刚从笼内抓出，精液立即射出。

对这类公鸡，一定要先做好标记。因公鸡排精时总是有一些排精先兆，应提前做好采精准备工作，首先对此类公鸡进行采精。

(5)性反射差　性反射差、排精慢，是由于泄殖腔或腹部肌肉松弛、无弹性。

对此类公鸡，按一般的按摩采精手法无反应或反应极差。遇到此种情况，按摩动作要轻、用力要小，并适当调整抱鸡姿势。当发现有轻微的性反射时，一旦泄殖腔外翻，立即挤压，便可采出精液。

☞ 75. 输精操作的技术要点有哪些？

笼养母鸡输精时，不必从笼中取出母鸡，助手用左手伸入笼内抓住母鸡双腿，尾部向上拖至笼门口，右手拇指和其余四指分别放在泄殖腔两侧向下按压，即可使泄殖腔翻出，输精员便可输入精液。

输精操作时，要注意以下几点：

①当给母鸡腹部施加压力时，一定要着重于腹部左侧。

②插入输精器时须对准输卵管开口中央，且动作要轻，防止损伤输卵管壁。

③助手与输精员要密切配合，当输精管插入输卵管开口，挤压输精管橡皮头的一瞬间，助手应立即解除对母鸡腹部的压力，保证精液全部输入。

④注意不要输入空气或气泡。

⑤为防止交叉感染，最好采用1次性输精器。如采用输精滴管，每输一只应用棉球擦拭干净。

⑥要防止漏输，对病鸡要及时挑出。

☞ 76. 输精的部位和深度对受精率有何影响？

不同的输精部位和深度对种蛋受精率有一定影响。因为输精部位不同，精子到达受精部位的时间和数量有差异。如阴道输精，若遇到子宫有硬壳蛋或输卵管内有蛋，精子则先进入子宫阴道的贮精腺内；子宫或膨大部输精，全部精子到达输精部位，仅需15 min 的时间。因此，输入的精子可及时与排出的卵子结合而受精。生产实践中一般采用阴道输精。

根据输精器插入阴道的深浅可分为：浅输精（输精器插入阴道1～2 cm），中部输精（输精器插入阴道 4～5 cm），深输精（输精器插入阴道 6～8 cm）。

在生产中，用浅部阴道输精可保持较高的受精率，一般为85%以上，高者可达 90%～95%。浅部阴道输精，更符合自然状态，而且输精速度快，受精率高。

子宫、膨大部输精，多用于科学研究或冷冻精液输精。此种方法输精则需要将输精器穿过长达 8～10 cm 的阴道“V”形弯曲，此处是强的括约肌，技术较难掌握。此种方法对输卵管有很大的刺激，易引起子宫内的蛋早产，卵巢和输卵管的生物学机能容易受到干扰，导致停产，或种蛋受精率下降。

☞ 77. 如何确定适宜的输精量和输精次数？

适宜的输精量与品种、年龄、个体、季节以及精液品质和持续受精时间的长短有关。

确定输精量的多少，应考虑以下因素：

(1)*精液品质的优劣*　精子活力好、密度大，输精量可少些，还可稀释后再输精；对精液稀薄、活力差的精液，可增加输精量。

肉种鸡精液的精子密度一般为每毫升 30 亿～40 亿，每次需输入 1 亿个精子，故每次的输精量为每只鸡以 0.03～0.04 mL为宜。

(2)*种鸡的年龄*　随着种鸡周龄的增加，输精量要增加。随着年龄增长，种鸡的繁殖力下降。公鸡表现为精液品质下降，精子活力低、畸形率高。为了保持理想的受精率,必须增加输精量,以较高的绝对精子数来补偿;母鸡随年龄增长,繁殖生理发生变化,使输卵管内环境改变,精子在改变了的环境中,其存活也发生一定的变化。

因此,在输精过程中,前期每次输入 0.03 mL 原精液,中、后期以 0.05~0.06 mL 为宜。

(3)精液保存时间的长短　采集的精液应在 30 min 内用完。生产中,采集的精液一般放在试管或集精杯里,随着输精时间的延长,精液存放时间越长,受精能力越低。要保持较高的受精率,必须加大输精量。此外,粪便沉淀在精液下面,输精后也会影响受精率。

当然,也不是输入的精子数越多越好,贮精腺对精子的容量是有限的,输入过多的精子,不能进入贮精腺内,滞留在输卵管腔中的精子,存活时间很短。所以,输入过多的精液无疑是个浪费。

除输入适量的精液外,还要正确确定前后两次输精的最佳间隔时间。

精子在母鸡输卵管中存活的时间一般在 1 周左右。据观察,给母鸡输精后 2 天,有 70%左右的母鸡所产的蛋为受精蛋,第三天受精率可达 90%以上,第七天后种蛋受精率又开始下降。为了保持整个配种期受精率都在 90%以上,就必须掌握产受精蛋的时间变化,把每次输精时间提前在受精率曲线下降之前 2 天,使曲线变成一波未落一波又起。因此,在生产中一般每 4~5 天输精 1 次,能保持种蛋有较高的受精率。

☞ 78. 输精过程中常见的问题有哪些？如何处理？

在输精过程中常见问题及处理方法如下:

(1)输卵管难以翻出　在翻肛手法正确的情况下,有些母鸡阴道难以翻出,即使翻出来,输卵管口颜色发白,形状扁平。这种情况多发生于开产的初期和产蛋的后期。此类情况多属不产蛋或低产的母鸡，即使给此类母鸡输精也没有多大意义，同时会造成精液的浪费。

(2)子宫内有硬壳蛋　遇到此类情况，输精时既不能硬插输精管，翻肛人员也不能过于用力按压，以免压破蛋壳，动作要轻且输精管偏向于一侧慢慢插入，最好是进行标记，先做没有此种情况的母鸡，待母鸡产蛋后再完成输精。

(3)输入空气或气泡　在输精过程中，如果输入空气或气泡，当翻肛人员解除对母鸡腹部的压力时，精液往往溢出，导致输精效果差甚至失败。为解决这一问题，输精人员在用输精管吸取精液时，一定不要吸入空气。

(4)精液品质差　在精液稀薄、混有血液或精液稍有污染时，为确保受精效果，可适当增加输精量或弃之不用。最好能查清原因，改善精液品质。

☞ 79. 怎样做好肉种公鸡的饲养管理工作？

肉种公鸡饲养管理的好坏，直接影响到精液的品质，而精液的好坏又直接影响到种蛋的受精率。所以，良好的饲养管理是确保肉种公鸡繁殖性能高低、生产是否顺利进行的重要条件。

(1)加强生长期的限制饲养和选择　现代肉鸡系的父本种鸡均来自于高产出型品系，种公鸡生长快，若不严格控制便很快超重而影响种用价值。因此，要求种公鸡应比种母鸡采取更加严格的限制饲养。平养或2/3棚架饲养条件下，育成期公、母应分群饲养，种用期公、母混群分饲，进行分别限饲。

为了使公鸡的骨骼发育良好，以具备良好的繁殖性能，限饲期间必须依据标准严格控制体重。为确保种公鸡的正常生长发育，限饲期间应保证充足的采食和饮水位置及空间。当体重低于标准时，应及时调整喂料量和通过延长光照时间的办法使其采食更为充分。若体重超过标准，则要维持原料量而不可减少，直到体重达标后，再饲喂相应的料量。

培育种公鸡要特别注重质量，数量不要太多，种公鸡限饲期间应注意及时淘汰鉴别错误、有生理缺陷及腿部、胸部、眼有疾患的鸡只。在6～8周龄时进行1次选择，对于种公鸡选择总的要求是：体重达标而不肥，胸宽体壮，趾的长短粗细适中。一般组群配种前公、母比例为1∶(8～10)即可。笼养人工授精时，公、母比例可在1∶(20～30)。

(2)注重满足营养需要　小公鸡的营养需要，育雏期代谢能为11.29～12.12 MJ/kg，蛋白质为16%～18%；育成期蛋白质为12%～14%基本能满足生长期的营养需要。

繁殖利用期的营养需要，前苏联家禽营养标准(1985年版)中，人工授精的肉用型种公鸡代谢能为11.7 MJ/kg，粗蛋白为14%可满足其生产的需要。

目前，国内用做人工授精的公鸡，多使用种母鸡的饲粮，甚至为提高公鸡的精液品质，盲目地添加大量的蛋白质饲料，如添加奶粉、鱼粉和鸡蛋等，结果适得其反。不但造成浪费，而且因公鸡摄入过多的蛋白质，易造成酸中毒，破坏钙、磷代谢，引起痛风和出现软骨症，从而导致精液品质下降、受精能力降低。

根据有关的研究报道表明，繁殖期种公鸡的营养需要量比种母鸡低。对肉用型种公鸡，可采用代谢能11.0～12.2 MJ/kg，蛋白质为11%～12%的饲粮，对其繁殖性能无不良的影响；如果在利用期采精频率高、利用强度大时，可适当提高饲粮的蛋白质的水平，建议采用12%～14%的饲粮，在氨基酸平衡的情况下，不需要再添加任何动物性的蛋白质饲料。

(3)维持适宜的环境条件　环境温度是影响精液品质的一个重要的因素，温度低于5℃时，公鸡的性活动降低，温度高于30℃，导致暂时抑制精子产生。若公鸡处于高温38～49℃，相对湿度

50%～70%的条件下，经2～5 h，精液量迅速下降，精子的密度、活力都大大的降低。

因此，为使成年公鸡生产优质精液，保持环境温度20～25℃，相对湿度为55%左右为好。

光照对公鸡的正常繁殖有很大的影响，少于9 h光照精液的品质明显下降，为使成年公鸡产生优质的精液，每日给予12～14 h，光照强度为10 lx可维持成年公鸡正常繁殖性能。

此外，为了防止公鸡相互格斗、爬跨，对繁殖期人工授精的公鸡要进行单笼饲养；为保证整个繁殖期公鸡的健康和产生优质的精液，应定期检查体重，每月1次。若体重降低100 g以上的，应延长采精间隔或暂停使用，加强饲养管理，待恢复体况后，再正常利用。

☞ 80. 提高种蛋受精率的措施有哪些？

在实际生产中，良好的饲养管理条件下，种蛋一般都能达到90%的受精率。有些时候，种鸡场突然出现种蛋受精率下降的现象，有时甚至一直没有达到理想的受精率，应注意解决好如下问题。

（1）控制种鸡体重　不论是育成期还是产蛋期，将种公鸡和种母鸡的体重控制在标准体重范围内，非常重要。种公鸡体重过大、过肥，精液品质下降，甚至失去了种用价值；种母鸡体重过大，产蛋少、产蛋小，受精率能力下降。控制种鸡体重的有效方法是在育成期采用公、母分群饲养，视体重给料，采取合理的限饲方法。

（2）加强种公鸡的选择与淘汰　保持种公鸡体重均匀，体质健壮，是提高种蛋受精率的重要保证。在控制体重的同时，也要经常检查鸡群中是否出现体小、体质差、雄性不佳的公鸡，发现这几种类型的公鸡必须淘汰。对于平养自然配种的公鸡，在管理中要经常观察所有公鸡在鸡群中的行为活动，对于采食能力差，常呆立于舍内墙边、屋角的"胆小"公鸡应立即淘汰。

(3)公、母比例要适宜　20 周龄混群时公、母比例以 1∶(8～10)为宜，公鸡不可过多，否则会出现过量交配和打斗，而使公、母鸡不同程度受伤，甚至死亡，受精率也会降低。笼养人工授精时，公、母比例可在 1∶(20～30)。为保证种用后期公鸡的数量和平时淘汰公鸡后的补充，应在组群时留好后备公鸡，一般可多留3%～5%另栏饲养。笼养时，每笼只放一只公鸡，单笼饲养。

(4)注重精液品质和授精操作　精液品质是影响种蛋受精率高低的一个重要的因素，其次在人工授精条件下，受精率不高，问题往往出现在授精操作技术上，包括保证有足够精子的适宜输精量、最佳的输精时间、适当的输精间隔和输精深度，翻肛人员与输精人员的配合协调性，以及输精技术的熟练程度和准确性等。只有处理解决好这些问题，才有可能获得理想的受精率。

(5)种鸡日龄与受精率　种鸡的繁殖力与年龄有关，一般来说，无论公鸡或母鸡，60 周龄前其繁殖性能好，种蛋的受精率高；但 60 周龄后，随周龄的增加，公鸡精液品质下降，母鸡产蛋率降低，种蛋的受精率也下降。因此，为保持较高的受精率，随着鸡龄的增长，输精间隔要适当缩短，每次输精量适当增加。若是进行强制换羽的种鸡，最好更换使用青年公鸡。

(6)加强种公鸡的营养与调整　在炎热的夏季，公鸡的采食量下降而导致营养不足，公鸡产生不良精子，同时精子密度也下降，造成受精率下降。因此，在炎热的夏季，要防暑降温，避免高温高湿的环境，加强营养并且定时监测精液的品质，根据精液的质量适当确定输精量和输精间隔。

☞ 81. 减少种蛋破损率的措施有哪些?

生产中造成破蛋的原因较多，为了降低种蛋的破损率，必须了解产生破蛋的原因，以及影响蛋壳质量的因素。只有这样，才能及时解决在生产过程中，种蛋破损率高的问题。减少种蛋破损率的措施有以下方面：

①选择蛋壳较厚、品质较好的鸡种。

②加强饲料营养，使用优质的饲料，做到饲料全价化。在饲养过程中，若饲料营养不足或钙磷比例不当，蛋壳质量差，容易造成种蛋破损。

③为鸡只创造一个适宜的环境条件，减少应激。在生产过程中，如果鸡只遇高温、患疾病等，使鸡的营养摄入量减少，蛋壳质量差。为解决这一问题，高温季节应加强通风换气，充分利用一切可以利用的条件，加强防暑降温；注意日常的消毒和防疫，避免鸡只发病。

④加强管理，增加拣蛋次数。在拣蛋过程中，要仔细，动作要轻，特别是在产蛋高峰期，每天要拣蛋5次。

⑤减少运输过程中的机械性碰撞。

⑥减少蛋与底网的碰撞，通过调节底网的角度和在底网上加一层塑料网垫，甚至在底网上喷层塑料或在底网的铁丝上加套一层塑料管，可大大降低种蛋的破损率。

⑦定时检查机械集蛋系统，及时解决存在的问题。避免在集蛋过程中，因出现故障而造成种蛋破损。

⑧机械拣蛋与手工拣蛋相结合，在机械集蛋开动之前，应先将一些特大的蛋、砂皮蛋、薄壳蛋和软皮蛋拣出，甚至对于有些相对较集中的蛋，应事先疏散，之后再开动集蛋系统进行机械集蛋。

☞ 82. 怎样保存和消毒种蛋？

(1)种蛋的保存　即使是来自优秀禽群，又经过严格挑选的种蛋，如保存时间过长或不当，也会降低孵化率，甚至造成无法孵化的后果。因此，要加强种蛋的保存。

①种蛋保存温度。种蛋产出后，胚胎发育暂时停止。保存中

若温度超过23.9℃，胚胎就会开始发育，在孵化时因胚胎生命力降低而使孵化率下降；温度低于10℃，则孵化率降低；低于0℃则失去孵化能力。种蛋保存最适宜温度是12～15℃，保存1周以内，采用上限温度为好；保存超过1周时采用下限温度为好。

②种蛋保存的湿度。种蛋保存期间，蛋内水分通过气孔不断蒸发，其速度与储存室湿度成反比。贮蛋室的相对湿度应保持在75％～80％为宜，这个湿度虽不能完全制止蛋内水分蒸发，但可明显减缓这个蒸发过程，更高的湿度也易使霉菌滋生。对于南方高湿季节，应注意贮蛋室的干燥通风，因为湿度过高，易导致蛋内外微生物的生长，造成孵化率和雏鸡质量下降。

③种蛋保存时间。种蛋即使储存在最适宜的环境下，孵化率也会随着保存时间的增加而下降，孵化期也会延长。存蛋时间对孵化率和孵化期的影响见表5-9。

表5-9 存蛋时间对孵化率和孵化期的影响

储存天数(天)	入孵蛋孵化率(％)	超过正常孵化时间(h)
0	87.16	—
6	84.86	0.72
10	81.25	1.85
14	76.35	3.46
18	65.84	5.86
24	43.73	14.61

因此，从表5-9可以看出，种蛋越早入孵越好，一般1周以内入孵为好，最好不要超过2周。

④种蛋保存方法。种蛋储存在10天内，钝端向上或锐端向上放置，不必转蛋。根据资料报道，锐端向上放置比钝端向上存放其孵化率要高；保存超过7天，若钝端向上放置应每天翻蛋1～2次，以防胚盘与蛋壳粘连；若锐端向上放置每天不必翻蛋。

另外，种蛋在保存前不宜洗涤，以免胶护膜被溶解破坏而加速蛋内水分的蒸发和蛋壳表面残余细菌的侵入。蛋库内应无特殊气味，空气流通，避免阳光直射，并有防鼠、防蚊、防蝇的设施。

(2)种蛋的消毒　在蛋壳表面有许多细菌，尤其蛋壳污染有粪便和其他污物时，细菌更多。据试验，鸡蛋刚产下时，蛋壳上有100～300个细菌，15 min后增到500～600个，60 min后达4 000个以上。经存放一段时间后，这些微生物还会迅速繁殖，如果蛋库温度高、湿度大时，微生物繁殖速度就更快。这些细菌可进入蛋内，影响种蛋的孵化率和雏禽质量。所以对保存前和入孵前的种蛋，必须各进行1次严格消毒。

种蛋保存前消毒，最好在种蛋产出后2 h内进行。每次集蛋完就应立即消毒，种蛋切不可在禽舍内过夜，然后入库保存。种蛋入孵前的消毒时间，安排在入孵前12～15 h较好。

种蛋消毒方法很多，最常用的是福尔马林熏蒸法，既方便效果又好，具体操作方法见表5-10。

表5-10　种蛋消毒地点和方法

次数	地点	每米^{3}用药量		时间	条件	
		高锰酸钾(g)	福尔马林(mL)	(min)	温度(℃)	湿度(%)
1	鸡舍内每次拣蛋后	21	42	15～30	20～26	75
2	入库保存前	21	42	20～30	20～26	75
3	入孵前在孵化器中	14	28	20	37～38	60～70
4	移盘后在出雏器中	7	14	20	37～37.5	65～75
		—	20～30	连续	37～37.5	65～75

注：若拣蛋完毕能立即送往蛋库，可省去"1"；若采用福尔马林、高锰酸钾熏蒸法消毒，可加与高锰酸钾等量的水，注意安全，并避开种蛋"冒汗"和24～96 h的胚蛋。

除此以外，还可用0.02%～0.05%高锰酸钾溶液，0.1%碘溶液，0.1%新洁尔灭溶液，1.5%活性氨水溶液，0.02%呋喃西林溶液等浸泡1～3 min消毒。需要特别注意的是，溶液浸泡消毒法主要用于种蛋入孵前的消毒。

☞ 83. 孵化需要哪些条件?

家禽胚胎发育主要依靠蛋中的营养物质和适宜的外界条件。孵化就是为胚胎发育创造合适的外界条件。因此,在孵化中应根据胚胎的发育规律,严格掌握温度、湿度、通风、翻蛋及凉蛋等条件。

(1)温度　是孵化的重要条件,孵化温度掌握得适当与否会直接影响孵化效果。孵化温度偏高,胚胎发育偏快,出壳时间提前,雏禽软弱,成活率低,当超过 42℃,经过 2～3 天胚胎就会死亡。孵化温度偏低时,胚胎发育变慢,出壳时间推迟,也不利于胚胎生长发育,孵化率降低,若温度低于 24℃,经 30 h 胚胎全部死亡。孵化温度对孵化期的影响如表 5-11 所示。

表 5-11　孵化温度与孵化期

温度(℃)	所需孵化时间(天)	温度(℃)	所需孵化时间(天)
36.1	22.5	37.2～37.8	21
36.7	21.5	38.9	19.5

孵化的供温标准与种禽的品种、蛋的大小、孵化机类型、不同日龄的胚胎、孵化季节等有关。一般立体孵化低于平面孵化,胚龄大的低于胚龄小的,夏季低于早春或晚秋。最合适的孵化温度是 37.8～38.5℃,在出雏机内的出雏温度为 37.3℃。采用整批孵化,掌握温度的原则是前期高,中期平,后期低。如采用分批孵化时,应每隔 5～7 天上一批种蛋,“新蛋”和“老蛋”的蛋盘交错放置以相互调节温度,使整个孵化期温度保持恒定。

(2)湿度　也是孵化成功的重要条件,适宜的孵化湿度可使胚胎初期受热均匀,后期散热加强,既有利于胚胎发育,又有利于破壳出雏。孵化湿度过低蛋内水分蒸发多,胚胎与壳膜易发生粘连;

湿度过高,影响蛋内水分蒸发。孵化时应特别注意防止高温高湿和高温低湿。

适宜的孵化湿度是鸡蛋分批孵化时,相对湿度应保持在50%～60%,出雏时为60%～70%;整批孵化时湿度应掌握"两头高,中间低"的原则,孵化初期相对湿度为60%～70%,中期相对湿度为50%～55%,出壳时相对湿度为65%～70%。孵化湿度是否正常,可用干湿球温度计测定,也可根据胚蛋气室大小、失重多少和出雏情况断定。

(3)通风换气　是孵化过程中不可缺少的条件,必须重视。

①通风换气的作用。胚胎在发育过程中,不断吸入氧气,呼出二氧化碳。随着胚龄的增加,其需要换气量也在增加。通风换气可保持空气新鲜,减少二氧化碳,以利于胚胎正常发育。一般要求孵化机内氧气含量达21%,二氧化碳为0.5%。当二氧化碳达到1%时,胚胎发育迟缓,死亡率增高,并出现胎位不正和畸形等。

②通风换气量的掌握。掌握通风换气量的原则是在保证正常温度、湿度的前提下,要求通风换气充分。通过对孵化机内通风孔位置、大小和进气孔启开程度,可以控制空气的流速及路线。通风量大,机内温度降低,胚胎内水分蒸发加快,增加能源消耗;通风量小,机内温度增高,气体交换缓慢。通风与温度的调节要彼此兼顾,冬季或早春孵化时,机内外温差较大,冷热空气对流速度增快,故应严格控制通风量。夏季机内外温差较小,冷热空气交换量的变化不大,就应注意加大通风量。为了确保孵化机内的空气新鲜,必须经常保持孵化室的通风换气和清洁卫生。

通风换气与温度、湿度有着密切关系。通风不良空气不流畅、湿度大、温度高;通风速度快,温度、湿度都难以保证。

(4)翻蛋　在母鸡的自然孵化过程中,母鸡也不断地用喙进行翻蛋,因为翻蛋有重要的作用。

①翻蛋的作用。改变种蛋的孵化位置和角度称翻蛋。目的是

改变胚胎位置，使胚胎受热均匀，防止胚胎与壳膜粘连，也有助于胚胎运动和改善胚胎血液循环。

②翻蛋的要求。一般每 2 h 翻蛋 1 次，翻蛋的角度以水平位置为标准，前俯后仰各 45°。翻蛋角度不当，会降低孵化率。翻蛋在孵化前期更为重要。机器孵化鸡蛋到 18 日龄后可停止翻蛋。翻蛋时要注意轻、稳、慢。据实验，进行不同的翻蛋处理和翻蛋角度对孵化率影响结果如表 5-12 和表 5-13。

表 5-12　不同翻蛋处理的孵化结果　%

翻蛋处理方式	孵化率	翻蛋处理方式	孵化率
整个孵化期间都不翻蛋	29	前 14 天翻蛋，以后不翻蛋	92
前 7 天翻蛋，以后不翻蛋	79	1～18 天进行翻蛋	95

表 5-13　翻蛋角度对孵化率的影响　%

翻蛋角度	40°	60°	90°
受精蛋孵化率	69.3	78.9	84.6

(5)凉蛋　凉蛋的目的是更新孵化机内的空气，排除机内污浊的气体，供给新鲜空气，保持适宜的孵化温度，同时，用较低的温度来刺激胚胎，促使胚胎发育并增加将来雏禽对外界气温的适应能力。

由于物质代谢增加而产生大量生理热，使孵化机内温度升高，胚胎发育加快，必须向外排出过多的热量。在炎热的夏季，整批入孵的鸡蛋到后期，如超温也要凉蛋。

凉蛋方法：一般每天上、下午各凉蛋 1 次，每次 20～40 min。凉蛋时间的长短，应根据孵化日期及季节而定，还可根据蛋温来定，一般用眼皮来试温，即以蛋贴眼皮，感到微凉(31～33℃)就应停止凉蛋。夏季高温情况下，应增加孵化室的湿度后再凉蛋，时间也可长些。有时可采用在蛋面喷雾温水的办法，来增加湿度和降温。凉蛋时间不宜过长，否则死胎增多，脐带愈合不良。凉蛋时要注意，若胚胎发育缓慢可暂停凉蛋。

☞ 84. 如何检查孵化的效果？

在孵化过程中，应经常检查胚胎的发育情况，通过照蛋、出雏观察等，并结合种蛋品质、孵化条件等综合分析，查明原因，采取相应的措施，以此指导种鸡的饲养管理、种蛋的保存和调整孵化条件，使孵化获得良好的效果。

(1)照蛋的目的和合适时间　通过照蛋检查胚胎发育情况，并以此作为调整孵化条件的依据，结合观察，剔除无精蛋、死胚蛋和不能继续发育的弱胚蛋。头照挑出无精蛋、死精蛋或死胚蛋，特别是观察胚胎发育是否正常；抽检仅抽查孵化器中不同点的胚胎发育情况。二照在移盘时进行，挑出死胚蛋。一般头照和抽检作为调整孵化条件的参考，二照作为掌握移盘时间和控制出雏环境的参考。照蛋日期和胚胎特征见表 5-14。

表 5-14　照蛋日期和胚胎特征

照蛋	孵化天数	胚胎特征
头照	5	黑色眼点（“黑眼”）
抽检	10～11	尿囊绒毛膜“合拢”
二照	18～19	“闪毛”

(2)发育正常的胚蛋和各种异常胚蛋的鉴别　头照照蛋时，正常活胚蛋可明显看见有蜘蛛网状的血管分布，胚胎下沉较深，在气室附近可见一黑点（胚胎的眼睛），将蛋微微晃动，胚胎亦随之转动；弱胚蛋可见胚胎浮于表面，血管网纤细；死胚蛋则看见蛋内血环或片断血丝；无精蛋可见蛋内发亮，蛋黄稍扩大，颜色淡黄，没有血点和血丝。

抽检照蛋时，正常活胚蛋可见尿囊血管在蛋的小头合拢，除气室外，整个蛋布满血管，俗称“合拢”；弱胚蛋则尿囊尚未在锐端合拢，蛋的锐端无血管分布，颜色较淡；死胚蛋内呈暗褐色，可见血条。

二照照蛋时，正常活胚蛋可见蛋内全为黑色，气室边界弯曲明显，可见粗壮的血管，有时可见胚胎颤动；弱胚蛋则气室边界平整，血管纤细；死胚蛋气室边界颜色较淡，无血管分布。

此外还有破蛋、腐败蛋，其照蛋时的特征是：

破蛋：照蛋时可见裂纹（呈树枝状亮纹）或破孔，有时气室跑到胚蛋的一侧。

腐败蛋：整个胚蛋呈褐色，有异臭味，有的蛋壳破裂，表面有黄黑色渗出物。

(3)蛋重的测定　孵化期中，由于蛋内水分蒸发，蛋重逐渐减轻，气室逐渐增大，其失重多少与孵化器内的温度、湿度和通风多少有关。整个孵化期中，平均每天减重0.55%～0.6%。如果减重超过正常，气室过大，表明温度过高、湿度偏低和通风过快；反之，则可能温度偏低、湿度过高和通风不良。

测定蛋失重的方法是入孵时确定一盘蛋，并定时称重，每次称重前先拣出无精蛋和中死蛋，称重后计算减重百分率，并与标准的比较。

(4)出雏期间的观察　通过啄壳和出雏的观察来检查孵化效果。

①啄壳和出雏时间的观察。如果啄壳和出雏时间推迟，没有明显的出雏高峰期，则表明种蛋缺乏维生素或孵化温度偏低；如果啄壳和出雏时间提早，则表明孵化温度偏高。两种情况都会影响孵化效果，导致雏禽质量差。因此，应做好记录，综合分析查明原因，以便改进下一批孵化工作。

②初生雏的观察。主要根据初生雏的绒毛、脐部愈合情况、精神状态、蛋黄吸收状况和体重的大小等方面进行观察。

健雏精神活泼，眼大有神，行动敏捷，两腿站立有力，脐部吸收愈合良好，体重大小适宜，泄殖腔清洁，绒毛洁净。

弱雏两腿站立不稳，不活泼，有时发出痛苦的尖叫声，腹大，脐带吸收不良或带血，体重过小。

残雏、畸形雏，脐部愈合不良，开口并流血，蛋黄外露甚至拖地。弯喙或交叉喙。雏体型小且干瘪，绒毛稀短焦黄(俗称"火烧毛")。脚和头部麻痹，瞎眼扭脖等。

☞ 85. 如何提高孵化成绩？

影响孵化成绩的因素主要表现在三个方面：种鸡的饲养管理不当，种蛋保存不合理和孵化条件不合适。因此，提高孵化成绩的关键，在于解决以上三个方面的问题。

(1)加强种鸡的饲养管理，保证种蛋的质量　种鸡场要提供给种鸡营养平衡的饲料，注重平时的消毒和卫生防疫工作，切断一切经蛋垂直传播的疾病，如白痢、败血霉形体、病毒性关节炎、脑脊髓炎、淋巴白血病等。种鸡场要加强对鸡群的管理，特别是种公鸡，当饲料的营养出现问题时，如某些维生素和微量元素缺乏或饲料发生霉变、含有毒素，都将导致受精率降低，种蛋质量下降，影响孵化效果。

因此，只有搞好种鸡场的综合卫生防疫和饲养管理措施，才能保证种鸡的健康和种蛋的质量，提高孵化效果。

(2)做好种蛋的管理，确保种蛋质量　即使是来自健康鸡群，又经过严格挑选的种蛋，如保存不当，也会降低孵化率，影响孵化效果。因此，要加强种蛋的保存。

种蛋保存适宜温度是12～15℃。保存1周以内，采用上限温度为好；超过1周时采用下限温度为好。

种蛋贮藏室的相对湿度应以保持在75％～80％为宜，这个湿度虽不能完全制止蛋内水分蒸发，但可明显减缓蛋内水分蒸发过程。种蛋越早入孵越好,一般1周以内入孵为好,最好不要超过2周。

蛋壳表面有许多微生物,随着保存时间的延长还会迅速繁殖,可进入蛋内,影响种蛋的孵化率和雏禽质量。所以,对保存前和入孵前的种蛋,必须进行1次严格消毒。种蛋消毒方法很多,最常用的是福尔马林熏蒸法,既方便效果又好。具体操作方法见种蛋的消毒。

(3)加强孵化管理,创造良好的孵化条件 为提高孵化效果,应对孵化器与出雏器进行正确的操作。不仅要掌握好孵化温度、湿度、通风换气、凉蛋、转蛋及其卫生等措施,而且还要掌握正确的移盘时间。

在孵化过程中,因温度、湿度条件控制不好,过高或过低,通风不良,翻蛋次数不足等都将影响孵化效果,降低孵化率;在出雏方面,因移盘时机掌握不当,出雏器温度、湿度过低,通风不良以及拣雏不及时等都可对孵化效果造成直接的影响。

第六部分　商品肉仔鸡的饲养管理

☞ **86. 肉仔鸡生产的特点是什么？**

(1)生长速度快，饲养周期短　肉仔鸡出壳时体重 40 g 左右，8 周龄时公、母平均体重 2 500 g 左右，是初生重的 60 倍。肉仔鸡 8 周龄达到上市体重，鸡舍经过消毒处理，空舍 2 周后又可以饲养下一批鸡，一栋鸡舍一年可以饲养 5 批鸡。在良好的饲养管理条件下，生产周期还可以进一步缩短，鸡舍及设施的利用率高。肉仔鸡早期生长速度快是肉鸡产业高生产性能、高生产效率、高经济效益的首要条件。肉仔鸡相对生长和绝对生长有如下规律(表 6-1 和表 6-2)：

表 6-1　肉仔鸡相对生长规律

周　龄	1	2	3	4	5	6	7	8	9
相对增重(%)	275	163	76	53	37	29	19	19	15

表 6-2　肉仔鸡绝对生长规律　　g

周　龄	1	2	3	4	5	6	7	8	9	10
公鸡绝对增重	110	260	310	400	420	470	510	500	480	460
母鸡绝对增重	110	230	290	330	370	390	400	380	350	310
平均绝对增重	110	245	300	365	395	430	455	440	415	385

(2)适合高密度大群饲养　由于肉鸡性情温顺、安静，很少殴斗跳跃，容易管理。特别是饲养后期，肉鸡更不爱活动，所以，肉鸡可以高密度大群饲养。如地面平养时，体重 2～2.5 kg 的肉鸡每平方米可饲养 9～11 只。而同样体重的产蛋鸡，每平方米只能饲

养6只左右。

(3)饲料转化率高　由于肉仔鸡食欲强，食量大，对饲粮的消化吸收率高，加之现代饲料配合技术和饲养管理技术的提高等综合因素的影响，肉鸡饲料转化率已经达到很高的水平。我国大部分地区的肉鸡养殖者，50天饲养期的饲料报酬已实现2∶1，已经达到或接近世界先进水平。

(4)容易发生腿病、胸囊肿和腹水症　腿病、胸囊肿和腹水症是世界公认的肉仔鸡三大生产病。这是由于肉仔鸡生长快、肌肉柔嫩等特性决定的。生产病不是传染病，也不直接影响肉仔鸡的生长速度，但直接影响肉鸡屠体的等级和商品价值，也就间接影响到肉鸡的健康和经济效益，会给生产造成一定的经济损失，所以，在肉仔鸡生产过程中也应加以高度重视。

(5)对饲料营养及环境要求高　由于快大型肉仔鸡生长快，代谢旺盛，饲养密度大，对饲料营养及环境的要求比其他家禽高。

☞ 87. 肉鸡场全面质量管理的主要内容及关键控制点是什么？

质量管理、生产管理和技术管理是经营鸡场的三大支柱。肉鸡生产中，产品质量和工作质量是技术措施和管理水平的综合反映，它直接关系到鸡场的经营成果、信誉和产品竞争力。质量管理的好坏决定着一个肉鸡场的命运，是鸡场生存的关键。

实现质量管理就意味着不仅要盯住产品质量，更重要的是“防患于未然”，即抓好工作质量。质量管理的职能有：①确定质量方针和目标；②确定岗位职责和权限；③建立质量体系并使之有效运行。质量体系包括质量策划、质量控制、质量保证和质量改进。

全面质量管理是一个鸡场以质量为中心，以全员参与为基础，目的是通过长期运行质量体系而获得最高产品质量的管理途径。要使全面质量管理获得成功，第一需要最高经营决策者强有力和持续的领导，第二需要开展全员教育和培训。教育的重点是敬业精神、主人翁精神、团结协作精神，增强凝聚力，培训的重点是岗位所需的知识和技能。肉鸡场全面质量管理有以下特点：

(1)全员性　鸡场各部门都具有质量管理的部分职能，因而就对养鸡生产的最终质量结果负有责任。鸡场每个人，从场长、部门负责人到技术员、饲养员、维修工等，其工作质量都直接或间接地影响到产品质量或经营结果，因此要求人人把关，人人负责，这样才能构成全面质量管理。

(2)全程性　种蛋的生产或肉仔鸡的养育都需要经过若干生产过程和环节，如准备鸡舍、消毒、育雏、免疫、饲喂、饮水、光照、清除粪便等，只有严格把握全部生产过程和各个生产环节的质量，才能保证种蛋或肉仔鸡的质量，任何环节的疏忽都可能导致全面质量管理的失败。

(3)综合性　随着发展，对肉鸡生产过程和最终质量，如雏鸡质量、肉仔鸡的品质等提出越来越高的要求，需要综合运用各种科学技术和管理方法管理鸡场。肉鸡生产规模越来越大，对饲养管理水平和疫病防治水平的要求也越来越高，这就要求我们不断总结经验，吸收多学科的知识和技术。

实现全面质量管理的一个重要手段，是许多鸡场都制定和推行了"危害生产的关键点(HACCP)"控制体系。一个鸡场的生产是连贯的复杂过程，其中的任何一项工作做不好，就可能出现前功尽弃。也就是说，众多的关键控制点中，即使有一个控制点失控，就可能达不到质量管理的目标。各种规模的鸡场都应该根据本场的生产方式、规模、特点等制定本场的"危害生产的关键点(HACCP)"，以便有效地加以控制。

(1)肉种鸡场的"危害生产的关键点"　环境是否净化良好、种雏是否携带垂直传播的病原、育雏质量、饮用水质量、料位是否充足、水位是否充足、育成期称重是否准确可靠、饲料的营养水平及稳定性、育成期鸡群均匀度、免疫程序是否合理、光照是否合理、开产前后增加饲喂量和高峰后减少饲喂量是否合理、种蛋收集和消毒保存、孵化等。

(2)商品肉鸡场的"危害生产的关键点" 环境是否净化良好、雏鸡是否携带垂直传播的病原、雏鸡是否脱水、育雏温度、饮水质量、扩群是否及时、通风是否良好、饲粮营养水平及稳定性、免疫程序是否符合当地实际情况、炎热或寒冷季节的通风管理、怎样减少生产病、捕捉装运鸡时是否造成产品降级等。

一个鸡场一旦确定了"危害生产的关键点",则应在每个点从怎样控制,到怎样保证控制措施的实施,以至出现失控情况时怎样改进等,都要有详细的管理措施并落实到人。

生产技术管理是完成生产任务和生产计划的管理,其主要内容有:①制定技术标准、技术操作规程和劳动定额;②制定鸡群周转计划;③制定全场综合防疫措施;④制定免疫程序和紧急疫情控制措施;⑤制定兽药、疫苗保管措施;⑥汇总技术资料和建立技术档案;⑦推广场内成功经验和国内外先进技术;⑧改进和调整饲料营养,提高饲料报酬;⑨检查各项技术措施的执行和岗位责任制执行情况,作为奖惩依据,监测生产设备的运转状况;⑩调查研究,提出技术改进意见。

技术操作规程是鸡场管理中日常作业的技术规范。鸡场饲养管理中的各项技术措施,都要通过技术规程加以贯彻,它也是检查生产状况的依据。由于各个鸡场的条件不同,操作规程也应结合本场的实际制定,应力求简明具体。

☞ 88. 商品肉鸡采用哪种饲养方式好?

肉仔鸡的特点与蛋鸡存在很多不同之处,如肉仔鸡不爱活动,蛋鸡则性情活泼好动;肉仔鸡生长快,体重大,骨脆易折,胸骨容易弯曲,肌肉柔嫩,容易发生胸囊肿,而蛋鸡的这些问题不突出,所以在饲养方式上,肉仔鸡虽与蛋鸡有许多共同之处,但也有特殊性。

目前,我国肉鸡饲养采用的饲养方式主要有以下几种：

(1)地面平养　平养地面有土地面,也有水泥硬化地面。一般需要铺垫垫料。这种方式是目前国内外普遍采用的一种饲养方式,投资少,简便易行,管理方便,腿病和胸囊肿病的发生率相对较低。但鸡与地面的粪便等污物直接接触,疾病难以控制,尤其是球虫病。通风不良时还容易诱发慢性呼吸道疾病,大肠杆菌病发生率也极高。因此,采用这种方式的垫料费和药品费也是居高不下。单位面积饲养鸡的数量少,食槽、水槽易脏污,劳动强度较大。总体看来这种饲养方式不利于绿色肉鸡产品的生产。

地面垫料平养又分为厚垫料饲养和薄垫料饲养。厚垫料饲养适于冬季和气温较低的季节,进鸡前在地面上 1 次性铺设 10 cm 左右厚的垫料,肉鸡从进舍直到出栏就生活在垫料上面,不更换垫料。这种方式简便易行,胸囊肿发生的少,但球虫病难以控制,药费和垫料费用较大,在饲养过程中,垫料会越来越脏并容易结块,应经常翻动垫料,使鸡粪落到下层,并需及时将结块的垫料更换。

薄垫料饲养适于夏季或气温较高的季节,进鸡前在地面铺设 2～3 cm 厚的垫料,从 10 日龄起,经常清粪,每次清粪后再撒一层薄垫料。由于经常清粪和更换垫料,地面比较干燥卫生,对控制球虫病和呼吸道病的发生和发展有利,但用工较多,劳动强度较大。

(2)网上平养或棚架饲养　将肉仔鸡饲养在距离地面一定高度的金属网或硬塑网上。网面一般距离地面 50～60 cm。10 日龄内在网面上铺一层塑料布,布面上铺垫料,在垫料面上放置食槽和饮水器。10 日龄后,随着鸡的长大,可将塑料布去掉,直接在网面上饲养。金属网有强度,但弹性低,胸囊肿严重,故也有的在金属网面上再铺一层弹性硬塑网,可减轻腿病和胸囊肿病的发生。

这种饲养方式管理方便,节省大量垫料,有利于提高鸡粪的利用价值,还比地面平养提高饲养密度 15％～30％。因鸡粪落到了网下,鸡不与粪便接触,可显著降低球虫病、白痢病、大肠杆菌病、慢性呼吸道病、鸡霍乱及腹水症的发生率，减少了医药费用，肉仔鸡成活率高。缺点是1次性投资大，对饲料条件的要求高，由于不接触地面，饲料中应注意维生素和微量元素的补充。

国内有很多地方在网的材料上选用直径2 cm左右的竹竿，并排钉在木条上，竹竿间距2 cm左右，制成竹网，然后架高用来养肉鸡，这就是人们通称的棚架饲养。这种方式除了具有上述网上平养的优点外，由于鸡的祖先有栖息在树枝上的习性，鸡抓住竹竿蹲着休息，大大减少了胸部皮肤的受压摩擦，胸囊肿和腿病大为减少。有一点需说明，竹竿网不同于竹片网，竹片网鸡粪极易黏附在上面，不易清洗消毒，同时竹片网和金属网一样，胸囊肿发生率比较高。

(3)笼养　目前，肉仔鸡实行笼养在我国还不太普遍。早在20世纪70年代，国外就已经出现笼养肉仔鸡，但笼养肉仔鸡腿病和胸囊肿病发生率较高。经过多年来的不断探索，现在已经生产出具有弹性的硬塑笼底及镀塑金属网或全塑料鸡笼，使肉仔鸡腿病和胸囊肿病大大减少。目前，我国肉鸡生产虽然使用笼养不是很多，但也非常重视肉仔鸡鸡笼的研制工作。长远来看，肉仔鸡笼养是肉鸡产业发展的必然趋势。笼养较之平养可提高饲养密度2～3倍，节省饲料5%～10%，降低生产成本3%～7%，管理方便，劳动生产率高。但1次性投资大，对电的依赖性强，对饲料营养、通风和供温等条件的要求高。

☞ 89. 肉仔鸡地面平养时，选用哪些垫料好？怎样管理垫料？

肉仔鸡采用地面平养方式时，地面上需要铺垫垫料，垫料品质的优劣、管理是否科学，也是构成肉仔鸡能否正常生长的要素之一。

(1)垫料的选择　地面平养肉仔鸡时，为减少胸囊肿病的发生，应选用价格低廉、清洁卫生、质地柔软、干燥、吸湿性强，不发霉、不易结块的垫料。常用的有木花、稻壳、麦秸、铡短的稻草、压扁的花生壳等。其中，稻壳的吸水性较差，麦秸的通透性不好，混合使用时可取长补短。河沙等垫料，质地粗硬，吸水性差，保暖性差，一般不主张使用。品质优良的垫料，对肉仔鸡具有以下好处：

①调节鸡舍内的温度和湿度。当鸡舍空气过于潮湿时，垫料可吸收水分；反之，当鸡舍空气过于干燥时，垫料又可以释放水分，使干燥缓解。对温度的调节也是如此，特别是寒冷冬季，鸡群在垫料上可以保暖防寒。

②稀释粪便，减少尘埃。鸡每天排放的粪便，由于人为的翻动垫料以及鸡本身的活动、抓挠等，使垫料与粪便混杂到一起，使粪便得到稀释。鸡粪中80%的是水分，这些水分也被垫料吸收，大大减少了鸡舍中的尘埃。鸡舍中尘埃少，鸡呼吸道黏膜的抵抗力强，患呼吸道疾病少。

③能减少胸囊肿病与腿病。

(2)垫料的管理　不论厚垫料平养还是薄垫料平养，垫料在铺垫之前，最好先进行熏蒸消毒，至少应在阳光下充分晾晒。日常管理中，如果发现鸡舍过于干燥，尘埃过多，则应适当向鸡舍喷水，以增加垫料的含水量；反之，如果鸡舍跑水、漏水，垫料过湿，应将垫料换出，以减少水分在舍内的过量蒸发。对粪便居多已结块的垫料也应及时清除。另外采用垫料平养时，还应注意一个问题，在煤炉生火取暖时，一定要注意防火。

☞ 90. 怎样控制肉鸡生产病的发生？

(1)胸囊肿　胸囊肿就是肉鸡胸部皮下发生的局部炎症。它不传染也不影响肉鸡生长，但影响肉鸡屠体的商品价值和等级，会造成一定的经济损失。

胸囊肿发生的主要原因是由于肉鸡龙骨外皮层长时间的受到摩擦和压迫等。肉仔鸡生长速度快、体重大，采食速度快，吃饱后就卧地休息，据观察，肉鸡在一天当中，有 68%～72%的时间处于伏卧状态，而伏卧时体重的 60%由胸部支撑。在胸部羽毛没有长出或正在长出时，鸡的胸部与地面或与硬质网面接触，以及长期伏卧等不断压迫刺激，造成胸部皮质硬化，形成囊状组织，里面逐渐积蓄一些黏稠的渗出液，成为水泡状囊肿。因此，应加强饲养管理，尽可能减少胸囊肿的发生，以提高产品质量，增强产品的市场竞争力。减少胸囊肿发生率的主要措施有：

①加强垫料管理，防止垫料潮湿板结，保持垫料松软干燥和一定厚度。

②网上平养时底网应采用硬塑网或木质网，最好不用金属网面。

③适当促进肉仔鸡的运动，特别是饲养后期，饲养员应经常进舍趟群，以减少鸡在地面的伏卧时间。

(2)腹水症　肉鸡腹水症最早从 2 周龄开始发生，4 周龄后多发。肉鸡腹水症不是一种传染性疾病，它的发生与环境条件、饲养管理、营养以及遗传等都有关系。

尽管引起肉鸡腹水症的原因多种多样，但是，腹水症的直接原因与缺氧密切相关。通过大量调查和实验，发现腹水症随着海拔高度的升高和饲粮中硒含量的降低呈直线关系。同时发现，腹水症的发生率与体内血红蛋白浓度成正比。缺氧条件下，鸡体内红细胞数量增多，血红蛋白浓度升高，血液变稠，血液在血管中的流动性变小，心脏工作压力增大，形成血液从心脏压出与回流不同步，静脉回流速度较缓慢，血液在腹腔静脉血管中滞留时间变长，血液内压增加，使血浆渗出液增多并积蓄在腹腔中形成腹水。

土鸡和野鸡很少发生腹水症，一方面它们生长速度慢，另一方面与肺泡外层交换氧气的血气屏障较薄有关，血气屏障薄，二氧化碳与氧气交换时通透性好，故同样环境条件下一般不会发生缺氧。而肉鸡由于遗传的原因，血气屏障较厚，影响了气体之间的交换，容易出现缺氧。

30日龄左右或稍大的肉鸡发生腹水症还与硒和维生素E缺乏有关。硒和维生素E缺乏时，机体细胞膜的防护功能下降，肉鸡皮下渗出增多，表现为组织水肿，特别是翅下、肩部，严重病例因腹部皮下蓄积大量液体，所以站立时两腿叉开，腹部外观呈蓝紫色。

另外，饲料中长期过量使用呋喃唑酮，造成慢性中毒，也会引起腹水症的大量发生。控制腹水症的主要措施有：

①改善环境通风条件。肉鸡舍应在保证温度的前提下，尽可能保持良好的通风。

②饲粮中硒含量不应低于0.2 mg/kg，维生素E也应适量增加。硒和维生素E能使代谢过程中产生的有毒物质发生降解，防止过氧化物对细胞膜的破坏，保护细胞膜的完整功能，维持细胞膜的通透性良好，能减少腹水症的发生。

③饲料中不可长期使用呋喃唑酮，并且用量应控制在0.025%以下。

④早期发现肉鸡有轻度腹水症时，除在上述方面采取措施外，在饲料中添加0.05%的维生素C，可控制腹水症的发展。

(3)腿病　在正常情况下，骨骼的生长速度与整个机体的生长速度保持一致，处于平衡状态，但由于育种工作的进展，饲养水平的提高和环境控制的改善，使肉仔鸡早期生长速度大幅度提高，这就打破了体组织生长发育的原有平衡性。不少实验证明，肉仔鸡早期实行适当限饲，可使肉仔鸡腿部疾病大为减少，甚至根除。但这在生产上是不可能实行的，因为肉仔鸡饲养的技术目标就是加速生长。

肉鸡腿部疾病与生长速度密切相关，但也有多种多样的直接原因，归纳起来有：遗传性腿病，如胫骨软骨发育异常、脊椎滑脱症等；感染性腿病，如化脓性关节炎、鸡脑脊髓炎、病毒性腱鞘炎等；

营养性腿病，如脱腱症、软骨症、维生素 B_2 缺乏症等；管理性腿病，如风湿性和外伤性腿病等。减少肉仔鸡腿病的主要措施有：

①加强营养，从营养角度预防肉仔鸡腿病是行之有效的。例如肉鸡易因饲粮中缺磷或缺锰引起腿病，饲粮中使用磷酸氢钙或使用骨粉较好，因为鸡对磷酸氢钙和骨粉中的磷利用率高。饲粮中锰的含量达 80 mg/kg 左右为最好。

②保持鸡舍卫生清洁，经常带鸡消毒，降低鸡舍病原微生物的浓度。

③保持鸡舍干燥，清除舍内尖锐之物。

☞ 91. 肉仔鸡饲养为什么要采用"全进全出"制？

"全进全出"的饲养制度是保证鸡群健康、根除病原的根本措施，也是肉仔鸡生产中计划管理的重要组成部分。所谓"全进全出"，就是在一定范围内，按生产计划饲养同 1 日龄的鸡，采用统一的料号，统一的免疫程序和管理措施，并且在同一时间全部出栏。肉仔鸡出栏后对鸡场整体环境实行彻底清扫、清洗、消毒、空舍，切断病原的循环感染后，再饲养下一批鸡。由于在饲养场内不存在不同日龄的鸡，也就不存在交叉感染，切断了传染病的流行环节，从而保证了下一批鸡群的安全生产，这是现代肉鸡生产工艺中的成功之举。"全进全出"制比多日龄循环组合制能获得更好的生产效益（表 6-3）。

表 6-3　"全进全出"制的生产效果（生产期为 8 周）

饲养制度	增重速率(%)	料肉比	死亡率(%)
"全进全出"制	115	2.27	2
非"全进全出"制	100	2.60	16

实际生产中，全进全出一般分为三个层次：第一层次是在整个鸡场采用全进全出。鸡场规模越大，越不容易实行，因此，大型肉

鸡场应在设计时规划好小区，以便以小区为单位实行全进全出。第二层次是以一个专业饲养户或一个鸡场的某个小区实行全进全出，一般不难做到。第三层次是在一个鸡场的某一栋鸡舍内全进全出，很容易做到。

☞ 92. 雏鸡进场前应做好哪些准备工作？

（1）育雏舍的准备　房舍要求保温性能好，不漏雨水，能保持空气流通但不影响室温。对房舍要全面检查、整修和清理，并选用适宜垫料经晾晒后铺垫育雏舍地面。最后对鸡舍进行消毒，即上一批肉鸡出栏或移走后，按要求已经对鸡舍进行了彻底消毒，在计划再次进雏前，再用过氧乙酸、百毒杀等药物对墙壁和地面进行消毒。

（2）育雏用具的准备　育雏时需准备好雏鸡的食槽、饮水器、保温设备、围栏等器具。每只雏鸡需要 2.5 cm 的料槽长度，也可使用料桶，一个直径 30～40 cm 的料桶，可供 35 只雏鸡使用。保温供温设备主要有保温伞、红外线灯、煤炉、热风炉及火墙等，一个 100 cm×100 cm 的保温伞，可保温 250～300 只雏鸡，一盏 250 W 的红外线灯可保温 200～250 只雏鸡。围栏的作用是防止雏鸡远离热源或太靠近热源，一般是用塑料网或金属网制成，围栏高 30～45 cm，长度因鸡舍情况而定。

（3）饲料、药品的准备　进雏前，按雏鸡的营养需要，或自行配制饲粮，或购买饲料厂生产的雏鸡料。还应准备好葡萄糖、电解多维和抗生素等药物。

（4）预热升温　按饲养计划在进雏前 1 天，对育雏舍进行升温预热，检查供热是否有效，室温和育雏器温度能否达到育雏要求。

（5）运输箱的准备　雏鸡运输最好使用专用运雏箱，也可用一般纸箱。专用运雏箱最常用的是装 100 只雏鸡的运雏箱，规格为 60 cm×45 cm×18 cm，顶盖和四壁开有通风孔，箱内有十字插花的隔板分隔成4格,每格装鸡25只。使用一般纸箱时应注意对纸箱进行消毒,并应在顶盖及四壁打孔。

☞ 93.怎样选择健康雏鸡?雏鸡有哪些生理特点?

(1)健康雏鸡的选择 实践证明,雏鸡的质量是提高肉鸡生产质量的关键要点之一,没有质量优良的鸡苗,即使有良好的管理条件也很难实现良好的生产水平。我们在设施、设备、技术、人员等方面尽可能创造良好的条件,目的是为了顺利地进行肉鸡生产,提高养殖肉鸡的经济效益,从这个角度讲,肉鸡鸡苗的质量,作为肉鸡生产的一个很重要的方面来强调怎么也不过分。健康雏鸡的选择标准是:

①雏鸡应来自管理良好的种鸡场,没有垂直传播的疫病。

②雏鸡应体重大,精神活泼,没有脚趾干瘪、皱纹等脱水表现。特别是经长途运输的鸡苗更应注意检查是否已经出现脱水。

③雏鸡绒毛蓬松,色泽鲜浓,腹部绒毛能将脐部覆盖。

④腹部柔软、平坦。

⑤脐部愈合良好,没有炎症,被绒毛覆盖。

⑥站立稳健,叫声洪亮,对光和声音反应敏捷。

雏鸡绒毛黏结,缺乏色素,腹部大而硬,脐部有炎症,精神不振,站立不稳等时,说明雏鸡体质状况较差,在饲养过程中长势一般较慢甚至夭折死亡。

(2)雏鸡的生理特点 1～3周龄的肉仔鸡为雏鸡阶段。虽然肉仔鸡生产周期较短,但育雏质量仍然是提高出栏率和生长速度的关键,要提高育雏质量,必须了解雏鸡的生理特点,以便采取相应的饲养管理措施。肉仔鸡雏鸡的生理特点是:

①体温调节能力差。表现在特别怕冷。主要原因是:雏鸡绒毛稀短,保温御寒能力差;体温调节能力不健全。出壳后几天内的肉仔鸡体温比成年鸡低1～3℃,经7～10天方趋向正常,3周龄体

温调节机能才逐渐完善。所以,注重早期保温是提高肉仔鸡成活率的关键。

②生长发育快,消化能力差。雏鸡阶段是肉仔鸡相对生长速度最快的时期,但消化道容积小,缺乏某些消化酶,胃酸不足,消化能力较差,容易患消化系统疾病。所以,育雏时应给予雏鸡易消化的饲粮,保持饲粮卫生清洁,同时应少给勤添,防止出现消化不良。

③抗病能力差。这与出壳后母源抗体的逐渐消耗和自身免疫水平还较低有关,同时与胃酸不足也有关系。雏鸡阶段,在饲养管理上应注意预防用药和及时免疫接种,以提高仔鸡的抵抗力,减少损失。

④防御能力差。由于雏鸡个体小,没有特殊防御技能,容易受到老鼠、蛇等动物的侵害,所以,育雏舍应严密,防止老鼠、蛇等危险动物窜入鸡舍侵害雏鸡,同时,饲养管理人员进入鸡舍也要注意脚下,以免踩死雏鸡。

☞ 94. 肉仔鸡饮水的管理要求是什么?

水是一种极易被忽略而对维持肉鸡生命来说又及其重要的营养物质。水是鸡生长、产蛋所必需的营养素,对鸡体内正常的物质代谢有着特殊作用。水是各种营养物质的溶剂,鸡体内各种营养物质的消化、吸收、代谢、废物的排出、血液循环、体温调节等都离不开水。如果饮水不足,饲料转化率、鸡群产蛋率及肉鸡生长速度会大幅度降低,严重时甚至导致死亡。据试验观察,产蛋鸡 24 h 饮不到水,可使产蛋率下降 30%,并且需要 25～30 天才能恢复正常,肉仔鸡 12 h 饮不到水,增重就会受到影响。肉鸡在断食后 10 天甚至更长时间仍可以存活,但缺水时间一旦过长,鸡体内水分损失 10%,就可发生缺水症候群,失水 20%以上即可致死。长时间缺水可引起鸡的肾脏病、红细胞异常增多、鸡脚皮肤发生皱缩等脱水现象,肉仔鸡生长将严重受阻。

雏鸡体内的水分占体重的75%～85%，随着生长水分含量逐渐减少，成年鸡体内的水分约为55%。鸡体内的水分大部分是通过饮水和从饲料中摄取的，此外碳水化合物、脂肪、蛋白质在体内氧化也生成一部分代谢水。

在通常情况下，肉仔鸡的饮水量是采食量的1.5～2倍。鸡群饮水量的变化是反映饲料营养、管理水平以及疫病方面的灵敏指标。在发生疫病或在应激情况下，饮水量的变化往往比采食量的变化提前1～2天，因此，有些养殖户在鸡舍外安装水表，每天观察鸡群饮水量，以利及早发现问题，减少损失。

影响鸡饮水量的因素很多，如饲料的种类、采食量、环境温度、水温、鸡的大小、活动程度以及种鸡的产蛋率等。对于肉仔鸡来说，以环境温度影响最大，如环境温度由21℃升高到31℃时，水的消耗量增加1倍，升高到39℃时，饮水量为21℃时的近3倍，又如饮用水的最佳温度为10～12℃，水温高至31℃或降至0℃时，鸡的饮水量大为减少。因此，应高度重视肉鸡的饮水。

(1)首次饮水　雏鸡进舍后休息20～30 min便可进行第1次饮水，饮水中应添加电解多维或0.02%高锰酸钾水或3%～5%的葡萄糖水，以提高雏鸡的体力。首次饮水应注意防止雏鸡暴饮。

(2)日常饮水应注意以下几点

①雏鸡进舍前，应将饮水器均匀地分布安置妥当，以便于所有的雏鸡能及时饮到水。使用真空饮水器供水时，每1 000只鸡需要15个雏鸡饮水器，3周龄后更换为4 L的即可。使用条形水槽每只鸡应保证有1 cm直线的饮水位置。采用乳头供水系统，进雏前要使设备处于完好状态，每个乳头可供10～15只鸡使用。饮水器应放置于喂料器与热源之间，应距喂料器近些。

②第二天起，饮水中可使用抗生素，如青霉素、链霉素、喹诺酮类药物等，防止脐部及消化道发生炎症。

③第1周的饮水应给予温开水，水温应与室温相同。

④按时洗刷饮水器，并定期消毒。饮水器应随脏随洗，1周至少进行1次消毒；及时调整饮水器的高度，应使水槽上缘略高于鸡背。

⑤开始饮水后，除使用疫苗或药物应按要求控水外，一般不能中断供水，让鸡自由饮水。

☞ 95. 肉仔鸡日常饲喂的管理要求是什么？

(1)第1次喂食称为开食　开食需要掌握时间适当，过早开食会影响雏鸡体内卵黄的吸收，开食过迟，鸡的抵抗力下降，成活率降低。适宜开食时间的确定可依据以下几点：

①根据雏鸡出壳时间。试验证明，雏鸡在出壳后24～36 h开食成活率最高。

②根据雏鸡进舍时间。生产实践中，有时可能无法确知雏鸡的具体出壳时间，故一般在首次饮水后2～3 h即行开食。

③根据雏鸡的啄食表现。经观察有1/3～1/2的雏鸡有啄食表现，此时开食比较科学合理。

开食时最好用专用开食盘，也可用有色塑料布或硬纸板等代替。雏鸡饲料营养要丰富、全价，且易于消化吸收。饲料要新鲜，颗粒大小适中，易于啄食，以满足肉鸡迅速生长的需要。开食料可用全价料，最好再掺进部分破碎玉米，防止饲料蛋白质水平过高引起消化不良。开食料不可1次加得太多，应均匀地少给勤添，并注意雏鸡是否都能采食到饲料，对一直不采食的雏鸡要诱导其吃料。正常情况下，雏鸡在1～2天都会学会采食。只有长途运输、出现脱水的鸡不吃不喝，即所谓的“硬口鸡”，这才需要人工调教。

有些农户养鸡习惯用浸泡的小米、大米等开食，这样养鸡的效果并不好。因为这些饲料的营养太单一，能量和蛋白质水平都很低，不利于雏鸡的生长发育。

(2)开食后2～3天就应改用喂料器　改喂配合饲料，用料桶时，一般每30只鸡配备一个，2周龄前使用3～4 kg的料桶，2周龄后改用7～10 kg的料桶，更换喂料器时应采取逐渐过渡的方法。如果使用自动喂料设备也应在2～3日龄时启动，并保证每只鸡有5 cm的采食位置，随着日龄的增加，采食位置应适当加宽，基本原则是保证每只鸡均有足够采食位置（采用料槽喂料时也应使每只鸡有相同长度的采食位置），以利于肉用仔鸡生长均匀。另外，应按时调整料槽高度，减少饲料浪费，一般料槽上缘应与鸡背平齐。

☞ 96. 怎样掌控肉仔鸡鸡舍温度？

环境温度直接影响到肉仔鸡的体温调节、采食、饮水、活动、休息、饲料的消化吸收及剩余卵黄的吸收。

（1）温度不适对肉仔鸡的影响

①温度过高。温度过高容易导致以下不良后果：肉鸡食欲降低，采食减少，影响增重；雏鸡高强度呼吸，易引起呼吸道疾病；采食减少，饮水增多，易引起下痢。

②温度过低。温度过低导致的不良后果有：雏鸡采食、饮水都减少，影响生长发育；不利于剩余卵黄的吸收；易感冒得病，温度过低也是诱发雏鸡白痢的重要因素之一；拥挤打堆，挤压死亡；饲料报酬降低等。

（2）适宜环境温度的掌握　肉仔鸡有1/3的时间需要供暖，第一周以35～32℃为好，第四周时可降到20℃，在出栏前一直保持20～25℃时对肉鸡生长和提高饲料报酬是有利的。

①环境温度应达到下列要求。

表6-4　饲养肉仔鸡适宜的环境温度

周　龄	1～3天	4～7天	2	3	4	5	6
育雏器温度（℃）	35～33	32	31～29	28～26	26～20	24～20	24～20

续表 6-4

周　龄		1～3天	4～7天	2	3	4	5	6
育雏舍温度(℃)		24	24	22～21	21～18	18	18	18
极限温度	高温	37	35	34.5	33	31	30	29.5
(℃)	低温	21	20	17	14.5	12	10	7

注:温度测定点是:育雏器温度是指距热源 50 cm,距地面 5 cm(与雏鸡脊背等高)处的温度;育雏舍温度是指远离门窗和热源,距地面 100 cm 处的温度。

②“看雏施温”。育雏过程中,不能把温度是否达到了要求的参数作为目标,而是应通过观察鸡的精神状态和行为表现来判断温度是否适宜,并进行及时调节。

温度适宜时:鸡精神活泼,活动自如,食欲好,饮水适度,羽毛整齐有光泽,睡眠安静,睡姿舒展。整个鸡舍内鸡的分布较均匀。

温度偏高时:鸡远离热源,常展翅站立,伸颈张口喘气。食欲不好,大量饮水。

温度偏低时:鸡靠近热源,拥挤打堆。绒毛耸立,身体团缩、颤抖。食欲、饮水都不好。常发出“唧唧”的叫声。

还需说明一点,同蛋鸡相比,肉仔鸡对温度的要求有两个显著的特点:第一个特点,肉仔鸡供暖期要求有适当的温差,鸡舍中存在一定的温差,有利于刺激鸡的食欲,提高采食量,促进生长。例如,第一周将温度保持在 33℃,不如在 32～34℃时变动生长情况好。营造适当温差有两种办法:一是用保温伞取暖,雏鸡可在伞下和伞外自由活动,在同一时间里有温差可选,雏鸡可自选适宜温度;二是用煤炉或热风炉供暖时,可在不同时间内营造适当温差,如在 32～34℃时,每小时变动 1℃。第二个特点,4 周龄后最好保持温度恒定,以保持 20～24℃为最好。因为 20℃以下,饲料报酬降低,25℃以上则采食量降低,对肉仔鸡的经济效益都有不利影响。实验表明,饲养肉仔鸡,4 周龄以后舍内温度超过 25℃或低于 20℃时,温度每升高或降低 1℃,8 周龄时平均每只鸡体重减少

20 g,总采食量减少或增加 50 g。这说明肉仔鸡在整个饲养期间,都要十分注意温度的控制。

☞ 97. 怎样调节肉鸡舍的湿度?

湿度对肉仔鸡生产性能的影响没有温度的影响大,但湿度控制不当对鸡的健康和生长也有影响。

鸡舍湿度过大时,空气中氧气浓度下降,鸡感到闷热。同时,高湿也有利于霉菌和球虫生长繁殖,对鸡的健康构成威胁。

鸡舍过于干燥时,灰尘易飞扬,鸡易得呼吸道疾病;饮水增多,对生长不利,也易发生腹泻等消化道疾病;容易发生脱水,鸡的脚趾干瘪,羽毛焦脆;过于干燥也不利于卵黄的及时吸收。

根据肉鸡的日龄,鸡舍湿度的控制大致可分为两个阶段:

①10 日龄前,鸡舍应保持较高湿度,一般要求鸡舍湿度应达到 60%~65%。10 日龄前的鸡,体重小,排泄物少,鸡舍内往往过于干燥,易发生低湿的不良影响。常用的增湿方法是:室内挂湿帘;煤炉上放置水盘;舍内放置湿草把;向墙壁喷水等。

②10 日龄后,鸡舍应以除湿为主,一般要求鸡舍湿度达到 50%左右为宜。随着鸡的长大,排泄物增多,鸡舍内往往潮湿,容易发生高湿的不良影响。降湿措施有:加强通风;及时更换潮湿结块垫料;使用吸湿性强的垫料;防止饮水器漏水等。

☞ 98. 怎样合理安排肉仔鸡的饲养密度?

饲养密度是指单位面积饲养鸡的数量或承载的体重。

饲养密度是否适宜,对养好肉仔鸡和充分利用鸡舍面积有很大关系。饲养密度过大,不但舍内空气不好,影响肉鸡生长发育,而且会发生采食不均匀,体重大小差异大,饲料报酬低,经济效益降低,还容易发生啄癖等。饲养密度过小,鸡舍、设备利用率低,饲养成本提高,经济效益下降。

肉仔鸡饲养密度的大小，应根据日龄、体重、饲养方式、气温及通风条件等几种因素进行调整。网上或棚架饲养，饲养密度比地面平养大一些；冬季比夏季密度大一些；通风条件好时，密度可大一些。不同饲养方式肉仔鸡的饲养密度见表 6-5。

表 6-5 肉仔鸡饲养密度

体重（kg/只）	日龄	厚垫料平养（只/m²）	网上或棚架饲养（只/m²）
1.4	35	14	18
1.8	40	11	14
2.0	43	10	12.6
2.3	49	9	11
2.7	55	7.5	9
3.2	63	6.5	8
单位面积载重量（kg/m²）		20	25

肉仔鸡的饲养密度通常是指出栏时每平方米载鸡的数量。鸡舍面积大小则应按照肉仔鸡出栏时的饲养密度要求和准备饲养的数量来计算。在实际生产中，由于鸡总是由小逐渐长大，所以，在饲养的初始阶段如果整栋鸡舍全部展开使用，往往饲养密度过小，不利于保温。可以采用分隔饲养法，既便于饲养管理，又能节约能源。前期可把鸡舍全部面积的 1/3～1/2 分隔开，让雏鸡只在这个分隔的育雏区内活动，以后随着雏鸡的长大，采用两段式或三段式逐渐扩展开。

☞ 99. 怎样合理安排肉仔鸡的光照？

肉仔鸡与蛋用雏鸡的光照制度完全不同。蛋用鸡光照控制的主要目标是控制鸡的性成熟时间；而肉仔鸡光照的主要目标是延长采食和饮水的时间，促进采食和生长。由于目的、目标不同，光照的方法也不同。

肉仔鸡的光照强度不可过强，只要达到足以使肉仔鸡走动并看到吃食饮水即可。一般按以下要求设置灯泡：1～7日龄，每平方米2 W（安装40 W白炽灯泡）；7日龄至出栏，每平方米0.75～1.0 W（更换成15 W或20 W的白炽灯泡）。灯泡距地面2 m高，灯距3 m，配有灯罩。应经常检查、擦拭灯泡，一般要求每周擦拭1次并及时更换损坏的灯泡。

肉仔鸡也可以采用连续光照，但最好采用间歇光照。

连续光照就是每天23 h连续照明，1 h黑暗。白天利用自然光照，夜间人工光照，但夜间只需弱光即可。1 h黑暗主要是为了让鸡适应黑暗的环境，以免光照出现故障时鸡只发生惊慌，造成惊群、拥挤、窒息死亡等。

试验证明，为减少肉鸡死亡和腹水症发生、提高饲料转化率和后期生长速度，采用以下光照制度具有良好效果（表6-6）。

表6-6　肉仔鸡光照制度

日龄	屠宰重低于2.1 kg		屠宰重高于2.1 kg	
	光照(h)	黑暗(h)	光照(h)	黑暗(h)
1～3	24	0	24	0
4～7	18	6	18	6
8～14	14	10	12	12
15～21	16	8	14	10
22～28	18	6	16	8
29～35	22	2	18	6
36～42	22	2	20	4
43以上	22	2	22	2

饲养肉仔鸡采用间歇光照可以收到更佳效果。对肉仔鸡间歇光照有多次报道，一般认为：间歇光照能提高饲料利用率，短时间（一般20～30 min）的光照供鸡采食、饮水，继之以较长时间（一般

90～100 min)的黑暗，以供鸡休息和消化饲料，从而提高饲料利用率；间歇光照的增重较快或者说至少与连续光照的生长率没有不同；间歇光照可以省电，节约能源。

采用间歇光照需注意光照与黑暗的规律化、制度化，否则光照周期紊乱或不规律，会引起肉仔鸡生理节律的变化，影响生长和饲料报酬。

☞ 100. 怎样解决通风与保温的矛盾？

由于肉仔鸡采用高密度饲养，生长速度又很快，随着体重增加，呼吸量也明显增加。因此，必须根据气温、肉仔鸡的周龄和体重，不断调整鸡舍内的通风量。

通风换气的目的是排除鸡舍内的污浊空气，换进外界的新鲜空气，并借此调节舍内的温度和湿度。氨气浓度是表示舍内空气质量是否良好的主要标志，鸡舍内氨气浓度不应超过 20 μL/L，有条件的鸡场应安装仪器检测氨气含量。不能检测的鸡场是通过人的感官感觉进行判定，应以不刺鼻、不刺眼为度。持续高浓度的氨气，会引起呼吸道疾病和肉鸡腹水症，影响增重速度，饲料报酬下降，胸囊肿增加，肉鸡等级品质下降。

随着肉仔鸡体重的逐渐增大，通风换气量也要随之增大。肉仔鸡通风换气的要点如下：

①第 1～2 周龄，以保温为主，适当注意通风。育雏舍要保持一定的进风口，但要防止冷空气直接吹袭到雏鸡身上。

②从 3 周龄开始要增加通风量和通风时间。4 周龄以后应以通风为主，特别是夏季，通风可增加舍内氧气量，降低舍温，提高采食量，促进肉鸡生长。

③在冬季应充分利用中午时间通风换气，适当关闭部分阴面窗口，多开阳面窗口。冬天舍内氨气浓度过大时，还可先提高舍温，再打开通气窗通风。

④炎热夏季可安装风扇等辅助设备，以加大通风量，必要时可向鸡舍顶部喷水或直接向鸡体喷水，以防肉仔鸡中暑。

☞ 101. 肉鸡前期饲养管理中死亡率高有哪些原因?

在肉种鸡或肉仔鸡的饲养前期，特别是10日龄前，往往由于鸡苗质量不好或饲养管理不当等原因，使雏鸡出现较多死亡。雏鸡早期死亡主要有以下原因：

①种蛋来自非健康鸡群，雏鸡带有垂直传播的疾病，如鸡白痢、鸡败血霉形体等。

②孵化过程中卫生不良，消毒不严格，鸡胚受到感染，如脐炎等。

③孵化条件掌握不当，特别是出雏温度过高，使雏鸡体质软弱，有些甚至脐部愈合不全等。

④运输不当，使雏鸡体力消耗过大，出现瘫痪、脱水等。

⑤首次饮水过量，引起水中毒。或在日常饮水中供水不足。

⑥开食不当，特别是饲粮蛋白质含量过高，引起消化不良，粪便黏稠，糊住雏鸡肛门，或日常饲喂不当导致雏鸡饥饿，如食槽过少、位置不合适等，导致某些雏鸡特别是弱雏吃不到饲料。

⑦育雏环境条件掌握不当，如育雏舍环境温度达不到要求，特别是低温环境，既影响卵黄吸收，又可能诱发白痢、肺炎，甚至造成雏鸡扎堆积压死亡；10日龄前舍内湿度过低，雏鸡脱水，影响生长甚至导致部分死亡；10日龄后舍内潮湿，垫料含水量超过30%，易引起雏鸡霉菌性肺炎和消化道疾病，并容易暴发球虫病；通风不畅、贼风侵袭，雏鸡抵抗力下降，或长时间不通风，突然通风后引起雏鸡感冒；饲养密度过大、光照过强，引起啄癖等。

⑧饲料原料品质不良，如鱼粉、玉米霉败变质，引起腹泻及中毒；饲料添加剂加量不足或添加剂超过保质期，饲粮配合时搅拌不均匀，导致中毒或营养缺乏症。

⑨日常管理不细致导致部分雏鸡死亡，如器具不卫生导致腹泻；弱雏未单独组群，使鸡群成活率降低；炉具管理不当，引起煤气中毒或失火；有鼠害及工作人员的机械损伤等造成死亡。

⑩防病治病中操作不当引起雏鸡死亡，如药物选择不当、添加过量、搅拌不匀等引起中毒；免疫接种操作不当引起雏鸡慢性呼吸道疾病等。

因此，提高雏鸡成活率，减少死亡，必须从种鸡饲养、种蛋管理、孵化、雏鸡选择、运输以及环境控制等多方面进行细致管理。

☞ 102. 肉仔鸡用否饲喂沙砾？

肉仔鸡饲养期较短，但同样需要按时饲喂不溶性沙砾。鸡有角质化的喙，适于啄食饲料，但鸡口腔中没有牙齿，饲料未经咀嚼即进入消化道。

鸡的胃分腺胃和肌胃两部分，腺胃较小，消化腺发达。饲料在腺胃中混入消化液后很快进入肌胃。肌胃是鸡特有的消化器官，胃壁特别发达，由坚厚的肌肉构成，内面覆有坚硬的角质膜。进入肌胃的食物需依靠沙砾磨碎以代替牙齿的作用。

实验证明，不饲喂沙砾的肉仔鸡，生长后期采食量下降，同样的饲养期时体重减小。有试验报道，鸡肌胃中有沙砾时，可使颗粒饲料的消化率提高10%，使粉状饲料的消化率提高3%。

饲养肉仔鸡一般要求从4～5日龄开始补饲不溶性沙砾。可按饲料量的1%混于饲料中喂给，也可用专用料桶盛放不溶性沙砾，任鸡自由采食。应注意沙砾的大小适当，3周龄前，可饲喂颗粒直径2 mm左右的沙砾，3周龄后饲喂颗粒直径3～4 mm的沙砾。

☞ 103. 怎样提高肉仔鸡的采食量？

肉仔鸡的饲养，从第一天开始喂料起一直到出栏，应采取自始至终的自由采食饲喂方式,不加任何限制,而且要采取适当措施,创造条件,设法让鸡多采食。也就是把增加肉仔鸡的采食量作为一个追求目标。只有让肉仔鸡吃饱吃好,满足营养需要,才能达到使肉仔鸡生长快,饲料报酬高,经济效益高的总目标(表 6-7)。正常情况下,肉仔鸡 0～21 天约耗料 0.9 kg;22～42 天约耗料 2.5 kg;43～56 天约耗料 2.6 kg。

表 6-7 肉仔鸡的正常饲料消耗、饲料效率和增重参考表

周龄	体重(kg)		饲料消耗(kg)	
	周末体重	周净增重	周耗料	累积耗料
1	0.146	0.107	0.130	0.130
2	0.363	0.217	0.274	0.404
3	0.658	0.296	0.445	0.849
4	1.016	0.358	0.629	1.478
5	1.424	0.408	0.827	2.305
6	1.863	0.439	1.017	3.322
7	2.306	0.443	1.191	4.513
8	2.739	0.433	1.354	5.867
9	3.153	0.414	1.501	7.368
10	3.538	0.385	1.630	8.998

实践证明,肉仔鸡一开始就吃料不足,在以后的饲养中也会继续出现采食量低的不良后果,在达到出栏日龄时,总采食量低,体重小。肉仔鸡饲养前期如果采食量低、营养差、生长慢,后期虽然有一定的生长补偿,但在相同饲养期内,体重始终赶不上早期营养好的。所以,配制品质优良的全价饲粮并使肉仔鸡多多采食是养好肉仔鸡的关键之一。提高肉仔鸡采食量的措施有:

①少给勤添。虽然在饲喂上采取的是自由采食,不限量,但仍然要求在饲喂时做到多次少量、勤添勤喂,以利于保持肉仔鸡旺盛的食欲,并减少饲料的浪费。第一周每天喂 8 次,第二周每天喂 7

次，第三周以后至出栏，每天喂5～6次。必须强调，饲养肉仔鸡时夜间必须喂2次，夜间懒于添料，肉仔鸡空食时间过长，不可能取得理想的生产成绩。那种一天添料一二次，1次添料很多的喂法是不可取的。在掌握喂料量方面，可采取试探性投料的方法。肉仔鸡饲养，应根据前一天的采食量适当增加，并按每天应有的饲喂次数分开投料。如果喂料时料桶内还有剩余饲料，应根据剩料量多少减少投料量，直到每次投料时，料桶内剩料无几。这样既能保持肉仔鸡旺盛的食欲，也能保持饲料的清洁卫生，减少饲料浪费，同时对控制肉仔鸡生长猝死症和腹水症的发生也有助益。

②饲养后期注意加强趟群和均料。肉仔鸡在饲养前期比较活泼，而后期比较懒惰，多数鸡不愿意起来走动，懒于吃食饮水。所以，饲养人员要定时进鸡舍趟群(在鸡群内慢慢走动，驱赶鸡只)促使鸡只吃料饮水。在喂料或趟群时，可摇动料桶或用木棒搅拌食槽中的饲料，引诱鸡只吃料。绝对不能认为有料有水就可不管不问了。通过趟群还可及时发现病弱伤残的鸡只，以便及时隔离。

③温度对肉鸡采食量有很大影响，环境温度过高，鸡的采食量下降，温度过低，虽然采食量增加，但增重效果较差。所以，控制好环境温度对提高肉仔鸡的采食量是非常重要的。在炎热季节，鸡的食欲下降，应保证正常采食时间，充分利用早晚凉爽时节加强饲喂，只有这样才能保持肉鸡正常的采食量。

④鸡喜欢采食颗粒饲料，有条件者可饲喂颗粒饲料，有助于提高采食量。

⑤粉状饲料还可考虑适当湿拌后饲喂，也能提高鸡的采食量。

⑥严格控制饲粮中棉粕、菜子粕等杂粕的使用量，防止饲料霉败变质。杂粕的适口性差，鸡不愿意采食。霉败变质饲料更是如此，而且鸡采食霉败饲料后易发生腹泻甚至中毒。

另外，为保证鸡的正常采食量，应设置足够的食槽，保证足够的采食时间，特别是增加晚间饲喂，不仅提高鸡的采食量，而且使鸡饥饿时间缩短，对提高饲料报酬有利。

☞ 104. 颗粒饲料饲喂肉仔鸡有哪些优点及缺点？

目前，国内外肉仔鸡生产中已开始较多的采用饲喂颗粒饲料。肉仔鸡颗粒饲料的直径大小一般为 3 mm 左右。颗粒饲料不仅适口性好，也符合鸡喜欢吃颗粒饲料，不喜欢吃粉状饲料的特点。同时颗粒饲料还具有以下优点：

①可减少喂食与搬运时的粉尘损失，饲喂颗粒饲料的鸡舍中，粉尘少，干净卫生。

②能避免搬运移动时的分层现象，粉状料搬运移动时，比重大、粒度小的部分容易沉落到底层，造成分层，分配饲料时上层料与下层料营养有差异，会进一步造成肉鸡摄入营养的不平衡，部分鸡会出现营养不良甚至营养缺乏。

③制粒时需要加热处理，加热起到了灭菌作用，并使部分淀粉发生糊化，因此，颗粒饲料既卫生，又有利于消化吸收。

④节省采食能耗，采食快。由于颗粒饲料采食方便，减少了鸡啄食次数，可减少能耗，节约饲料，提高利用率。

⑤制粒时饲料原料的破碎粒度小，有利于消化吸收。制粒前，饲料原料高度破碎，然后通过高温高压压制成颗粒，进入鸡消化道后，粒料在消化液浸润下膨散开，由于粒度小，相对表面积大，更容易消化吸收。

⑥鸡不愿意采食的饲料如黑麦、荞麦等制粒后可提高采食量。

实验证明，饲喂颗粒饲料，每增重 1 kg 体重，比饲喂粉状饲料少耗料 0.094 kg，饲料转化率提高 3.1%。

当然，颗粒饲料并不是十全十美，也有不足之处，颗粒饲料的不足处主要表现在：

①制粒耗能耗热，增大了饲料成本。目前市场情况下，每吨粉料制粒后需增加加工费 100 元左右（人民币）。

②制粒时需要原料间有一定的粘连性，需要加进少量水分。由于增加了水分，保存不善时容易霉败变质。

③据观察，饲喂颗粒饲料时，鸡粪稀薄，可能与采食颗粒料饮水增多有关。

④增加了啄癖发生的剧烈程度。这与制粒时高温高压，导致部分维生素遭受破坏有关。

⑤肉仔鸡猝死症和腹水症增多的可能性增加。

饲料成本的增高，可能是目前我国大多数养鸡者不愿意选用颗粒饲料的主要原因。

105. 怎样减少饲料浪费？

提高养殖肉鸡经济效益的根本在于：一方面搞好饲养，提高肉鸡的生长速度，使肉鸡在一定时间内达到应有的体重；另一方面就是降低生产成本。在肉鸡生产中，饲料费成本占到生产总成本的70%以上。农村小规模饲养肉鸡，由于劳动力廉价，饲料在养鸡生产中的成本占的比例更高。所以，降低饲料消耗是提高饲养肉鸡经济效益的重要措施之一。

(1)*饲喂全价饲粮*　饲料营养全面、各种营养之间的含量比例平衡是提高饲料利用率，减少饲料浪费的根本措施。饲粮营养全面、营养比例平衡，鸡采食后容易消化吸收，并降低了代谢能耗，饲料利用率提高。

(2)*改善料槽结构*　食槽上缘应设有 2 cm 的槽檐，防止鸡采食时扒出饲料。使用圆形料桶时应将料桶悬高，使食槽上缘高出鸡背 2 cm，这样也一定程度地减少鸡扒出饲料。

(3)*加料时应少给勤添*　每次加料不应使饲料超过食槽深度的 1/3，1 次加料过多，鸡采食时容易扒出饲料。

(4)*使用粉状饲料，应使饲料粉碎粒度大小适度*　粉碎粒度过细则适口性差，易飞散形成粉尘而损失；过粗鸡易择食，容易将适口性差的料残剩在食槽中而浪费，还会造成营养素摄入不平衡。

(5)对残剩料或鸡的食欲很差时，可根据实际需要采用湿拌料

经验证明，适当湿拌料或在饲料中加入少量切碎的菜叶等，能提高肉鸡食欲，使饲料残剩大大减少。有条件时，饲喂颗粒饲料浪费最少。

(6)加强饲料保管工作 防止野鸟、老鼠对饲料的额外损耗。料库应干燥、通风良好，防止饲料受潮结块或霉败变质。

(7)减少浪费 减少添料时的人为浪费，防止将饲料撒落在地上。

☞ 106. 饲喂全价饲粮的肉仔鸡长势不良有哪些原因？

肉鸡饲养的生产实践业已证明，没有全价配合饲料，肉鸡就不可能长势良好。但也经常遇到这样的问题，即使饲喂肉鸡的饲粮是按要求配制的全价饲料，但肉仔鸡的长势并不一定理想。对这个问题，我们从两个方面来讨论。

①营养全面的饲粮是保证肉鸡正常生长的物质基础，是整个饲养管理工作中非常重要的一个环节。但实际生产中，有很多因素影响着饲粮的真正全价性，这些影响因素主要有：

A. 饲料添加剂质量不稳定，造成配制的饲粮质量也有起伏。

B. 不同地区同一种饲料原料的营养含量是存在差别的，配制饲粮时，参考某数据库计算的营养含量可能是满足肉鸡需要的，但可能由于原料的养分含量没有达到所应用数据库的水平，造成实质上饲粮的不全价。

C. 饲料原料干燥晾晒的程度不一，含水量也不一样。如新生产的玉米，比陈放玉米含水量要高，含水量高，其中营养成分的浓度就有所下降，如果仍沿用原来的成功配方配制饲粮，也会造成饲粮实质上的不全价。

D. 饲料原料中的某些抗营养因子，也会影响到饲粮中某些营

养物质的利用率，当某种营养素的利用率降低后，也实质上造成饲粮的不全价性。

所以，应加强对饲料原料养分含量的检测工作，不能检测也就不能确保配制饲粮的全价性。

②饲养肉鸡看似简单，实际上是一项很复杂的工作，肉鸡长势不好，饲粮营养是否全价的影响仅仅是一个方面，还有其他的一些影响因素，如饲养管理不细致，夜间懒于饲喂；雏鸡质量不良，弱雏较多，尤其是带有垂直传播的疾病；环境卫生不良，疫病控制不得力，鸡群经常处于疾病及亚健康状态等；饮水不卫生等。所有这些因素都影响着肉鸡对饲粮的利用及正常生长发育。

☞ 107. 冬季如何防寒保温？夏季怎样降温防暑？

对开放式鸡舍而言，由于环境容易受外界自然气候的影响，所以，加强季节性管理也是非常重要的。

(1)冬季防寒保温　鸡较耐低温，0℃以下才可能出现冻伤，但7℃以下的低温环境会导致：耗料量明显增加，饲料报酬降低；雏鸡易发生呼吸道疾病和白痢等疾病；鸡的活动迟钝，生长缓慢。

肉鸡生长最适宜的温度为20～24℃，但冬季很难达到要求，特别是北方地区，应采取防寒保温措施，努力使温度不低于7℃。提高舍温的主要措施有：

①适当提高饲养密度。

②选用植物性柔软垫料并加厚铺垫。

③保持鸡舍干燥卫生。

④用煤炉、火炕等供热取暖。

⑤封闭部分窗口，舍内用塑料薄膜隔成较小空间(雏鸡阶段)。

⑥在鸡舍迎风面(北边)距墙1 m处，用玉米秸搭建挡风墙。

⑦有条件者使用热风炉供温。

(2)夏季防暑降温　夏季高温季节，鸡群长时间处在高温环境中，热应激现象严重，首先，鸡的食欲下降，使摄入体内的营养量减少，导致生长减慢；其次，鸡为了排除体内余热而高强度呼吸，容易发生呼吸性碱中毒。另外，饮水增多，排泄物稀薄，也使体内的电解质有过多的损失等。所以，必须重视夏季降温防暑工作。降温防暑的主要措施有：

①适当降低饲养密度。

②饲粮中增加抗热应激的成分，增强肉鸡抵抗热应激的能力。关于饲粮怎样调整，请详见第35问答。

③供足清凉饮水，乳头式饮水器应定时将管道中温度较高的水放出。

④加强通风（将鸡舍设计为纵向通风）。

⑤向舍顶喷水，减少辐射热。

⑥必要时向鸡舍墙壁喷水或向鸡舍地面洒水。

⑦使用风扇辅助降温。

⑧春季有计划的在鸡舍周围种植藤蔓植物，使藤蔓爬上舍顶，减轻太阳辐射。

⑨有条件的应安装湿帘通风降温系统或空调。

☞ 108. 怎样搞好肉仔鸡的日常管理？从鸡群观察中能发现哪些问题？

（1）日常管理　肉仔鸡日常管理的主要内容是：

①根据具体情况及时调整鸡舍环境条件。通过观察鸡舍环境，了解温度、湿度、光照、通风、密度等情况，及时发现问题，并根据具体情况，及时做出调整，为肉仔鸡创造最适宜的环境条件。

②搞好卫生消毒。搞好鸡舍内部及其周围的环境卫生，及时清除鸡舍内的粪便，定期清洗食槽和水槽，并注意消毒防病。

③注意观察鸡群。经常细心观察鸡群，也是肉鸡生产中不可忽视的重要环节。一般在早饲、晚饲及夜间都应注意观察，发现问

题,及时汇报技术人员。

④按时饲喂,保证供水。

⑤做好生产记录。这是日常管理的重要内容之一。每天应记录鸡群耗料、死亡、用药等,目的是积累资料,汇总分析,便于随时掌握生产情况,找出存在的问题,不断总结经验,提高饲养管理水平。

(2)*鸡群观察* 对鸡群的日常观察是肉鸡管理工作的重要一环,对鸡群的观察水平,标志着管理者的管理水平。通过精心细致的观察,可以及时发现鸡群中的各种疾病征兆,便于及早诊断,及早采取措施。主要从以下方面观察鸡群:

①精神状态。就是观察鸡群是否有活力,动作是否敏捷,鸣叫是否正常,采食是否争先等。如果发现精神委靡不振,独立一隅,羽毛污秽,不积极采食等异常,一般是病态,应及时隔离。

②采食、饮水状况。应观察鸡群采食量是否正常,饲料的质量是否符合要求,喂料是否均匀,料槽是否充足,有无剩料等。采食量下降可能是饲粮突然改变、饲粮变质、供水不足,或鸡群发病。

观察饮水是否清洁、充足,饮水量是否正常,水槽是否卫生,有无漏水、溢水、冻结等现象。如饮水量突然大增,可能系饲粮食盐含量过高、发生球虫病、鸡舍温度过高及腹泻等原因。

③鸡粪情况。主要观察鸡粪颜色、形状及稀稠情况。如茶褐色粪便是盲肠的排泄物,并非疾病所致。绿色粪便可能是患消化不良、中毒或新城疫病所致;红色或白色的粪便,一般是球虫、蛔虫、绦虫所致。粪便颜色不正常时,要查找原因,及早对症处理。

④有无啄癖鸡。如发现有啄癖鸡,应查找原因,及时采取措施。

另外,夜间熄灯后,应倾听鸡群呼吸状况,有无呼噜等异常声响。

☞ 109. 鸡群出现啄癖怎么办?

啄癖在高密度大群养鸡生产中较为常见。不管采用哪种饲养方式，也不论饲养哪个鸡种，都有可能发生啄癖。肉鸡啄癖主要表现为啄羽、啄肛、啄蛋和啄趾。啄癖一般先从少数鸡开始，如不及时采取措施，就会迅速扩大到全群，给生产造成损失。

(1)啄癖发生的主要原因

①饲粮中缺乏某些营养素。饲料过分单一，饲粮中蛋白质不足;蛋氨酸、胱氨酸、精氨酸、甘氨酸等缺乏或不平衡;缺乏某种维生素，如维生素 A、硫胺素、核黄素、泛酸、生物素等;钙、磷缺乏或比例不当;锌、硒、铜、铁等微量元素缺乏或比例不当;饲粮中粗纤维含量不足;饲粮中盐分不足;饲粮中硫含量不足;饲粮中色素含量不足;饲粮中长期使用某些抗球虫药等。

②饲喂不当。料槽、水槽位不够，引起鸡采食时争斗;有的两次喂料时间隔得过长;缺水时间太久。

③鸡舍环境不良。如光照强度过大;天气炎热，舍温过高，鸡体内热量散发受阻而使鸡烦躁不安;饲养密度过大;鸡舍通风不良，氨气、硫化氢、二氧化碳等有害气体过多;垫料不合适，如垫料中含尖锐的木片;产蛋箱不足，母鸡随地下蛋，鸡吃破蛋可引起食蛋癖。

④疾病原因。鸡群发生球虫病时易引起啄癖;鸡群发生白痢时也易引起啄癖;鸡体表患有寄生虫，如鸡羽虱、刺皮螨;个别鸡发生外伤;母鸡病原性或生理性脱肛;鸡群感染传染性法氏囊病早期易引起啄尾等。

另外，不同日龄、不同颜色、强弱不同的鸡群混群饲养;换羽时，鸡自啄解痒偶尔出血引起群体啄食等都可引发啄癖。

(2)防止啄癖发生的措施

①饲喂全价饲粮。应按照肉仔鸡的营养需要量配合饲粮，这是减少啄癖的根本措施。饲料中蛋白质不足时，可补充一些动物

蛋白质饲料(如鱼粉)或植物蛋白饲料(如玉米蛋白粉);饲料中蛋氨酸、胱氨酸等氨基酸不足,每千克饲料中可补充 1 g 蛋氨酸;饲料中维生素 A、硫胺素、生物素不足,可补充相应的鱼肝油拌料,每 100 kg 中混入 0.5～1 kg,增加维生素 A、维生素 D 含量,还可在 100 kg 饮水中混入多种维生素 10 g;饲料中微量元素(锌、铁、铜、硒等)不足,可适当增加微量元素预混粉剂量;饲料中硫不足,可添加 1%～2%生石膏粉,效果良好;若发现盐分不足,可在饲料中提高盐的含量(0.15%～0.2%),连喂 2～3 天或 0.1%(每千克水加盐 100 g)的盐水连喂 2～3 天;因饲料中粗纤维含量不足可在饲料中添加适量的统糠、草粉,使饲料的粗纤维含量达到 3%以上。

②加强管理。定时喂料、喂水,间隔时间不要太长,避免鸡产生饥渴感;提供足够数量的料槽、水槽,每千只鸡约需 10 个料槽和 10 个水槽,料槽和水槽保持 1∶1;搞好鸡舍通风,尽量排出氨气、硫化氢、二氧化碳等有害气体;照明要适当,夏天要避免强烈的太阳光直射鸡舍;提供足够的优质饲料,使用刨花、木屑垫料时要注意剔除一些尖锐的木片;饲养密度要适宜(个体大的鸡只每平方米 9～12 只,夏天少,冬天多些);龄期不同、强弱不同、颜色不同的鸡不要混群饲养;夏天做好降温工作;冬天空气干燥可适当喷些水,保持一定的湿度;对产蛋鸡应提供足够的蛋箱。

③做好疾病防治及病鸡及时处理。发现被啄的鸡和“凶手”应立即挑出,隔离饲养;在被啄的伤口涂上有异味的药物,如碘酊、紫药水、樟脑油、鱼石脂软膏,可有效防止再次被啄;做好传染性法氏囊病免疫接种,防止因发生传染性法氏囊而啄尾;患有体外寄生虫时,可用 0.1%敌百虫溶液(即 1 000 mL 水中加入敌百虫 1 g,搅拌溶解)进行药浴清除;选用适宜的抗球虫药防治球虫病;防止外伤,及时挑出有外伤的鸡单独饲喂;做好蛋鸡的科学管理,防止生理性和病理性脱肛,并及时隔离处理已脱肛的鸡;净化白痢,防止鸡白痢的发生。

④肉种鸡场还应在6～9日龄做好雏鸡的断喙工作，以防止啄癖或减轻啄癖发生后的危害程度。

另外，发生啄癖时可将蔬菜、青草吊于鸡群头顶，以转移其注意力，可收到一定效果；也可在舍内换上红灯泡，糊上红窗纸，使鸡看不出被啄肛的红色，或在啄破部位涂上紫药水，这样可制止啄肛等，待过几天，啄肛消失后再恢复正常饲养；制止啄食癖的药物也较多，如羽毛粉、蛋氨酸、啄羽(肛)灵、硫酸亚铁、核黄素和生石膏等，其中以生石膏效果较好，可按2%(每100 kg饲料拌入2 kg生石膏细粉)加入饲料中或每天每只鸡口服0.5～3 g，喂15天左右即可；或饲粮中加入2%～3%羽毛粉或0.2%的蛋氨酸等连喂7～10天；用口服补液盐适当饮水，也可减少应激，改变啄癖恶习。

☞ 110.造成鸡群应激的因素有哪些？怎样缓解应激？

所谓应激是指鸡体对外界刺激的非特异性反应。鸡能够耐过一定程度的应激，但如果应激持续时间长、强度大，则会给生产带来危害，主要表现为鸡体发育不良、免疫力下降、发病率增高、对维生素和微量元素需求量上升而导致缺乏症等，严重时能引起免疫抑制，易染病引起死亡。

(1)造成应激的因素　肉鸡饲养管理过程中，造成应激的因素众多，主要的有以下因素。

①营养因素。饲粮配合不当，营养不平衡；饲料霉败变质，含有毒素，适口性降低；突然更换饲料等。

②环境因素。连续高温或寒冷持续袭击鸡群；贼风侵袭；通风不良，鸡舍氧气含量低，有害气体过量，鸡体抵抗力降低；过于潮湿或过于干燥；光照不规律；饲养密度过大等。

③惊扰因素。噪声或突然的声响；鼠、猫、蛇、犬、野鸟等侵入鸡舍；陌生人进入鸡舍；免疫操作时捕捉鸡等导致惊群。

④管理因素。突然变更饲养管理规程；连续几天喂料不足或

供水不足等。

⑤疾病因素。肉仔鸡受病原体或寄生虫感染;投药等。

(2)缓解应激的措施

①首先要加强饲养管理,保持营养平衡,维持环境稳定,防止惊扰,消除应激因素对鸡体的影响。

②饲粮或饮水中增用电解多维和维生素 C,提高鸡的抵抗力,增强抗应激能力。

③严重应激情况下可考虑使用药物。一般常用药物有:

氯丙嗪:安定镇痛药,每千克体重 30 mg,用药后鸡群安静,可缓解应激;

延胡索酸:可以降低机体的紧张度,使神经系统的活动恢复正常,在发生应激后按每千克体重 100 mg 的剂量喂给;

盐酸地巴唑:对平滑肌有解痉作用,每千克体重 5 mg,每天 1 次,连用 4～5 天。

☞ 111. 如何确定肉仔鸡的最佳出栏日龄?

肉鸡生产中,每批肉鸡的出栏日龄,通常根据鸡群周转和鸡舍利用计划来确定,正常情况下,肉鸡饲养到 6～8 周龄,体重符合上市要求时,就可以出栏了,一般不做过细的核算。实际上,肉鸡有最佳出栏日龄,应该全面权衡,以提高饲养肉鸡的经济效益。

对肉仔鸡经济利润影响最大的因素是肉鸡的出栏体重。从产肉方面讲,体重应越大越好,但从经济上考虑,养肉鸡并不是体重越大越好。适宜的出栏日龄应综合考虑以下因素:

(1)应发挥出肉鸡的生长优势　肉仔鸡的增重规律是:日增重在生长高峰前呈递增趋势;生长高峰后呈递减趋势。快大型肉仔鸡母鸡生长高峰在 7 周龄,公鸡在 9 周龄,公、母混养时在 8 周龄,因此,肉仔鸡的出栏日龄不应超出上述时间。

(2)应获得较高的饲料报酬　肉仔鸡的采食量随日龄增加不

断增长，饲料报酬却随日龄增加一直呈递减趋势，特别是生长达到高峰后，由于肉鸡有了较大的体重，维持消耗增多，饲料报酬会急速降低。

根据肉仔鸡生长规律和饲料报酬的变化规律，饲养肉鸡在收支方面有如下规律：肉鸡生长前期，收入小于支出；随着日龄增大，逐渐变为收入大于支出；饲养后期随日龄继续增大到一定程度时，又逐渐变为收入小于支出。

(3)应降低疾病死亡的风险　肉仔鸡饲养期延长，会得到较大体重的肉鸡，但感染疾病的机会也相应增加，经济上的风险增大。

(4)应尽可能减小雏鸡苗价位在产品中的比重　一般情况下，雏鸡苗的价格高时，应适当延长饲养期；反之，雏鸡苗价格低时，则应适当缩短饲养期。

总的来说，饲养期限的长短与生产的经济效益有着密切的关系。从肉鸡产业发展的趋势看，国内外肉仔鸡生产的肥育期限都在缩短，提前至6～7周龄出栏上市最为经济合算。因为鸡的日龄越小，相对生长速度越快，饲料利用率越高；随着日龄的增加，相对生长速度减慢，饲料利用率降低，即单位增重消耗的饲料随着日龄的增加而增加，越来越不经济。但我国肉仔鸡生产中，饲养期限的确定还应考虑屠宰加工的需要以及苗鸡的价格等因素，如屠宰加工分割鸡，则需要将鸡养得大一些，饲养期相对稍长一些；苗鸡价格较高时，应将鸡养的大一些，相对饲养期也要稍长一些。但总体来看，饲养期不能超过8周，否则，经济效益会大打折扣。

☞ 112. 怎样提高肉仔鸡的出栏质量？

(1)满足营养需要，促进快速增重　良好的营养条件下，肉仔鸡生长速度快，饲养周期短，疾病侵袭的机会减小。同时，良好的营养状况，可使肉仔鸡具有一定的肥度和美观的屠体。

(2)加强管理，创造良好的饲养环境　良好的管理，可保证肉仔鸡吃好、饮好、休息好，有利于催肥长膘。管理措施得当，可减少胸囊肿、腹水症和腿病，提高屠宰合格率。

(3)出栏前按规定停止用药　为防止药物过多残留，提高产品质量，在出栏前 2 周，停止饲喂抗球虫药物及抗生素等药物。另外，为保证产品的良好风味质地，最好在出栏前 1 周，减少鱼粉及鱼腥素等的使用量，增加豆粕等植物性蛋白质饲料的用量。

(4)减少装笼时的外伤伤残　据调查，肉仔鸡屠体等级下降的原因，有一半是碰伤造成的，碰伤又多发生在出栏装笼过程和运输途中。防止肉仔鸡在出栏时发生过多碰伤的措施是：

①在出场前 4～6 h，停止饲喂饲料，将鸡舍内的食槽全部撤出鸡舍，需继续供给饮水，饮水器在抓鸡前再撤出鸡舍。送宰前提前控食，有利于减少屠宰加工中的污染，提高屠体品质。

②为减少鸡群骚动，最好在夜间或天亮前光线较暗的时候抓鸡装笼，抓鸡时可使用红色或蓝色灯光，以降低鸡视觉的敏感性。

③应使用抓鸡网，将部分鸡圈到鸡舍的一角，每次不宜圈得过多，然后用手抓握鸡的腿部，不要抓翅膀，以免骨折。

④装鸡的笼子最好用塑料笼，每笼不要装得过于拥挤。抓鸡、入笼、装车、卸车时动作要轻，不可粗暴丢掷，运途行车要平稳，防止摆晃碰伤。

☞ 113. 优质肉鸡饲养管理的要点是什么？

优质型肉鸡与快大型肉鸡比较，性情较活泼，生长速度慢，生产周期长，在饲养管理上也就有与快大型肉鸡不同的要求。

①优质型肉鸡营养需要在快大型肉鸡基础上应适当降低。饲粮蛋白质水平一般应降低 4%～6%，能量降低 2%～3%。如果仍沿用快大型肉鸡的饲粮标准，无疑是极大的浪费，而且由于消化能力不能与饲粮的高营养水平相适应，还可能导致消化不良而出现腹泻。

②饲养阶段的划分不同，优质肉鸡的饲养也划分为三个阶段，前期为0～5周，中期为6～8周，后期为9～14周。

③饲养方式上更为多样，地面平养、网上平养、笼养等都可以采用。由于生长较慢，体重较小，优质肉鸡采用笼养一般不会像快大型肉鸡样容易发生胸囊肿、腹水症和腿病等生产病，而且由于活动减少，还会显著提高肥育效果。

④优质肉鸡生长周期长，应相应增加部分免疫内容。如出壳后应及时接种马立克疫苗，否则，出栏前后可能正是马立克病发病高峰期，会造成一定损失；快大型肉仔鸡一般情况下不接种鸡痘疫苗，但优质肉鸡应刺种鸡痘疫苗。其他免疫内容可参考快大型肉仔鸡。

⑤优质肉鸡多数情况下比快大型肉鸡活泼，更容易发生惊群、打斗、啄癖等，所以饲养密度应适当降低。

☞ 114. 养肉鸡采用一段式饲养好还是二段式饲养好？

肉仔鸡鸡群达到屠宰加工的体重要求出栏后，为了充分利用鸡舍及设施，应根据鸡场自身生产条件，因地制宜的合理周转，以提高劳动生产率和养殖肉鸡的经济效益。

肉仔鸡鸡场的周转一般有以下两种方式：

(1)一段式饲养肉仔鸡　整个鸡场的各栋鸡舍都按“全进全出”方式安排进鸡。经7周饲养，肉仔鸡体重在2.5 kg左右时出栏，然后对鸡舍进行彻底消毒处理，空舍2周再进下一批鸡，这样一年中每栋鸡舍可饲养5.8批肉仔鸡。这种方式，对鸡舍的消毒处理彻底，安全系数高，一般均能获得良好的生产成绩，鸡的成活率一般不低于95%，饲料报酬也较理想。采用本种方式的关键是对鸡舍的彻底消毒和一定的空舍时间。我国肉仔鸡生产采用这种方式者居多，一般适合于资金不足、规模较小的鸡场使用。

(2)二段式饲养肉仔鸡　将肉仔鸡的饲养期分为前21天为育雏期,22日龄至出栏为育成期。以AA肉鸡为例,3周龄时体重0.658 kg,7周龄时2.306 kg,按每平方米载重20 kg的饲养密度要求计算,育雏期的饲养密度为:20/0.658=30.4只/m^2,育成期饲养密度为:20/2.306=8.7只/m^2,这就是说,育成鸡舍面积只要是育雏舍的3.4倍(30.4/8.7=3.4),鸡场鸡群就可以正常周转。按育雏舍空舍消毒2周,育成鸡舍空舍消毒1周,这样每批鸡的间隔时间为5周,每年可饲养肉仔鸡10.4批。由此可以看出,同样的鸡舍面积,二段式饲养的鸡数是一段式饲养鸡数的1.8倍(10.4/5.8=1.8),这个数字非常诱人。但二段式饲养的缺点是鸡场内不易做到彻底消毒,易使病原微生物绵延不绝,循环传播。应该看到,一批鸡的大量死亡可能将几批鸡的利润消耗掉,因此,应慎重采用二段式饲养。如果饲养环境偏僻,远离村庄和人群,饲养管理水平和防疫水平有保障,则可以采用二段式饲养。

☞ 115. 怎样计算饲养肉仔鸡的利润?

饲养肉仔鸡的利润主要受成本与收入的制约。构成肉仔鸡成本的费用主要有:

(1)饲料费　肉仔鸡单位体重的饲料费(元/kg)=料肉比×饲料价格(元/kg),可见,饲料费随料肉比和饲料价格的变化而变化。

(2)雏鸡费　每只出栏肉仔鸡的雏鸡费(元/只)=雏鸡价格(元/只)/出栏率。

出栏率是出栏肉仔鸡数占入舍雏鸡数的百分比。出栏率高,出栏前死淘率则低,死淘部分的雏鸡费分摊到出栏肉鸡身上的比重则减少。

(3)疫病防治费　每批鸡用于免疫、治疗、消毒、杀虫等用途的药品费总和，除以出栏肉鸡只数或总重量得到的商数。

（4）垫料费 饲养过程所铺入鸡舍的垫料款总和，除以出栏肉鸡只数或总重量得到的商数。

（5）工资 所有直接参与饲养、免疫、运输、检鸡、清理鸡舍等工作人员的工资、福利等总和，除以出栏肉鸡只数或总重量得到的商数。

（6）制造费 燃料、水电、折旧费、低值易耗品费、维修费、运输费等费用总和，除以出栏肉鸡只数或总重量得到的商数。

构成肉仔鸡收入的款项有：

（1）出售出栏肉仔鸡的收入 出栏肉仔鸡收入的总和，除以出栏肉鸡只数或总重量得到的商数。

（2）出售粪便的收入 粪便收入除以出栏肉鸡只数或总重量得到的商数。

现举例说明如下：

某鸡场的一批肉仔鸡，饲养 50 天，出栏率 95%，按入舍肉鸡平均体重 2.45 kg，活毛鸡售价每千克 6.60 元，平均每只入舍肉鸡耗料 5.2 kg，饲料的平均价格为每千克 1.9 元，雏鸡价格每只 1.80 元。该批鸡的生产成本大致如表 6-8 所示：

表 6-8 肉仔鸡生产成本核算简明表

项 目	成本（元/只）	成本（元/kg）	占成本比例（%）
饲料费	1.90×5.2=9.88	1.90×5.2/2.45=4.03	68.2
雏鸡费	1.80÷95%≈2.00	1.8÷95%÷2.45≈0.81	13.8
疫病防治费	0.6	0.6/2.45=0.25	4.1
垫料费	0.10	0.10/2.45=0.04	0.7
工资	0.7	0.7/2.45=0.29	4.8
制造费	1.2	1.2/2.45=0.49	8.3
合计	14.48	5.91	100

按照每只鸡产粪量 3 kg，每千克售价 0.05 元，每只鸡可收入 0.15 元。

每只活毛鸡收入为：6.6×2.45＝16.17（元）

共计收入：0.15＋16.17＝16.32（元）

如此，该场饲养一只入舍肉鸡的利润为：

16.32－14.48＝1.84（元）

如果达到相应的出栏率该场每生产单位体重肉仔鸡获得的利润为：

16.32÷2.45－5.91＝0.75（元）

116. 怎样评定饲养肉仔鸡的生产效果？

为了综合评定肉仔鸡的饲养水平或经济效益，近年来多数采用诺斯氏效率指数法。

诺斯指数是以肉鸡体重 1.82 kg 和饲料转化率为 2.0 作为基础，其指数值定为 100，以此作为衡量饲养效益的标准。该方法巧妙的将肉仔鸡生产期内前期绝对增量小，而饲料利用率高，后期绝对增量大，而饲料利用率降低，简化为在一定体重范围内整个饲养期相对一致的一种度量方法，是以肉仔鸡的生长做出综合评价。这种评价方法，指数值不随肉鸡日龄增大而改变，只要有某日龄或周龄的体重和相应的料肉比，即可从表中查出诺斯效率指数（表 6-9）。诺斯效率指数大于 100 为优，低于 100 说明饲养管理还存在问题，需要改进。

表 6-9 诺斯氏肉鸡饲养效率指数

体重	料肉比																
(kg)	1.70	1.75	1.80	1.85	1.90	1.95	2.00	2.05	2.10	2.15	2.20	2.25	2.30	2.35	2.40	2.45	2.50
0.91	101	98	96	93	90	87	85	82	81	79	78	76	74				
1.00	103	100	98	95	92	90	87	85	83	81	80	78	76	75			

续表 6-9

体重 (kg)	料肉比																
	1.70	1.75	1.80	1.85	1.90	1.95	2.00	2.05	2.10	2.15	2.20	2.25	2.30	2.35	2.40	2.45	2.50
1.09	106	102	99	97	95	92	89	87	85	84	82	80	78	77	75		
1.18	108	104	101	99	97	94	91	89	87	85	83	81	79	78	76	75	
1.27	110	107	103	101	99	96	93	91	89	87	85	83	81	79	77	76	74
1.36	112	109	106	103	100	97	95	93	90	88	86	84	82	80	78	77	75
1.45	113	110	107	104	101	98	96	94	91	89	87	85	83	81	79	78	76
1.55	114	111	108	105	102	99	97	95	92	90	88	86	84	82	80	79	77
1.64	115	112	109	106	103	101	98	96	93	91	89	87	85	83	81	80	78
1.73	116	113	110	107	104	102	99	97	94	92	90	88	86	84	82	81	79
1.82	118	114	111	108	105	103	100	98	95	93	91	89	87	85	83	82	80
1.91	119	114	112	109	106	104	101	99	96	94	92	90	88	86	84	83	81
2.00	120	117	113	110	107	105	102	100	97	95	93	91	89	87	85	84	82
2.09	122	118	114	111	108	106	103	101	98	96	94	92	90	88	86	85	83
2.18	123	119	116	112	109	107	104	102	99	97	95	93	91	89	87	86	84
2.27	124	120	117	114	111	108	105	103	100	98	96	94	92	90	88	87	85
2.36	125	121	118	115	112	109	106	104	101	99	97	95	93	91	89	88	86
2.45	126	122	119	116	113	110	107	105	102	100	98	96	94	92	90	89	87
2.54	127	123	120	117	114	111	108	106	103	101	99	97	95	93	91	90	88

上个题目中某鸡场的肉鸡，出栏体重 2.45 kg，料肉比是 2.1，查表知诺斯效率指数为 102，说明该场饲养成绩尚算理想。

☞ 117. 怎样全面控制肉鸡场大环境的污染？

鸡场的大环境污染是指空气、水、土壤、生物等污染，即自然污染。也包括药物及废弃物处理不当造成的人为污染。肉鸡生活在各种环境因素中，各种环境因素影响着肉鸡的健康及养殖的经济效益。只有鸡的生活与其生存的环境之间达到一个理想的生态平衡，我们才能健康地发展养鸡生产并获取高经济效益，这就需要对鸡场大环境合理的进行系统控制。

鸡场大环境的系统控制一般包括处理性控制和预防性控制。处理性控制就是对污染源的控制，避免病原微生物扩散造成疾病传播，如我们强调的加强对粪便及病死鸡尸体的正确处理，目的就是消灭病原，控制传染病的传播。预防性控制是指在尚未发现有污染源的时候，就提前有计划的进行环境控制，使污染源特别是病原微生物没有机会大量扩繁，从而保持我们养鸡所需要的良好的生态环境，如我们强调应认真选择鸡场场址，鸡场建筑物应合理配置，应搞好鸡场绿化，应严格隔离、有计划的消毒等，都直接或间接地起着消除病原微生物扩繁机会，建立良好养殖环境的作用。

世界上所有的生物，包括人在内，都是在适合的环境下生存的，环境的恶劣，对所有的生物都是有害的，在当今社会全面发展的情况下，"绿色"概念越来越浓厚，绿色养殖业也随之成为未来发展的必然趋势。实现"绿色"养鸡业就要求必须减少疾病的发生，减少用药剂量和次数，降低产品中药物残留量，这就必须从环境控制着手，离开了这一点，"绿色"养鸡业也就无从谈起。

☞ 118. 肉鸡场的良好绿化有哪些作用？

场区绿化越来越受到人们的重视，绿化不仅可以美化环境，而且对改善场区环境具有重要的意义，在一定程度上起到保护环境的作用，其好处是：

(1)改善场区小气候　绿化可明显地改善场区内的温度、湿度和气流等状况。夏季，草地和树木可阻挡、吸收太阳直接辐射，而树木和草地所吸收的辐射热，绝大部分用于蒸腾和光合作用。因此，能降低气温和增加空气的湿度，以利于夏季的防暑降温；冬季，绿地的平均温度均比裸露空地低，但最低温度较高，从而缓和了冬季严寒的气温日较差，气温变化不致太大。同时，树木具有挡风作用，减少冷空气的袭击。

(2)净化空气　植物进行光合作用，可从空气中吸收二氧化碳并释放出氧气。每公顷阔叶林，在生长季节，每天可吸收约 1 000 kg的二氧化碳，生产约 730 kg 的氧。许多植物且能吸收氨，据测定，有害气体流经绿化地带后，至少有 25％被阻留净化。另外，绿化可使场区空气中的臭气减少 50％、尘埃减少 35％～67％，草地的减尘作用很显著，植物叶表面粗糙不平，有些植物的叶子还能分泌黏性油脂及汁液，除能吸附在空气中的灰尘外，尚可固定地面的尘土，不致飞扬。

(3)减少空气中细菌含量　由于植物可使空气中的灰尘数量大大减少，因而使细菌失去附着物，其数量也相应减少；同时，某些树木的花、叶能分泌一种芳香物质，可杀死细菌、真菌等。据资料报道，空气中细菌数减少 22％～79％。

(4)减少噪声　植物对噪声具有反射和吸收作用，树叶的密度越大，则减音的效果也越显著。

(5)防疫、防火作用　牧场外围的防护林带和各区域之间种植的隔林带，都可防止人员的任意往来，减少疫病的传染机会。树木枝叶含有大量的水分，又能起到很好的防风隔离作用，可以防止火灾蔓延。进行良好绿化的肉鸡场，可适当减少各建筑物之间的防火间距。

☞ 119. 怎样正确实施鸡场的消毒？

养鸡场的消毒，在综合防疫中占有重要的位置。消毒的目的是消灭被传染源散播在鸡场中的病原体，切断传染病的传播途径，防止疫病继续蔓延。新建的鸡场，环境中病原菌较少，鸡的饲养效果也较好，但经过一段时间后，由于病原菌的逐渐积累，养鸡过程中便开始容易发生疾病。对鸡场内部而言，鸡体本身就是污染源，由于病原菌可以在土壤、粪便、尘埃中可存活数月之久，因此，单纯依靠自然净化需要的时间就太长，不利于生产的连续组织。利用消毒药可以大举杀灭病原菌，极大地缩短空舍时间，减轻甚至消除污染积累。

无论是肉种鸡场还是肉仔鸡场，都应该建立一套严格的消毒制度。鸡场消毒工作包括以下内容，即环境消毒、人员消毒、用具消毒、鸡舍消毒、粪便消毒、饮水消毒及鸡体消毒等。

(1)*空舍消毒* 鸡舍是鸡较长时间“食宿”之地，也是鸡场污染最严重的地方，很多疫病都是从被污染的鸡舍开始传播的。因此，鸡舍消毒是十分重要的。鸡舍消毒不能只是在鸡舍里喷洒消毒药或仅仅用消毒药熏蒸一下就可以了，要达到彻底消毒的目的，必须有一个消毒程序。

①机械性清除。用铁锨、扫帚、推车等工具，清除鸡舍地面的粪便和垫料等污物，清扫墙壁及顶棚的灰尘。将污物运送到鸡场下风向处堆积发酵。

②地面处理。硬化地面应用高压水反复冲洗干净；土的地面应挖去表层土 20～30 cm，铺垫 1 cm 厚生石灰粉后，更换上新土，晾干。水洗后的地面一定要晾干，否则会稀释喷洒的消毒液，降低消毒效果。

③化学消毒。墙壁用 20％的石灰乳涂刷，地面喷洒 3％的火碱水。

④熏蒸消毒。将鸡舍用具清洗消毒(0.1％的新洁尔灭液浸泡 10 min，清水冲净后晒干)，一并移于鸡舍中。按鸡舍空间容积，每立方米用高锰酸钾 21 g，福尔马林 42 mL，关闭门窗，密闭熏蒸 24 h。

⑤空舍。熏蒸后打开门窗通风，排除残留甲醛，再关闭门窗，2 周内不宜使用。

⑥火焰消毒。发生过疫病的鸡舍还需进行火焰消毒，以彻底消灭病原体。火焰消毒应重点处理墙边墙角。

空舍消毒时应注意以下问题：

①空舍消毒的关键是机械性清除是否彻底，残留的有机物越多，越不容易达到良好的消毒效果，特别是甲醛气体不能渗透到鸡粪或污物中去。不要期望通过增大消毒药浓度来提高消毒效果。如果机械清除不彻底，消毒药浓度增加 2～4 倍也不会有任何增强消毒的效果，反而会增大成本，还会严重腐蚀鸡舍内的设施。

②水洗时不仅要用大量的水冲洗，而且要用刷子完全彻底地刷洗干净。用碱水刷洗后再进行消毒时，要用不会因遇碱而降低效力的消毒药。喷洒消毒药一定要在水洗并充分干燥后进行，否则将会影响消毒药浓度而降低效果。地面喷洒药液标准量，以每平方米地面 1.5～1.8 L 为合适。

③熏蒸消毒时，要把通气口和风扇空隙等所有孔洞用纸糊住，使鸡舍完全密封。否则由于漏气，将严重影响消毒效果。

(2)带鸡消毒　主要是对鸡体进行喷雾消毒。这是鸡场综合防制使用的一种行之有效的消毒方法。由于有害细菌和病毒是伴随鸡的存在而存在，鸡体自身是排出、附着、储存传播病原菌和病毒的根源，所以，肉鸡一旦进入消毒过的鸡舍，污染可能也就同时开始了，当鸡舍内有害细菌和病毒污染到一定程度，就成为鸡群发病的诱因或直接原因。因此，十分重要的是，不但在进鸡前对鸡舍进行彻底消毒，在进鸡后一直到鸡出栏，仍应采用合适的方法反复对鸡舍进行消毒，以降低鸡舍的污染程度，改善舍内环境，控制鸡病的发生。

带鸡消毒的主要作用是杀灭鸡舍空气中的漂浮细菌和病毒，使浮游尘埃沉降到地面，对防止呼吸道疾病有比较好的效果。实际上，只要药物选择得当、消毒方法正确，带鸡消毒对预防任何疾病都是有利的。

①药物选择。药物应对杀灭细菌和病毒有可靠的作用，还要对鸡的呼吸道刺激性小，对人和鸡的安全性高。常用的带鸡消毒药物有：过氧乙酸 1 500～2 000 倍稀释；百毒杀 500～1 000 倍稀

释;抗毒威 500～1 000 倍稀释等。

②消毒方法。带鸡消毒一般是用喷雾方法,喷雾装置有适合于专业户使用的手压式喷雾器和手提式电动喷雾器,也有适合大、中型鸡场使用的固定式自动喷雾装置。喷雾消毒的关键在于雾滴的大小,雾滴过大,沉降落地快,在空气中浮游时间短,与空气中微生物接触的时间短,杀菌除尘的效果差;相反,如果雾滴过小,鸡会把消毒药连同尘埃中的微生物一并吸进呼吸道,对鸡群的健康有害。喷雾的雾滴直径不能小于 50 μm,一般用 80～100 μm。一般要求 80%～90%的雾滴能在空气中浮游 5～10 min 即可,或者将喷雾速度掌握在 2～5 min 喷药液 0.2 L(每平方米面积应每次喷药液 0.2 L)。带鸡消毒时,每周进行 2～3 次,条件较差的鸡场甚至应 1～2 天就进行 1 次。喷雾时,将喷头离鸡头 50～80 cm,喷头向上喷雾,不要对着鸡头喷雾。应对鸡舍由里向外,不留死角。

(3)饮水消毒　饮水不卫生也是影响肉鸡健康的重要因素。饮水中加入适合的消毒药物可以杀灭水中的病原微生物,可减少消化道和呼吸道疾病。实践已经证明,无论是农户小规模饲养肉鸡,还是专业化大规模养鸡,注重饮水消毒对控制疾病极为有利,正因为如此,饮水消毒被广大养鸡场广泛采用。

饮水消毒通常选用氯制剂或碘制剂,如漂白粉、次氯酸钠和碘附。饮水中使用这些药物后,可杀死条件性致病菌如大肠杆菌,还可杀死黏液细菌,对保持饮水器具或管线的卫生,减少腹泻非常有效。消毒药可直接加到储水池或水箱中。一般氯制剂用量为每千克水 7～10 mg 有效氯,这样可保持远端饮水器水中有效氯在每千克 3～5 mg,能起到良好的消毒效果,如果氯的含量过高对鸡的健康也有不利影响。碘附 0.001 25%～0.002 5%饮水消毒,对霉菌感染及其他细菌感染有良好的预防作用。

饮水消毒长时间使用不会产生耐药性,在肉鸡的整个饲养期可以不间断的使用,但在免疫及用药的前后 2 天,应停止饮水消毒。

综上所述，鸡场的消毒工作对净化养鸡环境，减少疾病有不可忽视的重要作用，但鸡病的发生有多方面的因素，不是靠消毒就可以得到百分之百的控制，一定的条件下，当特别有利于病原微生物繁殖时，还是会引起疾病的发生。有一点是清楚的，那就是消毒工作做得好，环境中病原微生物浓度小，肉鸡感染疾病的机会减少，感染后病情也较轻，更容易得到治疗。

(4)人员、车辆消毒　肉鸡场严禁外单位人员进入生产区，本场员工进入生产区要淋浴消毒，更换衣服、鞋帽。进入鸡舍要踏消毒池(盆)，洗手。饲养员、鸡场管理人员在生产区工作前后都要用消毒液洗手。

车辆因工作需要进入工作区一定要进行消毒。不仅车轮要经消毒池中的消毒液浸泡，车体也要进行喷淋消毒。司机要下车进行必要的消毒，否则不得进入。

生产区要设消毒门廊。消毒门廊的消毒液用1%～2%氢氧化钠水溶液，但对车体消毒时应选择对涂漆及金属不腐蚀，不使其生锈的药物。人员洗手的消毒液应选择毒性小、皮肤吸收性小的药物。消毒液要经常更换，最长不得超过3天，否则将失去消毒作用。

(5)设备、用具、衣物消毒　生产区的食槽、饮水器、产蛋箱以及饲养员的衣物，都要经常洗涤和消毒。除清水冲洗外，还要用药液进行喷洒消毒或浸泡消毒，饲养员的衣服、鞋帽，先用水洗，刷掉污物后，再放入消毒液中浸泡数小时，然后用清水洗净，晒干，方可再用。

(6)饲料、垫料消毒　饲料消毒要根据来源而定，如需要消毒，一般采用熏蒸消毒。

垫料常常来源于四面八方，是最直接的疫病传染媒介。效果可靠的消毒方法是对垫料进行熏蒸消毒。熏蒸垫料，做起来比较困难，因为使熏蒸消毒药的气体渗入整包、成堆的垫料中去，没有足够的药量和时间是办不到的。要使消毒做到实际有效，就应分批、多次、少量进行熏蒸。如果垫料比较新鲜，也可经充分日晒消毒。

(7)孵化厂卫生消毒　孵化厂是种鸡场的重要组成部分，为了能生产出健壮的雏鸡，必须做好孵化厂的卫生消毒工作。

①种蛋的消毒。种蛋收集后立即进行消毒，因为附着于刚产下的蛋壳上的细菌，经过 2 h 就会侵入种蛋里去。消毒办法主要是用甲醛溶液熏蒸，每立方米空间用高锰酸钾 14 g，福尔马林 28 mL，熏蒸 20 min 即可。黏附了污物的种蛋，需用细砂纸轻轻将污物擦除后再进行熏蒸消毒。孵出的初生雏，在羽毛未干时用甲醛熏蒸消毒，这是保证雏鸡健康的最佳措施。

②孵化器、出雏器的清洗和消毒。雏鸡孵出后，先清扫孵化器和出雏器，然后用水清洗，清洗干净后，再向孵化器、出雏器内喷洒消毒药液，最后用沾过消毒液的抹布擦干净。禁用腐蚀金属的消毒药液。

③孵化室的清洗和消毒。孵化室和鸡场生产区的鸡舍一样，必须经常进行清洗消毒，也要设立消毒池，进入孵化室人员要像进入鸡舍一样进行淋浴、更衣和消毒。孵化室除定期清洗和消毒(具体方法与鸡舍消毒相同)外，还要安装排气设备，把被病原菌和病毒污染的空气排出室外，把清洁的空气吸入室内。

④蛋车、雏禽盒、运雏车、鉴别台、注射器等消毒。对上述用具要定期清洗、喷洒消毒。鉴别员、注射员每抓 100 只鸡应洗手 1 次。

(8)场区环境消毒　肉鸡场应把场区环境消毒作为一项制度，认真贯彻到日常工作中去。环境消毒主要内容：对鸡舍周围 5 m 距离内的地面，鸡舍外墙，运送鸡粪和污染物的道路，场区其他道路以及场区容易被污染的场地，定期进行药液喷洒消毒。

☞ 120. 鸡场常用的消毒药有哪几种？影响消毒效果的因素有哪些？

(1)鸡场常用的化学消毒剂　鸡场常用的化学消毒剂主要有：

①氢氧化钠(火碱)。有强烈的刺激性，对铝制品、纺织品等有腐蚀作用。常用其2%～3%溶液，对细菌、芽孢和病毒都有强大的杀灭能力，对寄生虫也有杀灭作用。应将肉鸡驱出鸡舍，用水冲洗地面、用具后再进行消毒，并空舍0.5～1天后，再放入肉鸡。

②石炭酸(苯酚)。能杀灭细菌繁殖体、真菌和某些病毒。有强烈的刺激性和腐蚀性，较容易从皮肤、黏膜及创面吸收中毒。常配成3%～6%的溶液喷雾消毒鸡舍地面、栖架、产蛋箱及其他用具。配制溶液时，先将石炭酸水浴加热至43℃待溶，然后加入10%容量的水，使其成为液态，最后加水配成所需浓度。

③高锰酸钾(灰锰氧)。为强氧化剂，能放出新生态氧而呈杀菌作用。其水溶液如放置过久，逐渐还原失效，故应现配现用。或与福尔马林加在一起，做甲醛气熏消毒用，可用于预防各种传染病。4%～5%的溶液可治疗皮炎、烧伤。成年鸡中毒致死量为2 g。

④过氧乙酸(过醋酸)。过氧乙酸是一种强氧化剂，在低温下也有杀菌作用。0.2%溶液浸泡30 s即可杀死各种繁殖型细菌，0.02%溶液1 min可杀死真菌，0.5%溶液10 min可杀死禽结核菌和各种杆菌芽孢。但浓度过高(8%以上)能灼伤皮肤，还能腐蚀金属，以及对有色棉织品起漂白作用，其蒸汽有刺激性，使用时应注意。

⑤福尔马林(甲醛溶液)。含甲醛不得少于36%。有很强的杀菌作用，能杀死细菌、芽孢和多种病毒，对皮肤和黏膜有刺激性，蒸发很快，只有表面的消毒作用，可用5%～10%的福尔马林溶液作鸡舍、孵化箱等的喷洒或洗涤。也可用福尔马林和高锰酸钾混

合熏蒸消毒禽舍、孵化箱(室)、种蛋等。甲醛熏蒸消毒法是把福尔马林加入高锰酸钾中,产生的热量使甲醛气体从福尔马林中释放出来起熏蒸消毒作用。甲醛能使蛋白质变性,故有强大的杀菌作用。具体做法是:先把高锰酸钾放在容器中,摆在要消毒的地方,然后加入福尔马林。由于两种药物起反应时会沸腾,产生大量气泡,所以使用的容器要深,容积应比所用甲醛溶液大 10 倍以上。但使用时千万不要把高锰酸钾加到福尔马林中。用药浓度为每立方米空间用甲醛溶液 28 mL、高锰酸钾 14 g,加水 14 mL。一般要求密封消毒 12～24 h,然后打开门窗把余气放净才可进鸡。

⑥新洁尔灭(溴苄烷铵)。具有较强的去污和消毒作用,抗菌范围较广,杀菌力强而快,对多数革兰氏阳性菌、阴性菌均有杀灭作用,但对病毒效果较差,也不能杀死结核杆菌、霉菌和炭疽芽孢。常用 0.05%～0.2%水溶液喷雾消毒,杀灭病原菌,用 0.01%～0.05%溶液作黏膜和创伤冲洗,用 0.1%作皮肤、手指和术部的消毒。市售规格为 2%、5%、10%溶液。用时按所需浓度稀释。

其他如生石灰(氧化钙)、草木灰、漂白粉、来苏儿(煤酚皂溶液)、碳酸钠(纯碱)、环氧乙烷、次氯酸钠、二氯异氰尿酸钠、度米芬、洗必泰、戊二醛、升汞、龙胆紫、酒精、碘酒、双氧水(过氧化氢溶液)、氯胺、红汞、蛋白银等均是化学消毒药物,这里就不一一介绍和叙述了。

(2)影响消毒效果的因素　主要有以下 6 个方面:

①浓度。消毒剂必须按要求的浓度配制和使用,浓度过高或过低都会影响消毒效果。

②温度。大部分消毒剂在较高的温度下消毒效果好,如环氧乙烷、福尔马林等。但个别消毒剂温度升高杀菌力下降,如氢氧化钠等。所以,应掌握各种消毒剂的使用温度。

③湿度。湿度对熏蒸消毒的影响较大。用甲醛和过氧乙酸熏蒸消毒时,相对湿度以 60%～80%最好。

④时间。所有消毒剂都必须与其消毒对象作用一定的时间才能发挥最佳消毒效果。所需时间的长短，取决于病原体的性质和消毒剂的种类、浓度、温度等。

⑤酸碱度。酸碱度的变化可影响某些消毒剂的作用。如新洁尔灭、度米芬等阳离子消毒剂，在碱性环境中杀菌作用增强。石炭酸、来苏儿等阴离子消毒剂，在酸性环境中杀菌作用增强。

⑥化学拮抗物。排泄物、分泌物等一类物质妨碍消毒药物与病原微生物的接触，影响消毒效果。影响较大的消毒剂有新洁尔灭、度米芬、乙醇、次氯酸盐等。

第七部分　肉鸡疾病防治

☞ 121. 导致肉鸡发病的原因有哪些？

导致肉鸡发病的原因很多，概括起来可分为外界致病因素和机体内部致病因素两大类。

(1)外界致病因素　引起鸡病的外界致病因素很多，通常可分为生物性、化学性、物理性、机械性、营养和管理性因素五大类。

①生物性致病因素。生物性致病因素就是指致病的微生物和寄生虫，包括细菌、病毒、真菌、霉形体、衣原体、螺旋体和寄生虫等。生物性致病因素是危害养鸡业最主要的一类致病因素，可引起传染病和寄生虫病。

②化学性致病因素。主要有强酸、强碱、重金属盐类、农药、氨气、一氧化碳、硫化氢等化学物质，可引起中毒性疾病。此外，某药物使用不当，也会引起药物中毒。

③物理性致病因素。这里指高温、低温、电流、光照、噪声、气压和湿度等因素，这些因素达到一定强度或作用一定时间时，可使鸡体发生物理性损伤。

④机械性致病因素。所谓机械性致病因素就是包括打、压、刺、钩、咬等各种机械力，它们可引起鸡的损伤。

⑤营养和管理性因素。养鸡时，由于饲养管理不当和饲料中各种营养物质不平衡(过剩或不足)，时常引起鸡病的发生。

营养过剩：鸡饲料中蛋白质、脂肪、糖、盐、水和维生素等长期过多时，会引起鸡发病。如蛋白质过剩会引起鸡痛风病、肾脏机能障碍等；脂肪过剩可引起鸡脂肪肝综合征。

营养不足：饲料中维生素、微量元素、蛋白质、脂肪、糖等营养物质不足，会引起相应的缺乏症，如维生素 A、维生素 D 缺乏症、硒缺乏症等。

管理不当：饲养密度过大、停电、停水、突然更换饲料、长途运输、惊吓等，均可引起鸡应激综合征。

(2)鸡病发生的内因　鸡病发生的内因主要是指鸡体对外界致病因素的感受性和鸡体对致病因素的防御适应能力。机体对致病因素的易感性和防御能力既与机体各器官的结构、机能、代谢特点以及防御机构的机能状态有关，也与机体一般特性(即鸡的品种，年龄、性别等个体反应性)有关。

①品种差异。由于鸡的品种不同，对同种致病刺激物的反应也有差别，如有些品种的鸡易脱肛；星布罗肉鸡对大肠杆菌易感等。

②年龄差异。一般幼年鸡和老年鸡的抵抗力较弱，成年鸡的抵抗力较强，所以有些鸡病与年龄大小有很大关系。如 1 月龄内的雏鸡易发生鸡白痢；2～4 月龄的鸡易发生鸡马立克氏病；5 月龄以上鸡易发生鸡白血病等。

③性别差异。不同性别的鸡对某些疾病有不同的感受性，如母鸡比公鸡更易得白血病。

④营养差异。营养不良的鸡对疾病的感受性明显增高，因为营养状态与机体的抗损伤能力有密切关系。

⑤免疫状态差异。免疫能有效地抵御病原微生物的侵袭，防止传染病的发生，因此鸡体免疫状态不同，对同一种病原的抵抗力也不同。如经过免疫接种马立克氏疫苗的鸡就比未接种过的鸡对马立克氏病毒的抵抗力要强，不易得马立克氏病。

任何鸡病的发生，都不是由单一原因引起的，而是外因和内因相互作用的结果。在养鸡生产中，必须首先加强鸡的饲养管理，做好预防接种工作，以提高鸡机体的抵抗力和健康水平。同时，也要做好环境卫生和清洁消毒工作，以消除外界致病因素的致病作用。

☞ 122. 鸡病分为哪些类型?

鸡病与其他动物疾病相比,其种类多而复杂。在临床上,有关鸡病的分类方法较多。根据鸡病发生的原因,可将鸡病分为传染病、寄生虫病和普通病三大类。

(1)传染病 传染病是指由病原微生物侵入机体,并在体内生长繁殖而引起的具有传染性的疾病。传染病在鸡病中是最重要的一类疾病,而且临床上也最多见,一旦发生,常可造成严重的经济损失。根据传染病的病原可将传染病分为以下几类:

①病毒引起的疾病。这类疾病包括鸡新城疫、禽流感、鸡传染性支气管炎、传染性喉气管炎、鸡马立克氏病、鸡白血病、鸡痘、传染性法氏囊炎、鸡包涵体肝炎、减蛋综合征等。

②细菌引起的疾病。如鸡白痢、鸡伤寒、鸡副伤寒、大肠杆菌病、鸡霍乱、鸡传染性鼻炎、鸡葡萄球菌病、鸡链球菌病、鸡弧菌性肝炎等。

③真菌引起的疾病。如曲霉菌病、念珠菌病、黄癣、镰刀菌中毒病、黄曲霉中毒等。

④霉形体引起的疾病。如鸡慢性呼吸道病、滑液囊霉形体病等。

⑤其他疾病。如衣原体引起的鸡的衣原体病;螺旋体引起的鸡的螺旋体病。

(2)寄生虫病 寄生虫病是指寄生虫侵入体内或侵害体表而引起的疾病。在鸡病临床上,寄生虫病的感染与发病比较普遍,其中蠕虫病和外寄生虫病的感染,可致鸡生产性能下降。部分原虫病有时可造成一定数量的死亡,甚至引起严重的经济损失。常见和比较重要的寄生虫病有:

①原虫病。如球虫病、隐孢子虫病、组织滴虫病、住白细胞原虫病等。

②蠕虫病。如鸡蛔虫病、绦虫病等。

③外寄生虫病。如鸡刺皮螨病、痒螨病、鸡膝螨病、鸡软蜱病、鸡体虱、鸡绒毛虱感染等。

（3）普通病　普通病是指由非生物性致病因素引起的疾病。引起鸡普通病的常见病因有创伤、冷、热、化学毒物和营养缺乏等。临床上比较重要和常见的有：

①营养代谢病。如维生素A、维生素D、维生素E、维生素B缺乏症，无机元素钙、磷、硒等缺乏症，氨基酸缺乏症，蛋白质代谢障碍引起的鸡痛风病和脂肪代谢障碍引起的脂肪肝综合征。

②中毒病。如曲霉菌毒素、细菌毒素中毒病，喹乙醇、呋喃类药物等中毒病。铅、砷、汞中毒，农药、灭鼠剂中毒，食盐、鱼粉、棉子饼中毒等。

③管理不当引起的疾病。如鸡舍温度过低引起的肺炎、气囊炎；鸡舍温度过高引起的热射病和蛋壳形成不全；运动不足引起的笼养鸡疲劳症；通风不良引起的结膜炎、慢性窒息；空气尘埃过多引起的鼻炎、气囊炎等。

④消化吸收障碍病。如消化不良、胃肠炎、嗉囊或胃的堵塞等。

⑤外科病。如骨折、跛行、关节畸形及各种脓肿等。

⑥肿瘤病。如卵巢腺癌、肝细胞癌、平滑肌瘤、血瘤等。

⑦其他疾病。如肉鸡软脚症、瘫痪症、骨骼畸形症、腹水症、输卵管囊肿等。

☞ 123. 怎样进行鸡病病历调查？

病历调查就是通过询问和调查，了解鸡群发病的详细情况，包括现症及其经过、病史及疫情、防疫措施和效果、饲养管理和生产性能等，为正确诊断提供重要的线索。因此，要亲自深入现场做实际调查，尽量做到详细、确切。

(1)现病史

①发病时间。知道发病时间,了解鸡的病程长短,从而推测疾病是急性还是慢性。

②病鸡的主要症状。鸡的许多疾病都有共同的表现,如打蔫、不吃、羽毛松乱、产蛋下降或生长延缓等,这些症状只标志着鸡发病了。还应注意有无特征表现,如咳嗽、气喘、腹泻或出现“望星空”、“犬坐式”、“大劈叉”等异常姿势,这些症状具有一定的诊断意义。

③病鸡的年龄。不同年龄的鸡对同一致病因素的敏感性不同。如1月龄以内雏鸡多发生鸡白痢、鸡传染性法氏囊病、鸡传染性脑脊炎等;2～4月龄的鸡易发马立克氏病;5月龄以上的鸡易发生白血病;成年鸡易感染鸡霍乱等。由此可见,病、死鸡的年龄在分析疫情,提供诊断上是有重要意义的。

④治疗情况。如果发病后用磺胺类或抗生素类药物治疗过,且病鸡迅速停止死亡或症状减轻,可提示为细菌性疾病,如鸡霍乱、沙门氏杆菌病、大肠杆菌病等。

⑤鸡病的传播速度。短期内在鸡群中迅速传播,可怀疑的鸡病有:新城疫、禽流感、传染性支气管炎、传染性喉气管炎、传染性鼻炎、鸡痘等。突然发生大批鸡死亡可提示为中毒性疾病,通过病因调查、病理剖检、毒物检验可确诊。散在发生的鸡病,应主要考虑为慢性鸡霍乱、淋巴白血病、成年鸡白痢等。

(2)既往病史和疫情

①病史。了解鸡场过去曾发生过什么重大疫情,借此分析本次发病与过去疾病的关系。如鸡场曾发生过马立克氏病、大肠杆菌病、败血霉形体病等,鸡舍若不彻底消毒或未进行预防注射,则应考虑是否为旧病复发问题。

②周围鸡场疫情。应调查附近鸡场或养鸡户的疫病情况。若这些场、户的鸡有气源性传染病,如新城疫、鸡传染性支气管炎、禽

流感等病流行,有可能迅速波及到本场。

③各种禽类发病情况。一种禽类发病的同时,其他禽类有无类似疾病发生,这在诊断上非常重要。如鸡、水禽同时发生急性死亡,可怀疑为鸡霍乱,若仅鸡发生急性传染病死亡,可提示为新城疫等。

④种蛋和种鸡来源。了解种蛋和种鸡来源地区疫病流行情况,可以提供有关本地区所发生疾病的诊断线索。已知有许多疾病是可以经卵传播的,如鸡白痢、大肠杆菌病、鸡传染性脑脊髓炎、鸡败血霉形体病等。

(3)防疫措施及效果

①防疫制度及贯彻情况。防疫制度及其贯彻情况如何?有无消毒措施?病、死鸡如何处理?这在分析传染病上具有重要意义。

②预防接种情况。了解免疫程序、疫苗种类、疫苗来源、保存方法、稀释液、接种时间和方法,免疫时鸡群的健康状况、有无使用消毒药等,尤其应详细了解新城疫、传染性法氏囊病的免疫情况,从而估计接种的实际效果,为分析和诊断疾病提供参考。

③药物预防情况。对是否用药物预防过鸡白痢、鸡球虫、硒缺乏症和其他疾病等,所用药物种类、剂量、时间和效果如何等情况应有所了解,这对诊断鸡病有重要作用。

(4)饲养管理

①管理情况。鸡舍饲养密度过大、通风不良,常成为发生呼吸道疾病和眼炎的致病条件;温度、湿度、光照不适宜或突然改变、突然停电、断水、现换饲料、惊吓等均可引起应激综合征,导致鸡体抵抗力下降而引起鸡发病。

②饲料及饲养。饲料中某些营养物质缺乏常引起营养代谢病,如维生素缺乏症、佝偻病、硒缺乏症等,并且由于机体抵抗力的减弱而容易发生继发性传染病或导致免疫接种效果降低。喂霉变饲料,可引起拉稀、痛风病,甚至中毒。喂变质鱼粉,可引起胃出血

和穿孔，病鸡排黑褐色稀便。

因此，详细调查了解饲养管理情况，不仅可为我们寻找病因提供线索，而且能帮助我们诊断鸡病。

(5)生产性能

①产蛋率降低。除饲养管理不良会导致产蛋率降低外，疾病也会严重影响产蛋率，如鸡新城疫、传染性支气管炎、减蛋综合征等多种疾病，而且疾病因素往往使产蛋率大幅度下降。

②软皮蛋。种鸡产软皮蛋的主要原因有：

营养因素：钙、磷代谢障碍，维生素 D 缺乏等。

疾病因素：输卵管、子宫部分泌蛋壳机能失常；母鸡输卵管内寄生有蛋蛭，阻碍蛋壳形成；母鸡受惊，引起输卵管壁平滑肌收缩，蛋壳尚未形成，即行排出体外。

③畸形蛋：蛋呈长形、扁形、葫芦形、不规则形等，蛋壳皱缩、粗糙出现粗壳蛋、砂皮蛋等。原因多见于输卵管机能失常，蛋壳分泌不正常，输卵管、子宫反常收缩。如传染性支气管炎等病可引起畸形蛋出现。

☞ 124. 怎样对病鸡进行临床检查?

亲临发病鸡场进行实地检查是诊断肉鸡疾病最基本的方法之一。这种诊断方法是通过对鸡的精神状态、饮食情况、粪便、运动状况、呼吸情况等观察，对某些疾病做出初步诊断。临床诊断时可采取群体检查和个体检查相结合的方法，首先对发病鸡场的肉鸡进行群体检查，然后再对发病鸡进行详细的个体检查。检查的方法主要通过视诊、触诊和嗅诊。

(1)视诊　主要观察肉鸡群体的活动状态，即观察肉鸡在安静状态下的精神状态、体态、被毛是否有异常。有无个别鸡呆立、不爱活动、头颈蜷缩、精神沉郁、眼睛无神等现象。观察肉鸡营养状态，呼吸是否正常，有无鼻液，咳嗽，粪便是否异常，可视黏膜如眼结膜、口腔黏膜等是否正常，有无异嗜癖，有无啄羽现象等。

(2)触诊 主要是检查皮肤湿度、温度、弹性、是否有肿胀，检查异常部位的光滑度、平整度或质地，从体表触摸来感知肉鸡皮下肿物、结节等。触诊对某些传染病的诊断也有一定的参考价值，如全身皮温增高，见于发热性疾病；皮温降低，为休克和濒死期的征兆。

(3)嗅诊 就是用嗅觉来判断病鸡的分泌物及排泄物的气味是否异常。如患肠炎时，其粪便恶臭；有机磷或有机氯农药中毒，可闻到农药味等。

☞ 125. 怎样对病死鸡进行尸体剖检？

(1)鸡的致死 活死用脱颈法或颈部放血致死。

(2)了解死禽的一般状况 除种别、性别、年龄等，还要了解鸡群的饲养管理状况，发病经过及病鸡状况、死亡数等。

(3)外部检查 先观察全身羽毛的状况，看看是否光泽，有无污染、蓬乱、脱毛等现象；泄殖腔周围的羽毛有无粪便污染；皮肤有无肿胀；关节及脚趾有无脓肿或其他异常。检查冠和肉垂的颜色、厚度、有无痘疹及脸部的颜色。压挤鼻孔和鼻窝下窦视有无液体流出，口腔有无黏液。检查两眼虹彩的颜色。最后触摸腹部有无变软或积有液体。

剖检前最好用水或消毒液将尸体表面及羽毛浸湿，以防剖检时有绒毛和尘埃飞扬。

(4)切开皮肤并做皮下检查 尸体仰卧(即背位)，用力掰开两腿，使髋关节脱位，这样鸡就不致翻倒。拔掉颈、胸、腹部的羽毛，在胸骨嵴部纵行切开皮肤。观察皮下脂肪含量、皮下血管状况、有无出血。观察胸部肌肉的丰满程度、颜色、有无出血、坏死(检查完浅胸肌，将其切除，再检查深胸肌)。观察龙骨是否变形、弯曲。在颈椎两侧寻找并观察胸腺的大小颜色，有无小的出血点、坏死点。

检查嗉囊是否充盈食物，内容物的数量及性状，腹围大小，腹部的颜色等。

(5)剖检体腔、检查内脏　在后腹部，将腹壁横行切开。顺切口的两侧分别向前剪断胸肋骨、乌喙骨及锁骨，掀除胸骨，暴露体腔。注意观察各内脏的位置、颜色、浆膜的状况（是否光滑，有无渗出物，血管分布的状况），体腔内有无液体，各脏器之间有无粘连。

(6)内脏的取出和检查

①先检查肝脏的大小、颜色、质度，边缘是否钝，形状有无异常，表面有无小的坏死点或坏死灶。然后在肝门处剪断血管（门脉、后腔静脉），剪断胆管，再剪断肝与心囊、气囊之间的联系，取出肝脏。纵行切开肝，检查肝脏切面及血管状况。再检查胆囊大小、胆汁的多少、颜色、黏稠度及胆囊黏膜的状况。

②在腺胃和肌胃交界处的右方，找到脾脏，检查脾脏的大小、颜色，剪断脾动脉取出脾脏。然后将其切开，检查淋巴滤泡及脾髓状况。

③在心脏的后方剪断食道，向后牵拉腺胃，剪断肌胃与其背部的联系，再顺序地将肠管与肠系膜分离，然后在泄殖腔的前端切断直肠，即可取出腺胃、肌胃和肠道。在分离肠系膜时，应检查肠系膜是否光滑，有无肿瘤散布。

检查腺胃：剪开腺胃，检查内容物的性状、黏膜及腺乳头有无充血、出血，胃壁有无增厚等。

检查肌胃：观察肌胃浆膜上有无出血，肌胃的硬度。然后从大弯部切开，检查内容物及角质膜的性状；再撕去角质膜，检查角质膜下的状况，看有无出血、溃疡。

检查肠道：从后向前（或从前向后），检查直肠、盲肠及小肠各段的肠管是否扩张，浆膜血管是否明显，浆膜上有无结节、肿物。沿肠系膜附着部剪开肠道，检查各段肠内容物的性状，黏膜颜色，肠壁是否增厚，肠壁上淋巴集结以及盲肠起始部的盲肠扁桃体是否肿胀,在无出血、坏死。盲肠腔中有无出血或土黄色干酪样的栓塞物。

④纵行剪开心囊观察心脏外形,纵轴和横轴的比例,检查心囊液的性状,心包膜的透明度,心外膜是否光滑,有无出血、渗出物,尿酸盐沉积,结节或肿块。随后将进出心脏的动、静脉剪断,取出心脏;剖开左右两心室,注意心肌断面的色彩、质度及心内膜有无出血。

⑤肺、肾、肾上腺及生殖器官、腔上囊等均在原位检查。检查肺的颜色质度;必要时,可从肋骨间挖出肺,切开,观察切面上支气管及肺泡囊的性状,有无炎症、实变、坏死、结节、水肿等。检查气囊的厚薄,有无渗出物、霉斑。检查肾脏的颜色、质度、输尿管中尿酸盐的含量。检查睾丸的大小、颜色,两者是否一致。检查卵黄及卵巢的大小、颜色、形态。剪开输卵管,检查黏膜的情况。观察腔上囊大小,并切开检查其腔内容物的性状及皱褶的情况。

⑥口腔及颈部器官的检查。剪开一侧口角,观察后鼻孔、腭裂及喉口有无分泌物堵塞,口腔黏膜有无伪膜。再剪开喉头、气管及食道,检查管腔及黏膜的性状,有无渗出物、黏液;渗出物的性状,黏膜的颜色,有无出血、伪膜等。

⑦周围神经的检查。在脊柱两侧,仔细地将肾脏剔除,露出腰荐神经丛;在大腿内侧,剥离内收肌,找出坐骨神经;对比观察两侧神经的粗细、横纹及色彩、光滑度。然后将尸体翻转,使背朝上,在肩胛和脊椎之间切开皮肤找臂神经(即颈胸神经)。在颈椎的两侧检查迷走神经。

⑧观察眼瞳孔的大小,虹彩的色泽。

⑨剖开颅腔,检查大小脑。切开顶部皮肤,露出颅骨。最好用骨剪(小鸡、鸭可用一般剪刀)在两侧眼眶后缘之间剪断额骨,再从两侧剪开顶骨至枕骨大孔,掀去脑盖,即暴露大脑、丘脑及小脑。观察脑膜情况,有无充血、出血。此时,可取材料做微生物或病理

检验。

☞ 126. 肉鸡的传染病有哪些特性？是怎样发生和流行的？

鸡的传染病和人、畜的传染病一样，都是由于一定的病原微生物侵入鸡体引起发病的，如鸡新城疫病毒能引起鸡新城疫，多杀性巴氏杆菌能引起鸡霍乱等。但是病原微生物侵入体内能否发病，与微生物侵入体内的数量和侵入途径有关。有些病原微生物虽然毒力很强，但是由于不是通过适宜的途径进入鸡体，也不能使鸡发病。一定数量的病原微生物通过适宜的传染途径进入鸡体内是否一定会发生传染病呢？不一定，这要看鸡体对该病原微生物是否具有抵抗力，患过鸡新城疫病的或接种过新城疫疫苗的鸡，机体产生了对鸡新城疫病毒的抵抗力。所以，尽管有鸡新城疫强毒通过适宜途径进入鸡体，鸡仍健康无病。这种对病原微生物的抵抗力叫做免疫。鸡体对传染病的抵抗力可以通过改善饲养管理、加强清洁卫生和接种疫苗而得到加强。

病原微生物侵入鸡体的途径（传染途径）主要有以下几种。

（1）消化道　大多数传染病是由于饲料、饮水被病鸡的粪便和尸体污染，以致病原微生物随着污染的饲料、饮水进入消化道而引起感染的。如鸡新城疫、鸡霍乱、鸡白痢等。

（2）呼吸道　呼吸道传染病主要通过飞沫传播。病鸡在呼吸、喷嚏的过程中，向空气中喷入许多带有病原微生物的小水滴，叫做飞沫。周围的健康鸡吸入了这种飞沫，就可能感染发病，如鸡支原体病、传染性喉气管炎等。

（3）伤口　带有病原微生物的吸血昆虫（蚊、蠓、虱等）叮咬鸡后，可能通过叮咬所引起的伤口使鸡感染，如鸡痘等。

体内带有病原微生物的病鸡是引起传染病的根源，叫做传染来源。传染来源可通过排泄物（粪便等）、分泌物（鼻涕、眼泪等）将病原微生物排出体外而污染外界环境的各种物体（如饲料、饮水、饲管用具、禽舍、车辆、飞鸟等)，使这些物体成为传染媒介。有易感性的鸡接触了这些传染媒介，使病原微生物通过一定的传染途径侵入鸡体，就可能受到传染。受到传染的鸡又成了新的传染源，再污染周围物体。这样一个接一个地传播下去，病鸡的数目愈来愈多，传播的地区愈来愈大，形成了流行。密闭式鸡舍笼养的鸡，由于鸡只密集，一旦发生传染病，特别容易流行。传染病所造成的损失往往比普通病大，就在于这类疾病能够流行。为了发展养鸡事业，必须设法控制并进一步消灭传染病。

☞ 127. 鸡发生传染病时应采取哪些应急措施？

传染病对肉鸡业危害极大，若不及时控制和扑灭，会造成严重损失。因此，在发生传染病时，应立即采取紧急措施，以期迅速控制疫情。

(1)及早发现疫情并尽快确诊　当鸡场怀疑有传染病发生时，应立即查明原因，正确诊断。与此同时，应对鸡场严密封锁，隔离病鸡并指定专人管理。将鸡舍、场地及一切用具严格消毒，并把疫情立即报告当地有关部门，以便及时通知周围鸡场采取预防措施，防止疫情扩大。如本场不能确诊，应把病鸡或刚死的鸡装在严密的容器内，立即送有关部门进行检验诊断。

(2)针对不同的传染病采取有效措施　当确诊为鸡新城疫、鸡痘等烈性传染病时，如为流行初期，应立即对未发病鸡进行疫苗接种，往往可在短期内使流行停止。但是，已经感染正在潜伏期的病鸡，接种疫苗后，不但不能使其免疫，反而可能加速发病死亡。所以到了流行中期，已经感染而貌似健康的鸡很多，此时接种疫苗，往往收效不大。当确诊为禽霍乱、大肠杆菌等细菌性传染病时，在流行初期除可用菌苗进行紧急接种外，还可用喹诺酮类药物或抗生素进行治疗。

(3)严密封锁　在封锁期间，防止鸡苗、种鸡的调入和调出。

场内病鸡已经全部痊愈或全部处理完毕，鸡舍、场地和用具经过严格消毒后，经过 2 周，再无新病例出现，然后再作 1 次严格大消毒，方可解除封锁。

(4)淘汰并处理病重鸡　所有病重的鸡要坚决淘汰，如果可以利用，必须在兽医部门同意的地点，在兽医监督下加工处理。鸡毛、血水、废弃的内脏要集中深埋，肉尸要高温处理。轻病鸡根据具体情况采用有效方法进行治疗。

(5)病死鸡的处理　病死鸡要集中烧毁或深埋，粪便必须经发酵处理，垫料可焚烧或深埋。

128. 给鸡投药有哪几种方法?

鸡的投药方法常用的有口服、食道注入和注射方法等三种。

(1)口服法　口服法可分为个体给药法和群体给药法两种。

①个体给药法。又可分为水剂、片剂和粉剂给药三种方法。

水剂给药：将药液用滴管滴入喙内，让鸡自由咽下。由助手将鸡保定，术者以左手拇指和食指捉住鸡冠，压头使稍向上向外侧倒下，喙即张开。用右手持滴管将药液滴入喙内，使鸡咽下。反复进行，把药给完为止。小剂量的药剂，可用此法。

片剂给药：将药片掰成黄豆或绿豆大小的小块，塞进鸡喙里，随后用滴管滴一滴水，帮助咽下(鸡能自由咽下时，可以不再滴水)。

粉剂给药：粉剂药物可加少量水与赋形剂，调和成丸状，采用片剂给药法进行。此外，也可混入少量水中，采用水剂投药法进行。

②群体给药法。也分为片剂、粉剂和水剂给药三种方法。

片剂和粉剂：把所给药量一半拌在饮水里；一半拌在饲料里(不溶于水的全部拌在饲料里)。把药磨成细粉，先拌在 1/4 的饲料中，拌均匀后，再拌到全部饲料中，拌均匀后让其自由采食。所给的饲料及饮水要少，能使鸡在短时间内吃完喝净为度。拌料给药后应充分供给饮水。给药的时机也很重要，一般宜在早晨第1次给食时给药。

水剂：把所给的药量一半拌在饲料里，一半对在饮水里（或全部对在饮水里或代替饮水），投药的饮水器以搪瓷制品为佳，避免发生变化而减低药效或产生毒性，其方法和注意事项同上。

(2)食道注入法 用带有小动物导尿管的玻璃注射器吸取药液，助手将鸡保定，术者左手把鸡喙拨开，右手把导尿管送入食道内，然后接上注射器（或用长嘴球形注射器，将注射器嘴部送入鸡的咽内），将药液注放食道内即可。

(3)注射法 常用嗉囊注射和肌肉注射法，必要时也可采用静脉注射法。

①嗉囊注射法。注射前给鸡喂粒状饲料。注射时用注射器吸取药液，助手把鸡保定，术者用酒精棉球消毒嗉囊注射部位后，即把针头直接刺入嗉囊内，把药液注入，拔出针头，再用酒精棉球消毒注射部位即可。

②肌肉注射法。在胸部或腿部肌肉厚的部位（注射前后的消毒同嗉囊注射法），把盛有药液的注射器针头刺入肌肉深层（注意针头不要与肌肉呈垂直方向刺入，以免刺入过深，损伤肝脏，引起肝脏出血而死亡）将药液注入即可。

③静脉注射。注射部位为翼下静脉基部（注射前后消毒法同嗉囊注射法）。其法为助手用左手保定鸡只，使鸡背朝下，右手拉开翅膀，使腹面向上。术者左手压住翼下静脉的向心段，使血管充血，然后将盛有药液注射器的针头刺入静脉内，见有血回流，放开左手，把药液缓缓注入即可。

129. 怎样掌握最佳用药时间？

适用于治疗肉鸡疾病的药物品种较多，但由于类别不同，用药时间上也有差异，从药学的角度，不同类型的药物最佳投服时间如下：

(1)健胃消化药　如干酵母、促菌生等宜在喂料前投服或先用少量饲料拌匀喂服。

(2)维生素类　可分为水溶性维生素(如B族维生素、维生素C)和脂溶性维生素(如维生素A、维生素D、维生素E、维生素K等)。

①作为饲料添加剂的主要是复合维生素或多种维生素，现配现用，效果最好。

②B族维生素和维生素E在夏季易受破坏，要现配现用。

(3)抗菌药物　抗生素如土霉素、红霉素等可混饲或饮水，应按规定时间投服，不宜长时期放在水中或饲料中。

①宜注射的抗生素，口服效果不好，如青霉素G、链霉素等。

②人工合成的抗菌药如磺胺类药、呋喃类药，使用时间不受限制，也不易失效。

③任何抗菌药的使用应视病情，按疗程进行，一般家禽用药3～5天为一个疗程。切不可给药1次就随便停药或更换其他药物而影响治疗效果。

(4)驱虫药

①驱蠕虫药如左旋咪唑、丙硫苯咪唑等，肉鸡在30日龄左右、蛋鸡在60日龄和120日龄左右分别内服1次，且宜在下午投药，次日上午清除粪便垫料，消毒鸡舍。

②抗球虫药应从10～90日龄，采用交替轮换用药法，以免球虫产生抗药性。

(5)微生物制剂　用于家禽的有促菌生、调痢生、乳酶生、干酵母等，这类活菌制剂主要调节肠道内菌群平衡，增强机体抵抗力。这类药宜现配现用，切忌与抗菌药物同时用，否则将使活菌制剂失效。

(6)口服补液盐　口服补液盐由碳酸氢钠2.5 g，氯化钠

3.5 g,氯化钾 1.5 g,葡萄糖 20 g 配成,临用时加水 1 000 mL,适应多数中毒性疾病,尤其是喹乙醇中毒,以及尿酸盐沉积和失水性疾病等,在 8 h 内自由饮用,或给病禽作多次滴服,均可获得良效。在鸡病临床上,可广泛应用于抗应激,促代谢,利尿解毒,腹泻、脱水补液等常见病的应急治疗,效果极佳,特别是对大群鸡病的康复更为有益。

☞ 130. 怎样对肉仔鸡的常见病进行预防用药?

(1)常规预防用药程序

①入舍雏鸡 1~3 天,选用庆大霉素或青霉素,或 3%~5%的葡萄糖饮水,必须用凉开水,以利排出胎粪和清理肠道。

②1~7 日龄、10~15 日龄饲料或饮水中加抗生素,如氯霉素(0.1%~0.2%饮水)、氟哌酸(50~100 mg/kg 饮水或拌料)。主要用于经蛋传播的疾病,对沙门氏菌污染严重的种鸡场,出壳的雏鸡在 1 日龄注射 3 000~5 000 U 庆大霉素。对沙门氏菌和霉形体污染严重的种鸡场,出壳的雏鸡最好在 2~5 日龄饮服环丙沙星或恩诺沙星等。

③雏鸡在断喙前,饲料中多种维生素加倍,并拌有抗生素如土霉素(0.1%~0.2%),同时在每千克饮水中加 2 mg 维生素 K_3,断喙后,饲槽中的饲料要加满。

④20~40 日龄的雏鸡,尤其是地面散养的鸡,饲料中要拌入马杜拉霉素、氨丙啉、三字球虫粉等,并要求交替使用;一般连用 5~7 天,停 3~5 天,再用 5~7 天,以防发生球虫病。

⑤其他有关添加剂如微量元素、多种维生素、亚硒酸钠维生素 E 粉、维生素 AD_3 粉等可按规定适量添加,拌和均匀。6 周龄后的肉仔鸡,一般应停止使用各种抗菌类药物。

(2)绿色肉鸡生产预防用药程序 以 1 000 只肉仔鸡计:

①1~5 日龄。特有力 2 瓶和普利健 2 袋全天饮水。

②6～8 日龄:抗大宝每天 1 瓶,2 h 饮水

③10 日龄后。每隔 3 天用 3 天丰酵素,禁止与抗生素合并使用。

④在疫苗使用前后 2 天,100 kg 饮水中使用 20 g 维佳宝或电解多维,以缓解应激。

⑤20～40 日龄应根据生产情况,于饲粮中使用球克,每袋球克拌料 500 kg,以防暴发球虫病。

☞ 131. 肉种鸡应忌用哪些药物?

当前,在市场上供应使用的兽用药物有几百种,其中不少药物在防治畜禽疾病过程中会同时产生副作用,因此不得不引起防范和关注。尤其值得注意的是,某些兽药对种鸡的产蛋有不良影响,种鸡场应特别注意慎重使用。如果药物选用不当会人为地造成产蛋量大幅下降,影响种鸡场的繁育和经济效益。综合广大养鸡场和兽医临床工作者的典型资料,结合笔者近 10 年来的临床实践,认为肉种鸡应禁止使用以下药物:

(1)*磺胺类及磺胺增效剂*　磺胺类药物能导致鸡体血钙水平下降、产蛋率下降及蛋质变差。尤其是磺胺类药物,这是兽医临床上广泛应用的人工合成抗菌药物,具有抗菌范围广、效力稳定、使用方便、价格低廉等特点。常用的磺胺类药物有:磺胺二甲嘧啶、磺胺甲氧嘧啶、周效磺胺、磺胺脒、复方新诺明、复方敌菌净等。以上药物常用于防治鸡白痢、球虫和其他一些细菌性疾病。但这些药物都有抑制鸡产蛋的副作用,因而对产蛋鸡必须禁用。如果应用于雏鸡或青年鸡也必须严格控制剂量和给药天数,以免引起中毒。

(2)*呋喃类药物*　这也是一种临床应用多年的人工合成广谱抗菌药物。在鸡病防治中目前主要多用呋喃唑酮(呋喃西林已被淘汰)。它对家禽的沙门氏杆菌所致的下痢性疾病疗效较好,所以

又叫"痢特灵",主要用于鸡的肠道感染。如鸡白痢病、球虫病、鸡伤寒以及传染性鼻炎、鸡大肠杆菌病等均有一定效果。但是由于该药也有抑制产蛋的副作用,产蛋鸡不宜使用(此类药物为食品动物禁用的兽药)。

(3)金霉素　属于四环素类广谱抗生素,主要起抑菌作用,高浓度时有杀菌作用,除对革兰氏阳性和阴性菌有抑制作用外,还对支原体、霉形体以及对鸡白痢、鸡伤寒、禽霍乱等有疗效。但是,由于该药物被吸收后,能与血中的钙结合,形成难溶的钙盐排出体外,因而阻碍了蛋壳的形成,使鸡的产蛋率下降,因此产蛋鸡也不宜使用。

(4)氨茶碱　该药具有松弛平滑肌的作用,可以解除支气管平滑肌痉挛而产生平喘作用。应用于缓解家禽呼吸道传染病引起的呼吸困难。产蛋鸡使用后产蛋量下降。

(5)丙酸睾丸素、甲基睾丸素　系雄性激素,能够抑制下丘脑分泌促性腺激素,使机体内分泌紊乱而影响产蛋,主要用于抱窝鸡的醒抱,醒抱后应立即停用,若反复使用,会抑制母鸡排卵,甚至发生雄性变异(态)而影响产蛋。

(6)拟胆碱药物　如新斯的明、氨甲酰胆碱和巴比妥类药物,都影响子宫的机能而使产蛋提前,造成产蛋周期异常,蛋壳变薄、下软壳蛋等。

(7)乳糖　鸡体内缺乏乳糖酶,不能有效消化乳糖,产蛋鸡对乳糖尤为敏感,饲料中含乳糖 15%时产蛋会受到明显抑制,超过 20%则生产停滞,严重泻痢。

(8)肾上腺素　可使正常母鸡推迟产蛋。

(9)其他　某些抗球虫药,如杜球、球虫王等抗球虫药物,以及一些肾上腺皮质激素类药如地塞米松、可的松等,不合理使用也会影响产蛋性能。

☞ 132. 怎样合理制定肉鸡的免疫程序？

免疫程序是疫病预防和控制的重要部分，即指一个养鸡场或一个鸡群，根据该场或鸡群的实际情况与可能发生的疾病，对需要接种的疫苗种类、特性、接种时间和接种方法等预先合理安排的计划和方案。在肉鸡业高度发展的今天，免疫程序成为越来越重要的问题，如果免疫程序不当或没有建立一些病的免疫程序，则很容易造成免疫失败，即使使用了一些疫苗也达不到预期的防疫效果，仍然会发生意想不到的损失。

免疫程序的制定应根据养禽场的具体情况及疫苗情况而定，不能做硬性规定，若当地流行某种新的疫病，还应做及时的调整。制定免疫程序的主要依据有：

①本地区家禽中各种疫病流行情况和规律。

②家禽的种类和用途（种禽、肉禽、蛋禽、观赏禽等）。

③家禽的日龄及体内抗体水平（包括母源抗体）。

④配套的防疫措施及饲养管理条件。

⑤疫苗的品系、性质，免疫途径等。

我国是个饲养肉鸡的大国，其疫病情况也非常复杂，一个科学、有效、经济、可靠的免疫程序，对防制工作的实施起到关键作用，这不仅是养鸡场和防疫部门的工作，而且也是疫苗生产和研究部门以及兽医管理部门共同的责任。下面介绍的免疫程序（表 7-1 和表 7-2），仅供参考。

表 7-1　商品肉鸡免疫程序（建议）

日龄	免疫疫苗	免疫方法	免疫剂量
1～3	VH-H_{120}-28/86 三联苗	滴鼻点眼	1.5 头份
7～10	VH-H_{120}-28/86 三联苗	饮水或滴鼻点眼	1 头份
	新城疫二价-肾传支多价油剂苗或新城疫二价-腺胃型-肾传支多价油剂苗	颈部皮下注射	0.5 mL

续表 7-1

日龄	免疫疫苗	免疫方法	免疫剂量
15	法氏囊弱毒苗	饮水	1 头份
25	法氏囊弱毒苗	饮水	1~1.5 头份
28	VH-H_{120}-28/86 三联苗	饮水	2 头份

注：大肠杆菌严重的鸡场，还应在 7~10 日龄注射 1 次大肠杆菌油乳剂灭活苗或新城疫-肾传支-大肠杆菌三联油乳剂灭活苗。

表 7-2 肉种鸡免疫程序(建议)

日龄	免疫疫苗	免疫方法	免疫剂量
1	马立克氏病疫苗	颈部皮下注射	1~2 只份
5	病毒性关节炎弱毒苗	颈部皮下注射	1 只份
7	肾型传染性支气管炎 Ma_5 或湿苗	饮水	1~1.5 只份
10~20	新城疫 Lasota 系或 Clone30＋传支 H_{120} 二联苗或 VH-V_{120}-28/86 三联苗	滴鼻点眼	1~1.5 只份
	新城疫二价-肾传二联油苗或新城疫二价-肾传支-腺胃传支三联苗	颈部皮下注射	0.5 mL
15	法氏囊弱毒苗	滴口点眼或饮水	1 只份
25	法氏囊中等毒力苗	滴口点眼或饮水	1.5 只份
30	鸡痘苗	翅膜刺种	1 只份
	大肠杆菌油苗	颈部皮下注射	0.5 mL
60	传染性喉气管炎苗	点眼	1 只份
	VH-V_{120}-28/86 二联苗	滴鼻点眼	1 只份
	同时免疫新城疫二价油苗	颈部皮下注射	0.4~0.5 mL
90	鸡痘苗	翅膜刺种	1~1.5 只份
	禽脑脊髓炎弱毒苗	滴口	1 只份
100	传染性喉气管炎苗	点眼	1 只份
115	病毒性关节炎油剂苗	颈部皮下注射	0.5 mL
120	①ND＋IB＋EDS 多价三联苗或二价四联苗(含变异传支或腺胃传支)	颈部皮下注射	1 mL
	②法氏囊油苗	颈部皮下注射	0.5 mL

续表 7-2

日龄	免疫疫苗	免疫方法	免疫剂量
130	传染性鼻炎油苗	颈部皮下注射	0.5 mL
300	法氏囊油苗或新城疫-法氏囊二联苗	颈部皮下注射	0.5 mL

注:新城疫强毒流行的地区,应免疫新城疫二价油苗;禽流感、支原体、禽霍乱、葡萄球菌发病严重的地区还应免疫相应的疫苗。

133. 肉鸡个体免疫常用哪几种方法?

肉鸡疫苗的免疫接种方法可分为个体免疫法和群体免疫法。无论何种疫苗,何种接种方法,只有正确地、科学地使用和操作,才能获得预期的效果。个体免疫法是指用注射、刺种、涂擦、点眼、滴鼻等方法对肉鸡进行疫苗接种。

(1)注射法　灭活疫苗、亚单位苗、鸡的某些弱毒疫苗都需用注射法进行免疫接种。根据疫苗注射的部位不同,注射法又有皮下注射法、肌肉注射法之分。

①皮下注射法。皮下注射的部位在肉鸡的颈背部。具体操作是,局部消毒后,用一手食指和拇指将颈背部皮肤捏起呈三角形,另一手准确地将注射针头刺进被拉高的两指间的皮肤、肌肉层之间,缓慢注入疫苗(正确时可感到疫苗在皮下游动,推注无阻力感)。进针位置应在颈部背侧中段以下,针头不伤及颈部肌肉骨头,否则引起肿头或颈部赘生物产生。同时,针体与头颈部在一直线为宜,可减少刺穿机会。

②肌肉注射法。肌肉注射的部位主要有胸肌和大腿肌。

胸肌注射:应在龙骨外侧胸部 1/3 处,沿胸肌呈 30°角倾斜向背侧方向刺入胸肌,避免与胸部垂直刺入误伤内脏。胸肌注射法适用于成年鸡。

腿肌注射:因大腿内侧神经、血管丰富,容易刺伤甚至死亡,故应在大腿外侧接种。这种方法可用于雏鸡。但腿肌注射,虽然操作十分小心,仍往往造成肉鸡跛行。

用注射法免疫接种时，应注意如下问题：

①一般弱毒疫苗可使用 5 号半或 6 号针头，雏鸡尤其如此；油苗注射时可用 7 号或 8 号针头，成年鸡还可用 9 号针头。针尖要锋利。

②注射器械、注射部位、操作过程均应严格消毒，否则容易诱发化脓性感染及其他疾病。

③操作要认真、细致、小心，粗鲁和破坏性的注射动作，会造成肉鸡不可恢复的损伤，雏鸡尤其如此。

总的说来，注射法效果确实，疫苗经皮下或肌肉注射后可迅速吸收而使肉鸡很快产生免疫力。但其缺点也是明显的，主要是逐只注射的工作量大，鸡群的应激严重，有时还容易给肉鸡留下后遗症。

（2）刺种法　刺种的部位在鸡翅膀内侧皮下，这里羽毛稀少，血管也很少。此法适用于某些疫苗如鸡新城疫Ⅰ系苗、鸡痘苗等。具体操作是按规定剂量将疫苗稀释后，用洁净的钢笔尖或大号缝衣针蘸取疫苗，在鸡翅下刺种，每只鸡刺种两下。接种后 1 周左右，可见刺种部位的皮肤上产生绿豆大小的小疱，以后逐渐干燥结痂脱落。若接种部位不发生这种反应，表明接种不成功，应重新接种。

（3）涂擦法　涂擦法主要用于鸡痘疫苗和鸡传染性喉气管炎强毒疫苗的免疫接种。在接种鸡痘疫苗时，首先拔掉鸡只大腿的 8～10 根羽毛，然后用消毒棉签或毛刷蘸取疫苗，逆着羽毛生长的方向涂刷 3～5 下。鸡传染性喉气管炎强毒疫苗接种则用擦肛法，具体作法是用消毒的棉签或小刷子蘸取疫苗，直接涂擦在泄殖腔的黏膜上。

不管是哪种涂擦方法，接种疫苗后，肉鸡都应有特定的反应。毛囊涂擦鸡痘疫苗后 10～12 天，局部会出现同刺种一样的反应；鸡传染性喉气管炎疫苗擦肛后 4～5 天可见泄殖腔黏膜潮红。如果不发生上述反应，说明接种失败，应重新接种。

(4)点眼和滴鼻法　用滴注器在眼球或鼻孔上滴1～2滴疫苗悬浮液，即为滴眼或滴鼻法。这种方法多用于雏鸡，尤其是雏鸡的首免。点眼接种通过眼内流入泪管，这种方法接种量均匀；滴鼻接种通过鼻孔流进喉头，这种方法疫苗可能被雏鸡从鼻孔呼出，会使达到呼吸道的疫苗量减少。现在多采用滴鼻、点眼并用。即在滴鼻的同时点眼。采用这两种方法，疫苗均是通过刺激黏膜，使机体产生局部或全身免疫。利用点眼或滴鼻法接种时应注意：

①点眼滴鼻法接种时均是使用弱毒苗，如果有母源抗体存在，会影响病毒的定居和刺激机体产生抗体，此时可考虑适当增大疫苗接种量。

②滴鼻时，可用固定雏鸡的手的食指堵着非滴鼻侧的鼻孔，以加速疫苗的吸入。

③滴眼时，要等待疫苗扩散后才能放开雏鸡。

④严格掌握稀释疫苗的稀释液量，一般100个剂量单位需要25～65 mL蒸馏水或生理盐水。也可根据滴注器的口径和需要滴注的量来确定(每只雏鸡1～2滴)。

总的来看，个体免疫每只鸡使用疫苗的剂量基本一致，效果确实，但捕捉鸡只会引起机体应激，并需要很多的劳力和时间。

☞ 134. 肉鸡群体免疫常用哪几种方法？

群体免疫法是将疫苗通过饮水、喷雾、拌料等途径对肉鸡进行免疫接种。常用的主要是饮水免疫和喷雾免疫两种方法。

(1)饮水免疫法　弱毒疫苗混入饮水中进行免疫接种，已经证明对多种传染病和寄生虫病具有良好的免疫效果。这种方法应用方便，安全性好，近年来已被广泛推广应用。饮水免疫不但在鸡的呼吸道，而且在鸡的盲肠扁桃体、肠淋巴结、脾脏和全身都能刺激诱导产生免疫应答。其缺点是免疫后抗体水平低，易受多种因素影响。

目前应用较多的饮水免疫的疫苗主要有：鸡新城疫Ⅱ、Ⅲ、Ⅳ系弱毒苗、传染性支气管炎 H_{52} 和 H_{120} 弱毒疫苗、传染性法氏囊炎中等毒力和弱毒疫苗、禽脑脊炎疫苗、传染性肿头综合征疫苗等。

在饮水免疫时应注意以下事项：

①饮水免疫前后 24 h 不得饮用任何消毒药物。

②根据气温、饲料等不同，免疫前停水 4～6 h，夏季最好夜间停水，清晨饮水免疫。有建议用传染性法氏囊疫苗时，不可停水。

③稀释疫苗用的饮水最好为天然水或蒸馏水，金属和酸根离子较少，中性或微酸性。

自来水中含有多量的氯，会灭活疫苗中的病毒而影响免疫效果。若必须用自来水，可用以下方法处理：第一，煮沸放出氯气凉后再用；第二，按每升自来水 0.1～1 g 的比例，加入硫代硫酸钠(10～100 mg/L)，以中和氯离子；第三，加入 0.1%～0.5%的脱脂奶粉或 2%的鲜奶。

④饮水器必须配备充足，保证每只家禽都能够在短时间内饮到足够的疫苗水溶液。

⑤疫苗的用水量可参见表 7-3，在夏季或免疫前停水时间较长，可适当增加饮水量。

表 7-3　饮水免疫每只雏鸡的加水量

日龄(天)	加水量(mL)	日龄(天)	加水量(mL)
<5	3～5	30～60	15～20
5～14	6～10	>60	20～40
14～30	8～12		

⑥增加疫苗用量，一般应为注射剂量的 2～3 倍。

⑦含苗饮水应避免日光直射，并要求在疫苗稀释后 2～3 h 饮完。

⑧注意观察饮水是否均匀，若发现饮水不均或太少，应于第二天重复接种1次。

⑨使用的饮水器具应当很干净，彻底洗净残留的肥皂、消毒剂等。

保证饮水量和饮水器的基础上，最大限度地装满饮水器，可以增加疫苗溶液浸润雏鸡鼻腔、甚至眼睛的机会。

(2)*气雾免疫*　气雾免疫简便而有效，对鸡呼吸道病的免疫效果很理想。气雾免疫有粗滴（气雾）和细滴（气溶胶）喷雾两种方式，两者的主要区别是雾粒的大小。

粗滴气雾免疫：雾粒直径为10～100 μm，最好60 μm左右。这一方法产生的雾粒粗，一般停留在雏鸡的眼和鼻腔内，很少激发慢性呼吸道病，适于日龄很小的雏鸡在出雏器、运输箱或刚入鸡舍时免疫。

细滴气雾免疫：雾粒细小呈轻雾状，肉眼看不见雾滴，雾粒直径为5～22 μm。细滴喷雾，雾粒可同时刺激上呼吸道和深入肺的深部，产生局部免疫力。但这种方法对鸡的刺激较大，易诱发呼吸道感染。

①选择合适的喷雾器械并试用，以检查其喷雾性能。

②配苗，雏鸡喷雾，每1 000羽份所需的水量为200～300 mL，平养3～5周的肉鸡1 000羽份需水量为500 mL左右，也可视喷雾次数和免疫时间长短凭经验调整。

③采取适当的措施，使待免疫的肉鸡相对集中，以提高免疫效果，主要措施有：

A. 小日龄雏鸡粗滴喷雾时，可打开出雏器或运雏箱，使其排列整齐。

B. 平养时，可把肉鸡集中在鸡舍一角；或把鸡舍分成两半，中间设一栅栏并留门，从一边向另一边驱赶肉鸡，当肉鸡分批通过栅栏门时喷雾；接种人员还可在鸡群中间来回走动喷雾疫苗，至少来回两次。

C. 笼养肉鸡，直接在笼内一层层地循序进行喷雾。

④喷雾时，操作者可距鸡只 2～3 m，喷头跟鸡保持 1 m 左右的距离，呈 45°角，使雾粒刚好落在肉鸡的头部。

⑤疫苗剂量应增加 1/3 或 1 倍；稀释液应使用去离子水或蒸馏水，最好加入 5%甘油或 0.1%脱脂奶粉。

⑥喷雾应当在没有“穿堂风”的地方进行；应关掉通风设备，喷药之后再打开，以防药雾被吹散或雏鸡感冒。

⑦降低鸡舍的亮度使鸡群保持安静，最好在夜间进行喷雾接种。

⑧喷雾时，可连续多次来回进行，将药液喷匀，至雏鸡身体稍微喷湿即可。切记，喷雾接种后，雏鸡羽毛干燥的时间长短会影响免疫效果，干燥快(少于 5 min)免疫效果差，干燥较慢(15 min 左右)可保证良好的免疫效果。但长时间不干燥，雏鸡易感冒。

⑨喷雾免疫时，须将鸡舍关闭，全舍喷完后再封闭 15～20 min，方可打开门窗通风。

气雾免疫的最大不足是易激发呼吸道感染，尤其是慢性呼吸道病。研究表明，这种应激作用的大小与雾粒大小成反比，所以有慢性呼吸道病存在的鸡群以及雏鸡一般不宜应用这种方法免疫。在气雾免疫前后在饲料或饮水中加入链霉素等抗霉形体药物，有助于减少慢性呼吸道病的发生

群体免疫法，适于大型肉鸡场使用，省力省时。但容易漏免，鸡群的抗体水平也参差不齐。

☞ 135. 使用疫苗时应注意什么问题？

疫(菌)苗是一类特殊的生物制品，使用时必须严格按有关规定进行，疫苗在使用中应注意如下问题：

①了解本地、本鸡场各种疫病发生和流行情况，依据疫病种类

和流行特点(如流行季节)做好各种准备,把免疫接种工作做到疫病来临之前。

②选用质量可靠的疫苗,一般不宜使用没有批号的不正规厂家生产的疫苗,也不要盲目相信进口疫苗,因为这些疫苗中可能污染有其他当地没有的病原体。

③注意鸡群状况,如健康状态、年龄大小、饲养条件、寄生虫感染等,如果使用疫苗前已经有疫情发生,应根据本鸡场的实际情况,采取紧急预防措施。

④疫苗用前要仔细检查。主要检查疫苗应采用的保存方法,有无破损,有效期并注意制品的色泽、气味或物理性状有无异常。没有瓶签或瓶签模糊不清和过期失效的疫苗,瓶塞不紧或疫苗瓶有裂纹及疫苗变化(如色泽发黑、制剂发霉)、疫苗瓶失空等,说明疫苗质量已没有保证,不得使用。

⑤选用合适的疫苗接种方法。选择何种接种方法,直接影响着免疫预防接种的效果。行之有效的措施是详细阅读疫苗的使用说明书,选用规定的稀释液,选择最佳接种方法,严格仔细的进行操作。

⑥饮水、气雾法接种疫苗的前 2 天和后 3 天不得饮用消毒药(如高锰酸钾或抗毒威等),也不得进行带鸡消毒和使用抗病毒药,使用弱毒菌苗的前后各 1 周内不得使用抗生素。

⑦免疫接种的注射器、针头和镊子等用具,应严格消毒。针头要经常更换,可以将换下的针头,浸入酒精,新洁尔灭或其他消毒液中,浸泡 20 min 后,用灭菌蒸馏水冲洗后重新使用。接种过程也应注意消毒,接种后的用具、空疫苗瓶也应进行消毒处理。

⑧做好接种记录。接种记录主要包括疫苗的种类、批号、生产日期、厂家、剂量、稀释液,接种方法和途径、肉鸡数量、接种时间、参加人员、接种反应等,并对接种的检测效果进行记录。

☞ 136. 哪些原因能导致免疫失败?

(1)个体因素　某些鸡种本身的遗传性对某些抗原的免疫应答差,以及因营养状况不良如微量元素、维生素A、维生素E、氨基酸缺乏,使机体的免疫功能下降。

(2)环境因素　环境因素包括温度、湿度、通风状况,环境卫生及消毒等。如果环境过冷、过热、湿度过大、通风不良都会使肉鸡出现不同程度的应激反应,导致机体对抗原的免疫应答能力下降,接种疫苗后不能收到相应的免疫效果。

(3)母源抗体水平　母源抗体来源于产蛋种鸡在患某种疾病痊愈后,或使用疫苗免疫后,体内产生的针对该种疾病的抗体。母源抗体的被动免疫对保护新生雏鸡十分重要。然而其对雏鸡的主动免疫(疫苗接种)却有不利的影响。当雏鸡体内有较高水平的母源抗体时,可以中和弱毒苗,使其不能发挥疫苗应有的免疫功能,因此,在进行某种疫苗的接种前,应先测定雏鸡的母源抗体水平,以确定合适的免疫接种时间。

(4)疾病的影响　当鸡体患有免疫抑制疾病时,会严重影响疫苗的免疫效果。如当鸡感染马立克氏病毒(MDV)、传染性法氏囊病病毒(IBDV)、鸡传染性贫血因子(CAA)等,都会影响其他疫苗的免疫效果。

(5)病原微生物间的干扰　同时免疫两种或多种弱毒苗往往会产生干扰现象,例如:传染性支气管炎疫苗对新城疫疫苗的免疫有干扰作用,因此多价苗及多联苗的使用并非好事。

(6)疫苗质量的优劣　疫苗的质量是免疫成败的关键因素。包括疫苗制作时种毒是否安全有效,是否排除了外源病原的污染,活苗储存是否得当,使用时苗毒的滴度及活力是否达到要求等。总之,理想的鸡用疫苗应该有保护力、安全、无致病性,并能产生一种快速、适当、长时间的免疫应答及相当长的保存期。

(7)接种操作的影响　操作人员带毒,接种途径及免疫程序不当，使用非法苗、活菌苗与抗生素并用；用化学消毒剂消毒注射器；接种前皮肤涂擦酒精过多，使弱毒（菌）苗灭活等，都可导致免疫失败。

☞ 137. 鸡新城疫是怎样发生和流行的？

鸡新城疫是由新城疫病毒引起的一种急性、高度接触性及败血性传染病，又叫亚洲鸡瘟或伪鸡瘟，俗称鸡瘟。本病广泛分布于世界各地，发病率和死亡率都很高，具有毁灭性，是危害养鸡业最严重的疫病之一。主要特征是呼吸困难，下痢，神经紊乱，黏膜和浆膜出血、坏死。

新城疫病毒属副黏病毒，在外界环境中其毒力容易发生变异。新城疫病毒只有一个血清型，其抗原性一致，但不同毒株的致病力差异很大，如某些毒株 4～5 天才能致死鸡胚，有些毒株可能在感染后 48 h 就能杀死成年鸡。

鸡、火鸡、珍珠鸡、鸽、野鸡及鹌鹑对本病均有易感性，但鸡的易感性最高，水禽类对此病有抵抗力。各种年龄的鸡都可感染本病，但以幼雏和中雏感受性较高，2 年以上的老鸡易感性低。近年来出现的非典型新城疫多发于 30～40 日龄的雏鸡和产蛋中后期的成年鸡。

传染源主要是病鸡和带毒鸡，病鸡一般在症状出现前 24 h，其所有分泌物和排泄物中就开始带毒，在症状消失后 5～7 天才停止排毒。

本病的传染途径主要是呼吸道和消化道，鸡蛋也可带毒传播本病。创伤及交配也可引起传染，非易感的野禽、外寄生虫和人等均可机械地传播病原。

☞ 138. 鸡新城疫有哪些临床症状和病理变化？

近年来，本病在发病特点上发生了新的变化，即在接受过新城疫免疫的鸡群中，仍有新城疫发生，而其症状和病理变化，与古典型鸡新城疫又不太一样，发病率和死亡率也较低。因此，有人把此种新城疫称为非典型新城疫（又称慢性新城疫），把古典新城疫称为典型鸡新城疫。

(1)临床症状

①典型新城疫。潜伏期3～5天，多呈急性经过，体温升高，精神沉郁，离群呆立，羽毛松乱，缩颈闭眼，两翅下垂；渴欲增加，减食或不食；鸡冠、肉髯呈紫红色或紫黑色；咳嗽，流涕，呼吸困难，伸颈张嘴呼吸，甩头，发出"咕咕"声或"咯咯"声；嗉囊内有气体和积液，倒提鸡时从口内流出大量淡黄色酸臭黏性液体，常排出黄绿色或黄白色稀粪；产蛋鸡产蛋量减少或停产，软蛋增多。病程较长的出现神经症状，如翅、腿麻痹，站立不稳，将头和颈歪向一侧而嘴向上呈"望星空"姿势，共济失调，作圆圈运动，严重者呈瘫痪状态。病程2周左右，其发病率和死亡率为90％～100％。

②非典型鸡新城疫。当新城疫强毒进入免疫力较低但仍有一定基础免疫力的鸡群时，常引起鸡的非典型新城疫。雏鸡和育成鸡最早出现和最常见的症状是呼吸道症状，病鸡张口伸颈、气喘、呼吸困难，有"呼噜"声；咳嗽，口中有多量黏液，有摇头和吞咽动作，排黄绿色稀粪。随着病情的发展，病鸡出现神经症状，表现歪头、扭颈呈"望星空"状，共济失调，翅下垂或腿麻痹，安静时恢复常态，但稍遇刺激又反复发作，呈零星死亡。

患病的产蛋鸡出现产蛋率急剧下降，产软壳蛋、砂壳蛋明显增多，褐壳蛋退色，蛋变小等症状；排绿色稀粪，同时伴有呼吸道症状，死亡率低。

(2)病理变化　本病突出的病理变化为败血症变化，尤其是消化道和呼吸道黏膜与浆膜出血最明显。

①典型新城疫。病鸡喉头和气管黏膜充血、出血，黏液增多。腺胃黏膜水肿，黏膜乳头及其周围有点状出血，特别是腺胃与肌胃

或食道与腺胃交界处更明显;肌胃角质层下常有点状或斑状出血;肠黏膜发生出血性卡他性炎,十二指肠后段、空肠和回肠黏膜上有暗红色或紫红色、突起于黏膜面、大小不等的出血和坏死灶,其表面有纤维素假膜覆盖,此种变化严重时,不剖开肠管在外膜面也能看到,尤其十二指肠肠末端和回肠后段更明显;盲肠起始部扁桃体肿大、出血、坏死,呈枣核状;直肠和泄殖腔黏膜充血、出血、肿胀,黏膜广泛潮红,有时还有绿豆大灰白色坏死病灶,并发生水肿;产蛋鸡卵泡松软,包膜充血,卵泡破裂,卵黄流入腹腔。中枢神经呈非化脓性脑炎,其他器官除充血、出血外不见特殊变化。

②非典型鸡新城疫。不具有典型新城疫的特征性病变,主要变化为:喉头和气管黏膜充血、出血,黏液增多;盲肠扁桃体肿胀,出血呈枣核状;直肠和泄殖腔黏膜充血、出血。个别病鸡腺胃有少量出血点,硬脑膜下有出血点;产蛋鸡常伴有卵黄性腹膜炎。

☞ 139. 鸡新城疫在防制上有哪四条重要措施?

目前对鸡新城疫尚无特效的治疗方法,主要是贯彻预防为主,执行综合防制措施。

(1)加强卫生管理　卫生管理以控制病原侵入鸡群为目的。防止从外购入病鸡及带毒鸡;防止一切带毒动物和可能污染的物品进入鸡群;禁止非生产人员进入鸡舍,生产人员、车辆、用具等都要进行严格消毒;重视鸡舍及环境的清洁卫生,并定期进行消毒。

(2)做好疫苗预防接种工作　目的是增强鸡群的特异性抵抗力。

①疫苗种类。我国目前使用的新城疫疫苗有四种,即Ⅰ系、Ⅱ系、Ⅲ系、Ⅳ系(Lasota 系和克隆-30 苗)。Ⅰ系苗为中等毒力的活苗,适用于经过两次弱毒苗免疫后的鸡或 2 月龄以上的鸡,多采用肌肉注射和刺种的方法接种。Ⅰ系苗的优点是产生免疫力快(3~4 天),免疫期长(1 年以上)。Ⅱ系、Ⅲ系、Ⅳ系属于弱毒力的活苗,

大小鸡均可接种，都采用滴鼻、点眼、饮水及气雾等方法接种。

近年来，我国生产并使用的新城疫油佐剂灭活苗，是用Ⅳ系苗灭活制成的死苗，优点是安全、不散毒、容易保存、免疫期长，均一性好，目前使用的有单联、二联或三联苗，多采用肌肉或皮下注射，用于雏鸡和成年鸡免疫。

另外我国目前已研制或使用的克隆苗有：由Ⅰ系苗克隆重化的克隆-83 疫苗，毒力较Ⅳ系强些，免疫效果也较Ⅳ系好些（抗体效价高 1～2 个滴度）；由Ⅳ系苗克隆重化的克隆 N-79、克隆-30、克隆-85、克隆 86-10 等。

②免疫监测。在有条件的鸡场，最好能建立免疫监测手段，根据抗体效价确定首免和再次免疫时间，为此要定期对免疫鸡群抽样采血做血凝抑制试验，如果抗体效价高于 5Log2 时，进行首免几乎不产生免疫应答，故应以抗体效价 3～4Log2 作为免疫接种的界线。总之，通过免疫监测可以了解疫苗免疫接种的效果，也可以作为制定免疫程序的根据。

③免疫程序。对鸡新城疫的免疫，肉种鸡场建议使用以下免疫程序：

程序一：7～10 日龄弱毒疫苗（Ⅱ系、Ⅲ系或克隆-30）滴鼻点眼首免，25～30 日龄饮水二免，60～70 日龄Ⅰ系苗肌肉注射（0.5 mL）。

程序二：7～10 日龄弱毒苗滴鼻点眼首免，25～30 日龄饮水二免，60～70 日龄油乳剂灭活苗和Ⅰ系苗注射，120～140 日龄油乳剂灭活苗和Ⅰ系苗注射。

程序三：7～10 日龄弱毒苗滴鼻点眼首免，25～30 日龄弱毒苗饮水免疫和油乳剂灭活苗注射，60～70 日龄Ⅰ系苗肌肉注射，120～140 日龄油乳剂灭活苗和Ⅰ系苗注射。

商品肉鸡建议使用以下免疫程序：

程序一：7～10 日龄弱毒苗滴鼻点眼首免，25～30 日龄饮水二免。

程序二:7～10 日龄弱毒苗滴鼻点眼和灭活苗注射。

(3)发生新城疫时的紧急措施　当鸡群发生新城疫时应马上采取紧急措施,防止疫情扩散,病鸡必须隔离、淘汰,死鸡烧毁或深埋,全场消毒;对鸡群中没有症状的鸡,进行紧急免疫接种,可以应用Ⅰ系新城疫疫苗注射或加倍量的Ⅳ系苗免疫,同时也可使用抗菌药如青霉素、链霉素或环丙沙星等防止细菌继发感染;增加饲料或饮水中维生素 C 的含量,提高鸡的抗应激能力。

(4)发生新城疫时的治疗措施　病初用新城疫高免血清或卵黄液肌肉注射,有一定疗效。还可考虑用以下方法治疗,也能减少死亡。

①白酒(62°)50 mL,麦粒 500 g,用容器密闭浸泡,每天给病鸡填服 3 次,每次 10～20 粒/只。

②复方大青叶注射液,庆大霉素注射液,两者等量混合内服,轻症每只 1.5～2 mL,重症每只 3 mL,每天 2 次,1～2 天即可痊愈。

③鲜豆腐 30 g,硫磺粉 3 g,混合拌料喂服,每天 1 次,连用3～4 天(5～10 只鸡的用量)。

④禽瘟散。穿心莲 1 份,甘草 3 份,神曲 5 份,白矾 3 份,共研细末,混合均匀装瓶备用。用法:第一天每只用 2 g,分 2 次用;第二天用 1 g;第三天用 1 g。可将粉末加入水中,任其自饮。第四天用 0.5 g 拌料喂服。

⑤巴豆、米壳、皂角各 50 g,雄黄 20 g,香附、鸦胆子各 100 g,鸡矢藤 25 g,韭菜(鲜)、钩吻(鲜)各 250 g,了哥王 1 000 g,狼毒 100 g,血见愁(鲜)500 g。上述药共为末,每只每次 1 g,以少许红糖和白酒为引,加水调和灌服,每天 3 次。据报道有良好疗效。

☞ 140. 禽流感是怎样发生和流行的?

禽流感是由A型禽流感病毒引起的多种家禽及野鸟的出血性、败血性传染病,又名欧洲鸡瘟、真性鸡瘟。

禽流感病毒属正黏病毒科的A型禽流感病毒。病毒的核蛋白、血凝素及神经氨酸酶均有抗原性,前两者具有型的特性,后两者是病毒的表面抗原,具有亚型的特性,很不稳定,不断发生变异,在自然界中它们组合成众多的亚型毒株,这就使A型流感病毒变异频率很高。

自然条件下,鸡和火鸡对禽流感的易感性最高(死亡率最高);其次是珍珠鸡、雉鸡、孔雀和鸽,可致大批死亡,鹌鹑、贵妃鸡也可感染;鹅可隐性感染,有时也发病死亡;鸭和其他水禽是天然的保毒宿主,仅呼吸道和消化道带毒,却检不出抗体,是最危险的储毒和散毒动物,也偶有发病(但基本不死亡)。

不同品种的鸡对禽流感病毒的易感性不相同。肉鸡比蛋鸡敏感。AA肉鸡和艾维茵肉鸡特别易感。

病禽和带毒禽类都是传染源。感染禽从呼吸道、眼分泌物和粪便中排出毒素。自然界中各种野鸟是病毒的主要携带者。人和昆虫在本病流行中也起重要作用。一般认为本病不垂直传播。

经口和呼吸道是主要的传播途径。病毒通过被污染的饲料、饮水经消化道或通过污染的空气经呼吸道进入易感鸡体内而引起感染。

禽流感的发病率和死亡率受多种因素的影响,既与禽种类及易感性有关,又与毒株的毒力有关,还与禽的年龄、性别、环境因素、饲养状况及疾病并发情况有关。根据禽流感的临诊表现和病理变化,一般将禽流感分为两个类型:即典型禽流感(又分为急性败血型和急性呼吸道型):由高致病力的毒株(如H_5、H_7)引起,死亡率高,一般为60%~100%;非典型禽流感:由非高致病力毒株(如H_9)引起,或有一定免疫力的家禽感染高致病力毒株引起,呈零星死亡,死亡率一般不超过20%。

☞ 141. 禽流感有哪些临床症状和病理变化?

(1)临床症状

①急性败血型禽流感。最急性(流行初期)病,常不出现先兆症状就突然死亡。急性病例的潜伏期一般为4～5天。病鸡体温急剧升高(43℃以上)、精神沉郁、食欲废绝、羽毛松乱、垂头蜷缩、呈昏睡状态,冠和肉髯呈紫红色、肿胀,头部和眼睑水肿,结膜发炎,因两眼突出,肉垂张开,正面看去呈金鱼头状,呼吸困难,从鼻孔中排出黏性鼻液,严重时可因窒息而死亡。有些病例可见神经症状及下痢;蛋鸡可见产蛋量明显下降,甚至停产。病程经过较短,在发病后数小时至2天左右死亡。死亡率很高,可达60%～100%。

②急性呼吸道型禽流感。病鸡除精神及食欲较差、消瘦等一般症状外,主要是由于急性呼吸系统感染而出现明显的呼吸道症状,可见咳嗽、打喷嚏、罗音、流泪、副鼻窦肿大、羽毛松乱,产蛋率、孵化率降低,母鸡的孵雏欲增强为其重要特征。病初体温为42℃以上,上述症状可单独出现,也可同时出现。发病率高,死亡率也较高。

③非典型禽流感。一般表现为流泪、咳嗽、喘气、下痢,产蛋率大幅度下降是主要特征,产蛋率下降幅度为50%～80%,畸形蛋、软壳蛋增多,零星死亡。

(2)病理变化

①急性败血型禽流感引起的病死鸡都表现不同程度的充血、出血、渗出和坏死性变化。充血、出血和坏死变化可能最先发生在皮肤、冠和肉髯,随着疾病的发展,其他器官也可能发生这些病变。常见病鸡的冠和肉髯肿大,可达正常的3倍以上,冠内蓄积黄色干酪样坏死物质;腿部皮肤鳞片发生具有特征性的出血;胸部皮下水肿呈胶冻样;口腔黏膜、腺胃黏膜及肌胃角质层下出血、呈卡他性

出血性炎症；肝、脾、肺、心包膜、气囊、盲肠、扁桃体等有数量不等的出血点或出血斑，有些病鸡的肝、脾、肾及肺有灰黄色的坏死小点；心室扩张、心肌弛缓，有可见的纤维素性心包炎，气囊、腹膜和输卵管表现出纤维性渗出物，有些还出现化脓性脑炎。

②急性呼吸道型禽流感引起的病死鸡表现为喉头气管出血（酷似传喉）、鼻窦积聚分泌物、眼结膜水肿出血。有时也见类似急性败血型禽流感的病变。

③非典型禽流感主要病变是结膜炎、鼻窦炎、气管黏膜和气囊增厚水肿，并有浆液性到干酪性渗出物；可能有卡他性、纤维素性或卵黄性腹膜炎；也可能看到卡他性、纤维素性肠炎；卵巢退化、出血和卵泡破裂，输卵管发炎，管腔内有渗出物。

☞ 142. 怎样防治禽流感？

禽流感是世界性分布的疫病，对该病的防制各个国家都很重视，我国应该从多方面采取严加防范的措施，否则，一旦高致病性流感暴发，造成的经济损失将是无法估计，对养禽业可造成毁灭性的打击。

①防止禽流感从国外传入我国。预防和控制禽流感，一定要严防高致病性禽流感病毒从国外传入。海关应对进口的禽类，包括家禽、野禽、观赏鸟类及其产品进行严格检疫，把好国门关。

②我国一旦发生可疑禽流感时，要组织专家及早确诊，鉴定所分离的禽流感病毒的血清亚型、毒力和致病性。划分疫区，严格封锁，扑杀所有感染高致病性禽流感病毒的禽类，并进行彻底的消毒，按照我国动物防疫法和农业部的要求，严格执行防疫措施。

③各地在引进禽类及其产品时一定要从无禽流感的养禽场或地区引进。

④对查出血清学阳性的养禽场，一定要采取可行的措施，加强监测，密切注视流行动向，防止疫源扩散。

⑤没有本病发生的地区和养禽场，应加强饲养管理，减少应激因素，定期检测禽群，防止禽流感的传入和发生。

应尽量减少和避免野禽与家禽、饲料和水源的接触，防止野禽进入禽场、禽舍和饲料储存车间。注意保持水源卫生。

⑥目前对禽流感尚无特异的治疗方法。流行过程中也不主张治疗，特别是对高致病性禽流感应采取根除措施，以免使疫情扩散。盐酸金刚烷有一定疗效，但并不确定。华南农业大学生产的"禽泰克"，是通过国家鉴定的预防和治疗禽流感的药物，通过实践应用，证明有良好效果。应用抗生素主要是防止或减轻继发感染和细菌病并发症。其他多种方法也属于对症疗法的作用，不宜过分夸大其疗效，以免误导。

⑦免疫接种。禽流感病毒感染，能使机体产生坚强的免疫力。康复鸡都有坚强的免疫力。总的说来，疫苗(包括弱毒疫苗和灭活疫苗)的应用并不广泛，暴发高致病性禽流感时，禁止免疫注射。正如大家所知，禽流感病毒的血清亚型较多，缺乏明显的交叉保护作用，而且毒株的变异性很大，免疫注射后会干扰、影响检疫和扑灭工作，也可能诱发病毒的变异。

鉴于国内禽流感分离株多为中等和低毒力的特点，为控制其发生和流行，现已允许生产灭活疫苗以供使用。据报道，世界各国暴发的高致病力的禽流感均是由 H_5 和 H_7 亚型病毒引起的，我国 H_9 亚型也较广泛存在，现已选用 H_5、H_7 和 H_9 亚型禽流感毒株生产灭活疫苗，以供试用。众多的血清亚型之间缺乏明显的交叉保护，给免疫预防带来很大的困难。制作疫苗毒株的亚型一定要与发病地区(场)的流感毒株血清型一致，才能收到好的预防效果。

☞ 143. 鸡传染性支气管炎有哪些临床症状和病理变化？

鸡传染性支气管炎是由冠状病毒引起的鸡急性、高度接触性呼吸道传染病。其特征是发病和传播迅速，病鸡咳嗽、喷嚏、气管罗音，雏鸡流涕，成年鸡产蛋减少、产劣质蛋。肾型传支，有肾肿大和尿酸盐沉积。

本病具有高度传染性，感染鸡生长受阻、耗料增加、产卵下降、死淘率增加，给养鸡业造成巨大经济损失。

(1)病原　传染性支气管炎病毒属于冠状病毒科冠状病毒属。具有多形性，多数呈圆形，有囊膜 RNA，核蛋白呈螺旋对称。对乙醚敏感，56℃经 15 min 被灭活，常用消毒药如 0.1%福尔马林等都能在短时间内将其杀死。

(2)流行特点　本病仅发生于鸡，但小雉(野鸡)可感染发病。各种年龄的鸡均可感染，以 1～4 周龄的雏鸡最易感，且发病后死亡率也高。

本病主要经呼吸道传染，病鸡从呼吸道排出病毒，通过飞沫传给易感鸡。也可通过被污染的饲料、饮水及饲养管理用具经消化道传染。病鸡与健康鸡同舍饲养，传播迅速，短时间内即可波及整个鸡群，感染鸡可在 48 h 内出现症状。康复鸡所下的蛋、气管与泄殖腔的分泌物均可带毒，一般带毒不超过 35 天。

鸡群拥挤、过热、过冷、通风不良、缺乏维生素和矿物质，以及饲料供应不足等，均可促进本病发生。本病一年四季均可发生，但以秋冬季多发。

(3)临床症状　本病的潜伏期为 36 h 或更长，人工感染为 18～36 h。病鸡看不到先兆症状，突然出现呼吸症状，并迅速波及全群。

①支气管炎型。4 周龄以下鸡常表现伸颈、张嘴呼吸、打喷嚏、咳嗽、气管罗音；病鸡全身衰弱、精神不振、减食、羽毛松乱、昏睡、翅下垂并常挤在一起，借以保暖；个别鸡眶下窦肿胀、流黏性鼻液、眼泪多，逐渐消瘦。饲料消耗量和增重显著下降。

5～6 周龄的幼鸡症状较轻，主要症状是气管罗音、气喘和微咳，通常无鼻涕。夜间症状明显，易发现。同时伴有减食、精神沉郁、排黄白色或绿色稀粪,通常不死亡。

成年蛋鸡除有不太明显的上述呼吸道症状外,可见产蛋率降低(可下降25%~50%),产软壳蛋、砂皮蛋、畸形蛋,棕色蛋壳的颜色变浅,蛋内容物品质改变,蛋清稀薄如水,蛋黄与蛋清分离,蛋清黏着于蛋壳膜上。鸡群的产蛋率很难恢复到发病前的状态,而且在产蛋恢复期,大多产畸形蛋,如有的无卵黄,卵白混浊含水多。病程一般为1~2周,有的可拖延至3周,恢复产蛋需要4~5周。

②肾型传染性支气管炎。感染肾毒株的雏鸡呼吸道症状轻微,病鸡精神沉郁,羽毛松乱,持续排白色或水样稀粪,迅速消瘦,饮水量增加(通常增加1倍以上),雏鸡死亡率为10%~30%。

(4)病理变化

①支气管炎型。主要病变是气管、支气管、鼻腔和窦黏膜充血、水肿,腔内有浆液性、黏液性或干酪样渗出物,尤其气管下1/3段黏膜病变明显,管腔内有黏稠透明的液体,有时在气管与支气管交接处有淡黄色干酪样物阻塞;肺瘀血、气囊混浊,有时气囊内含淡黄色干酪样物质;产蛋鸡腹腔内可见液状卵黄物质,卵泡充血、出血、变形、破裂,引起卵黄性腹膜炎。输卵管的长度和重量明显减少,局部内膜增厚,管腔变窄。雏鸡常发生输卵管发育不全,表现输卵管短,管腔狭小、闭塞、部分缺损,有的形成囊肿。部分鸡输卵管中1/3处局限性增生和囊肿。到性成熟时输卵管的长度和重量尚不及正常的1/2,致使性成熟期不能正常产蛋。

②肾型传染性支气管炎。主要特征为肾脏肿大,色泽苍白,肾小管内充满尿酸盐结晶,使肾脏呈"花斑肾"外观。输尿管扩张,内有多量白色尿酸盐沉积。肠黏膜呈卡他性肠炎变化,全身皮肤和肌肉发绀。

☞ 144. 怎样防治鸡传染性支气管炎?

(1)加强饲养管理和卫生消毒　鸡舍要注意通风换气、防止密度过大，同时应注意保暖，减少应激因素，供给富含维生素和矿物质的优质饲料，做好一般性防疫消毒工作。

(2)免疫接种　由于本病毒的血清型很多，且各血清型间没有或仅有部分交互免疫作用，因此，选择有效的疫苗、实施合理的免疫程序是预防本病的关键。

①疫苗种类。目前使用的传染性支气管炎疫苗有弱毒活苗和灭活苗两类。

弱毒活苗有 M41 型的弱毒苗，如 H_{120} 和 H_{52}，肾型传支弱毒苗 Ma-5。其中 H_{120} 较弱，对雏鸡安全；H_{52} 毒力较强，适用于 20 日龄以上鸡。

灭活苗有油乳剂灭活苗和组织灭活苗。有单价、多价苗，也有与新城疫、减蛋综合征或法氏囊结合的二联、三联苗。

②免疫程序。一般 5～7 日龄首免，用 H_{120}；25～30 日龄二免，用 H_{52}；种鸡于 120～140 日龄用油苗作三免。肾型传支，1 日龄及 15 日龄用 Ma-5 各免 1 次，或用灭活苗（最好用当地分离株）于 10 日龄、21 日龄各免 1 次。

(3)发病鸡群处理办法　必须将病鸡群严密隔离，注意保暖、通风换气和进行鸡舍带鸡消毒，增加多种维生素饲用量。为了补充钠、钾损失和消除肾脏炎症，可以给予复方口服补液盐或肾肿解毒药，同时使用对症治疗药，以减轻呼吸道症状，使用抗菌类药如环丙沙星、恩诺沙星、红霉素等防止细菌性疾病，尤其是大肠杆菌病或慢性呼吸道病的继发感染。采用中药方剂治疗有一定疗效。

①百部、双花、连翘、板蓝根、知母、山栀子、黄芩、杏仁、甘草各等份组方，共为细末，1%拌料喂服，连用 3 天。

②麻黄、大青叶各 300 g，石膏 250 克，制半夏、连翘、黄连、金银花各 200 g，蒲公英、黄芩、杏仁、麦冬、桑白皮各 150 g，菊花、桔梗各 100 g，甘草 50 g 组方，水煎取汁，供 5 000 只雏鸡 1 天之用，连用 3～5 天。

③柴胡、荆芥、半夏、茯苓、甘草、贝母、桔梗、杏仁、玄参、赤芍、厚朴、陈皮各 30 g,细辛 6 g 组方,共为细末。水煎取汁,汁液加水饮服,药渣拌料喂服。剂量按每天每千克体重 1 g,连用 3 天。减荆芥、柴胡,加夏枯草、贯众、金银花、连翘、黄芩、白花蛇舌草各 30 g,疗效更佳。

④双花、车前子、白茅根、秦艽、款冬花、桔梗各 100 g,连翘、板蓝根各 150 g,甘草 50 g。主治肾型传支,500 只鸡每天 1 剂,水煎饮服,连用 3 剂。

☞ 145. 鸡传染性喉气管炎有哪些临床症状和病理变化?

鸡传染性喉气管炎是由 A 型疱疹病毒引起的一种急性接触性呼吸道传染病,以呼吸困难、咳嗽、咳出血样渗出物为特征。病毒主要侵害喉头、气管、支气管、鼻腔和结膜部位,使受侵害的气管黏膜细胞肿胀,导致糜烂和出血。

(1)病原　传染性喉气管炎病毒属于疱疹病毒科;α-疱疹病毒亚科,具有疱疹病毒群的所有特征。该病毒对脂溶剂、热及各种消毒剂均敏感,55℃ 10～15 min 失活,37℃存活 44 h,煮沸立即死亡。

(2)流行特点　在自然条件下,本病主要侵害鸡,各种年龄及品种的鸡均可感染,但以成年鸡症状最为特征。本病一年四季均可发生,以秋冬干燥、寒冷季节最为严重。病鸡、康复鸡或接种过某些弱毒疫苗的鸡,往往变成带毒者而长期向环境中排毒,易感鸡因接触同群病鸡排出的病毒所污染的饲料、饮水和空气而被感染,鸡场一旦发生本病,往往难以清除。

(3)临床症状　因各种毒株的毒力不同,所引起的临床症状也不尽相同,常见的有喉气管型和结膜型两种。

①喉气管型(急性流行型)。主要发生于成年鸡。鸡群发病迅速,呼吸困难最明显。鸡群的典型病史是:在多数鸡只出现呼吸道

症状之前,有少数鸡出现流泪症状,并有1～2只鸡突然死亡;最突出的表现是病鸡呼吸困难、喷嚏、蹲伏于地张嘴伸颈吸气,并发出"咯喽咯喽"音,咳嗽、甩头,甩出带血液的黏液,常悬挂于鸡笼上。病重者咳嗽频繁,如气管中多量黏液或血凝块,则会突然窒息死亡;病鸡鸡冠和头部呈紫红或紫黑色;产蛋鸡感染后产蛋率下降,出现软壳蛋、退色及粗壳蛋,老龄鸡的产蛋受影响更大,要1个月左右才能恢复。病程约2周,死亡率为14%～70%。

②结膜型(温和型)。本型主要发生于30～40日龄的雏鸡,特征为结膜炎,病初见眼内有泡沫状分泌物聚集、流泪、眼痒,小鸡不断用脚趾抓眼。随着病情的发展,眼内分泌物逐渐增多,并发生眼结膜炎,眼睑肿胀、上下眼睑粘连、闭眼、失明,眼内聚有干酪样物质,眶下肿胀,流鼻液。

(4)病理变化 病变主要在气管和喉部。在疾病初期,该处黏膜出现附着多量黏液的炎症,黏膜肿胀、潮红,进而发生出血和坏死,气管中有含血黏液和血凝块,管腔变窄;病程1～3天后,有黄白色纤维素性干酪样假膜。由于剧烈性咳嗽和痉挛性呼吸,咳出的分泌物混有血凝块以及脱落的上皮组织。严重时,炎症可波及到支气管、肺和气囊等部位,甚至上行至眶下窦。在鼻腔和鼻窦中以及在眼结膜上,多数病例可见有黏液性、脓性或纤维蛋白性渗出物。口腔黏膜附有容易剥脱的白色薄膜。肺脏常见充血和出血。

☞ 146. 怎样防治鸡的传染性喉气管炎?

(1)做好兽医卫生防疫工作 坚持严格隔离、消毒等措施是防止本病流行的有效方法。此外,还应加强饲养管理、改善通风条件、降低鸡舍内有害气体,以消除诱发本病的因素。

(2)免疫接种 在发生流行性传染性喉气管炎的地区,对鸡群接种疫苗是一种可靠预防方法。

目前有两种疫苗可用于免疫接种:一种是弱毒疫苗,经点眼、滴鼻免疫，一般较安全；另一种是强毒苗，可涂擦于鸡泄殖腔黏膜上，4～5天后，黏膜出现水肿和出血性炎症，表示接种有效，但排毒的危险性很大，应防止污染呼吸道组织。

免疫程序：可在30日龄左右进行首免，首免后6周进行二免。本病接种疫苗后可能发生局部反应，出现结膜炎和鼻炎，反应1～2天即可消失，注意在接种本病疫苗的8天内对新城疫免疫有干扰、抑制作用。

(3)*发病鸡群的处理措施* 鸡场暴发本病时，应隔离封锁发病鸡群，并要加强饲养管理和消毒工作，对未发病鸡群紧急接种疫苗。

本病目前还无特效疗法。为了防止大肠杆菌、沙门氏杆菌、霉形体等合并感染，可在饮水中或饲料内添加抗生素药物，如环丙沙星、强力霉素、链霉素等。为了缓解症状、减少死亡，可对症投服牛黄解毒丸或喉症丸，或其他清热解毒利咽喉的中药液或中成药。

①红霉素0.02%拌料喂服，连用4～5天。

②强力霉素0.2%拌料喂服，连用4～5天。

③六神丸或喉症丸，每次1～2粒填服，每天2次，连用3天。据临床观察，六神丸治愈率达97.8%；喉症丸治愈率达96.3%。

④复方保畜片(内蒙古牙克石兽药厂生产)，每千克体重20～30 mg，即每次0.3～0.5片，填服或化水后用滴管喂服，每天2次，连用3天，治愈率97.3%。

⑤苍仲散。苍术150 g，黑豆100 g，石决明50 g，橘红35 g，紫草根10 g，贯众55 g，大青叶50 g，青蒿50 g。共研细末，每只每天0.3～0.5 g，早晚2次拌料喂服，连用7～10天，预防量减半。

⑥知母、桑白皮、黄芩各160 g，杏仁、苏子各150 g，半夏130 g，前胡、木香、牛蒡子、麻黄各120 g，甘草75 g组方，500鸡1天使用，主治气喘型传喉。共为细末，水煎取汁，汁液饮服，药渣拌料喂服。

⑦猪胆汁 100 mL，山豆根、射干、牛蒡子、地榆、血余炭各 50 g，玄参、麦冬、板蓝根、紫苏子、桔梗各 30 g 组方，共为细末，主治喉气管型传喉。每只每天 0.5 g，雏鸡 0.2～0.3 g，连用 3 天。

⑧个体治疗。聚肌胞 2 mL，卡那霉素 10 万 IU，氨苄青霉素 0.5～1 g，地塞米松 5 mL，穿心莲注射液 10 mL，混合供 25～30 只鸡 1 次肌肉注射。

☞ 147. 鸡传染性法氏囊病是怎样发生和流行的？

传染性法氏囊病是雏鸡和青年鸡的一种急性、接触性、免疫抑制传染病，本病病原为传染性法氏囊病毒，属于双股 RNA 病毒。有两个血清型，Ⅰ型对鸡有致病力，Ⅱ型对鸡无致病力。

本病主要感染鸡，多侵害 2～10 周龄的幼龄鸡，而 3～6 周龄小鸡最敏感。近年来，发病日龄也有向两头增宽的趋势，最早见于 3 日龄，最晚见于 180 日龄。

病鸡是主要传染源，在感染后 3～11 天，随粪便排出大量病毒。

病鸡与健康鸡直接接触或通过饲料、饮水、垫料、空气、用具、人员、昆虫等经消化和呼吸道传染，也可经污染的种蛋传播。

初次暴发本病的鸡场大多为急性，发病率高，可达 80％～100％，死亡率 4％～35％，若继发其他病，则死亡率增高；本病一度流行之后，鸡群可转为不显症状的隐性感染，病变也不典型，出现零星死亡，此称之为亚临床型鸡传染性法氏囊病。

☞ 148. 鸡传染性法氏囊病有哪些临床症状和病理变化？

(1)临床症状　本病潜伏期 2～3 天，雏鸡群突然大批发病，迅速传播，在 2～3 天可使 60％～70％的雏鸡发病，最后 100％发病。最初发现鸡啄自己的泄殖腔，病鸡羽毛蓬乱、采食减少、闭眼呆立、畏寒发抖、步态不稳，随即出现腹泻，排白色黏稠或水样稀粪，泄殖腔周围的羽毛被粪便污染，严重的头垂地、闭眼呈昏睡状态。因法氏囊肿大而使肛门上方明显突出，体温下降、脱水、极度衰弱而死亡。死前拒食、羞明、震颤，一般发病后1～2天开始死亡，3～4天死亡率最高，5～7天停止死亡。

本病的亚临床型，症状不明显，多表现为精神差，采食、饮水少，排稀薄黄色粪便，病势和缓，死亡率低，病程长。

(2)病理变化　患法氏囊的急性病死鸡主要病变为皮下干燥、严重脱水，腿部及胸部肌肉有条状出血，肾肿大苍白，肾小管、输尿管扩张，腔内充满乳白色的尿酸盐。最显著的变化是法氏囊，初期肿大可达正常体积的2～3倍，外膜水肿，严重时呈黄色胶冻样，法氏囊黏膜呈条纹状或斑块状出血，囊腔中有多量果酱样黏液，或坏死的干酪样物，严重时，法氏囊肿大和出血，如紫葡萄状，表现为出血性炎症。后期，法氏囊萎缩，逐渐变黄，囊壁变薄，皱褶萎缩或消失，囊内常有黄色干酪样硬块；脾脏和肝脏有时肿大，或有坏死点，偶尔腺胃与肌胃交界处黏膜有出血点。

亚临床型鸡传染性法氏囊病缺乏急性法氏囊病的典型病变，其主要病变为膝关节及其附近有点状出血，胸肌、腿部肌肉仅充血，法氏囊潮红、内有少量黏液。

☞ 149. 怎样防治鸡的传染性法氏囊病？

由于传染性法氏囊病毒对各种理化因素有较强的抵抗力，所以鸡群和环境一旦被其污染，该病毒可在较长时间内存在，从而引起持续感染。同时，近年来的防治实践也证明，由于病毒的变异株、超强株的出现，单靠接种疫苗，免疫效果也不理想，因此必须采取综合性防治措施。

(1)加强饲养管理　鸡场要保持进雏的间隔时间，实行全进全出制，鸡舍应宽敞，光照和通风要好，减少和避免各种应激因素，搞好清洁卫生，及时清除粪便。合理调配饲料，适当增加维生素和矿物质。

(2)重视消毒工作　要正确使用消毒剂，选用本病毒较敏感的消毒药，如福尔马林、过氧乙酸、威岛牌消毒剂、次氯酸钠等，对环境、用具、鸡群进行定期消毒。

(3)免疫接种

①疫苗种类。目前国内所用疫苗有活毒疫苗和灭活苗两类。活毒疫苗有弱毒苗、中毒苗和强毒力苗三种。弱毒力如 D_{78}、LKT 等，其对法氏囊无任何损害，但接种后抗体产生慢(7～10 天)，效价低，在遇到鸡传染性法氏囊病强毒侵袭时保护率较低；中毒力疫苗，常用的如 Bursine-2、BJ836 等，对法氏囊有轻度损伤，引起法氏囊轻度出血性炎症，但 10 天后消失，接种后 5 天产生抗体，2 周后抗体效价即达高水平，对血清Ⅰ型强毒的保护率高，适用于本病毒较严重的地区；强毒力苗，对法氏囊的损伤严重，并有免疫干扰，目前不再使用。

灭活苗是一种油乳剂疫苗，由鸡胚细胞毒、鸡胚毒、病死鸡法氏囊组织制备，其对雏鸡的免疫效果不如种鸡好，故多用于种鸡的加强免疫，可使之产生高滴度的抗体，以便使雏鸡的母源抗体水平高且均一。

②免疫程序。传染性法氏囊病免疫程序的制订，应根据其在当地的流行特点、饲养条件与鸡群类型、母源抗体水平来考虑。尤为关键的是要确定首免日龄，常用琼扩试验来测定雏鸡母源抗体消长情况。鸡群在 1 日龄测定阳性率不到 80％的，在 10～16 日龄接种；阳性率达 80％～100％的鸡群，在 7～10 日龄再检测 1 次抗体，当阳性率达 50％时，可确定于 14～18 日首免。首免后 10～14 天进行二免，二免后 15～20 天，可测到抗体水平，样品阳性率达 80％以上，鸡群可得到保护。无免疫监测条件时，无母源抗体的雏鸡可于 10～14 日龄作首次免疫接种，2～3 周后进行第 2 次免疫；有母源抗体的雏鸡，首免可推迟到 14～20 日龄，2～3 周后

进行第2次免疫。种鸡还应于18～20周龄和40～42周龄分别用灭活苗进行1次接种。

(4)对发病鸡群应采取适当措施,以减少损失 在发病早期可用高免血清或高免卵黄液肌肉注射,对鸡群有较好的疗效,使用中草药方剂也有一定的治疗效果,同时对症治疗,防止继发感染,可减轻病症,降低死亡。

高免血清或高免卵黄抗体注射:

①利用抗体效价1:(16 000～32 000)的高免血清,给病鸡肌肉注射0.2～0.5 mL。

②用高免卵黄抗体给病鸡肌肉注射1～2 mL。

中草药方剂治疗:

①穿心莲、甘草、吴茱萸、苦参、白芷、板蓝根、大黄等份组方,共研成细末,按0.75%拌料喂服,连用3～5天。

②板蓝根、紫草、甘草、茜草各50 g,绿豆500 g组方,按每只每天1～2 g,水煎取汁,汁液饮服,药渣喂服。

③消法灵。板蓝根、大青叶、连翘、双花、黄芪、当归各20 g,柴胡、黄芩、川芎各15 g,紫草、龙胆草各15～40 g组方,每只每天1～2 g,水煎取汁饮服,连用3天。

④生地60 g,玄参40 g,党参30 g,竹叶心、双花、连翘、丹参、麦冬、紫草、大青叶、板蓝根、栀子、牡丹皮、甘草各20 g,白茅根50 g组方,600只鸡1天水煎取汁8 000 mL饮服,不能饮服的鸡可每只灌服12～15 mL。本方对处于发病中、后期的传染性法氏囊病有较好的效果。

以上中药方剂,可起到清热解毒,增强抵抗力,控制继发感染,促进早日康复的作用,仅供参考。

对症治疗:在饮水中加入0.2%的肾肿解毒药和0.1%维生素C,或在饮水中加入口服补液盐,有利于减少对肾脏的损害,促进病鸡体质恢复;为防止细菌继发感染,应配合抗菌类药,如环丙沙星、恩诺沙星等，应慎用对肾脏损害较大的药物，如磺胺类药、庆大霉素等。

此外，应改善饲养管理，提高鸡舍温度，适当降低饲粮蛋白质含量(降到15%左右)，提高维生素的用量。

☞ 150. 鸡痘有哪些临床症状和病理变化？

鸡痘是鸡痘病毒引起的鸡的一种急性、接触性传染病。病的特征是在鸡的无毛或少毛皮肤上发生痘疹，或口腔、咽喉部黏膜形成纤维素性坏死性假膜。本病广泛分布于世界各地，在大型养鸡场中更易流行。本病可使幼鸡生长迟缓，蛋鸡产蛋量下降。若并发其他传染病、寄生虫病，或卫生条件、营养状况不良时，特别是发生白喉型鸡痘时，常可引起大批死亡，尤其对雏鸡可造成严重损失。

(1)病原　鸡痘的病原是鸡痘病毒，属禽痘病毒的一种，是一种大型病毒。本病毒在病变皮肤的表皮细胞或黏膜细胞的胞浆内，可形成嗜酸性的圆形或卵形的包涵体。

病毒大量存在于病鸡的皮肤和黏膜病灶中。病毒对于干燥的抵抗力较强，在外界环境中，上皮细胞皮屑里的病毒可存活数周，加热60℃ 30 min可灭活，甲醛溶液熏蒸1.5 h可灭活；对一般消毒剂如1%～2%火碱、1%醋酸等较敏感，10 min即可杀死。

(2)流行特点　本病主要发生于鸡和火鸡，鸽有时也可发生，鸭、鹅易感性较低。各种年龄的鸡都可感染，但以雏鸡和中雏鸡最常发病，雏鸡死亡多。一年四季均可发病，但秋、冬两季最易流行，秋季和冬初为皮肤型鸡痘多发季节，冬季为黏膜型鸡痘多发时期。肉用仔鸡夏季也常流行鸡痘。

病鸡是主要传染源，病毒随皮屑或痘痂排于外界，经皮肤或黏膜创口感染。另外，某些吸血昆虫，如蚊子也能够传带病毒，是夏秋季造成鸡痘流行的一个重要传染媒介。蚊子吸吮过病鸡的血液后,其带毒时间可以保持10～30天。

鸡群过分拥挤、通风不良、潮湿、维生素缺乏及饲养管理太差等均有利于本病的发生和发展。

(3)临床症状　鸡痘的潜伏期为4～8天,病程一般为3～4周。根据病鸡表现的症状和病变,本病可分为3种病型:皮肤型、白喉型和混合型。

①皮肤型。皮肤型鸡痘的痘疹主要发生在鸡体的无毛或少毛部分,特别是鸡冠、肉髯、眼睑和喙角,症状严重时,也可出现在爪、腿、泄殖腔周围和腹部等处。痘疹初期为灰白色的小结节(丘疹),鸡痘的丘疹不形成明显的水疱或脓疱,但很快(4～6天)即形成大结节,并与邻近的结节互相融合。结节的表面干燥、粗糙,呈灰褐色,与皮肤牢固相连。约经2周,结节的底部发炎和出血,慢慢变成棕褐或黑褐色的结痂。痘痂可以存留3～4周,以后逐渐脱落,留下一个平滑的灰白色疤痕。一般无明显的全身症状,但病重的雏鸡有精神委顿、食欲消失、生长发育迟缓等现象,产蛋鸡呈现产蛋减少或停止。若痘疹发生于口角和眼睑,会影响采食和视力,当继发葡萄球菌等细菌感染时,死亡率较高。

②黏膜型(白喉型)。多发生于雏鸡和育成鸡,病死率较高,可达50%。病初呈鼻炎症状,病鸡迟钝、厌食、流鼻液,若蔓延至眶下窦和眼结膜,则眼睑肿胀、结膜充满脓性或纤维素性渗出物,甚至引起角膜炎而失明。鼻炎出现后2～3天,口腔、咽喉、气管、食管等处黏膜发生痘疹。初期呈圆形乳白色斑点,逐渐扩大成为大片的黄白色干酪样的假膜覆盖在黏膜上,假膜不易剥离,若强行剥离则易形成出血的溃疡面。假膜扩大增厚可使气管狭窄而引起呼吸困难,病鸡常发出"嘎嘎"的声音。较大的脱落假膜可阻塞喉裂或气管而使病鸡窒息死亡。口腔和食管痘疹及溃疡可导致鸡采食和吞咽困难,体重迅速减轻、精神委顿,生长不良。

③混合型。混合型鸡痘是指皮肤和黏膜同时发生痘疹,病情

严重，死亡率高。

(4)病理变化 鸡痘病灶的特征是皮肤和黏膜上皮细胞明显增生和肿胀变性，变性的细胞浆内出现水泡和特征性的嗜酸性包涵体。随着具有包涵体细胞的逐渐增加，包涵体的大小也增加，终于陷于核崩解、细胞坏死，形成肉眼可见的痂皮。其他器官的病理变化往往不明显。

151. 怎样防治鸡痘？

(1)预防措施

①加强卫生管理。由于鸡痘病毒对干燥和温度抵抗力非常强，特别是在痂皮中可以长期生存，因此一度发生过本病的鸡舍，必须看做是长期被污染的地方。本病的流行与蚊子活动有密切关系，为此驱除蚊子及其他吸血昆虫非常必要。在冬季，比较多发的是黏膜型鸡痘，这是由于夏、秋季增殖的病毒存留在鸡舍，对免疫弱的幼雏侵袭力强的缘故，因此，在发生鸡痘后必须对鸡舍进行彻底消毒，检查鸡笼和器具，以避免雏鸡受外伤。此外，由于蜱和羽虱的寄生，使鸡皮肤受损伤，也可能成为病毒侵入的门户，所以不能忽视驱除这些昆虫的重要性。

②免疫接种。防止鸡痘的可靠方法是免疫接种疫苗。

疫苗种类：目前应用的鸡痘疫苗有 3 种类型：鸡痘活疫苗适用于 35 日龄以上的鸡，对雏鸡有一定毒力；鸽痘活疫苗，毒力比鸡痘疫苗弱，用于 1 日龄雏鸡和产蛋母鸡；鸡痘鹌鹑化活疫苗是用鸡痘疫苗病毒通过鹌鹑胚继代致弱后制成，疫苗的毒力很低，雏鸡使用安全有效，目前国内普遍使用。

免疫程序：免疫接种可用弱毒疫苗，2 周龄内于翅部无血管处刺种。1 周后检查，在刺种处有绿豆大的小疱即可；若无反应，应重新刺种疫苗。成年鸡应在产蛋前再接种 1 次。

(2)发病时的措施 病鸡要严格隔离。重病鸡淘汰，死鸡要深埋或烧毁,鸡舍、用具和运动场进行彻底消毒,以防止散布病毒。

治疗鸡痘目前还没有特效的药物,通常只采用一些对症疗法,以减轻病鸡的症状和防止其他并发症。

①病毒灵(盐酸吗啉胍)每只每次 1/3～1/2 片,每天 2 次,连用 3 天。主要用于治疗皮肤型禽痘。

②喉症丸(散)每只每次 2～3 粒,每天 2 次,连用 3 天。主要用于治疗黏膜型禽痘。

③0.04%的金霉素或 0.04%的四环素拌料喂服,连用 3～5 天。

④用 2%的碘甘油,在清除患部痂皮后涂擦,每天 2 次。

⑤复方蒲公英注射液,患处涂擦,轻者 1 次,重者去痂后涂擦 1～2 次。

⑥病鸡眼部如果发生肿胀,要是眼球尚未损坏,可以把蓄积在眼内的脓液或干酪样物取出,用 2%硼酸溶液冲洗干净,滴入一些浓度为 5%的蛋白银溶液。

⑦清毒汤。连翘 20 g,双花 20 g,薄荷 15 g,蝉蜕 15 g,胡荽 10 g。每只每天 1～2 g,文火煎取药汁饮服。

⑧黄芪、党参、槟榔、贯众、何首乌、山楂各 60 g,肉桂 20 g,共为细末,水煎取汁饮服。每只每天 1～2 g,连用 3 天。

⑨双花、牛蒡子、连翘各 60 g,当归、全蝎、紫草、枳实各 50 g,黄芪 45 g,甘草 25 g。500 只鸡 1 天剂量,水煎饮服,连用 3 天。

☞ 152. 鸡马立克氏病有哪些临床症状和病理变化?

鸡马立克病是由疱疹病毒引起的鸡的肿瘤性传染病。其特征是淋巴样组织增生,侵害外周神经和各内脏器官,引起腿麻痹,肝脏、脾脏、皮肤、虹膜等器官发生肿瘤。本病的死亡率很高,对养鸡业的危害很大。

(1)病原　鸡马立克氏病的病原是一种疱疹病毒。病毒对外界的抵抗力不强，在60℃下10 min即告死亡。病毒在鸡体组织内是和细胞紧密结合的，离开了活细胞就很快死亡。但是，在皮肤毛囊上皮细胞内的病毒，则是一种有囊膜的完全病毒，脱离活细胞后可以存活相当长的时间，是传染本病的主要来源。

不同毒株的马立克氏病毒，毒力的差别也很大。毒力强的毒株引起急性型马立克氏病的比较多，并且内脏器官常见发生肿瘤；毒力低的毒株一般引起神经系统病变的比较多，内脏器官发生肿瘤的往往比较少。

(2)流行特点　本病的传播方式很多，无论是直接或间接接触都能传染本病。病毒可以通过空气传染。病鸡的粪便和垫草、鸡舍里面的灰尘都具有传染性。病鸡皮肤的毛囊上皮是含病毒很多的部位，病鸡身上脱落的羽毛和皮屑，都能传染本病。马立克氏病的发病率差别很大。少数病鸡可能康复，但一般都死亡。许多内外因素，如病毒的株系、剂量和感染途径，鸡的性别、遗传特性和年龄以及环境刺激因素，都能够影响本病的发病率和死亡率。母鸡的易感性比公鸡高。1周龄内的幼雏对本病最易感，随着年龄的增长，易感性也降低。据试验报告，1日龄幼雏的易感性要比成年鸡高1 000～10 000倍。通常本病多出现在2～5月龄，急性病例都发生在比较年轻的鸡。

(3)临床症状和病变　本病潜伏期3～4周，有的长达数月。根据本病症状和病变特点，可分为4个类型：内脏型、神经型、眼型和皮肤型，一般前两种较多见。

①内脏型(急性型)。初期呈急性经过，病鸡精神委顿、食欲减退、垂头缩颈蹲墙角、羽毛松乱、排黄白色或绿色稀粪便并迅速消瘦，鸡冠和肉髯萎缩、颜色变淡、腹部肿大、下垂，突然死亡，多见于50～70日龄鸡。发病严重时，可造成较多鸡只死亡，死亡率达30%～80%，15天左右死亡。死后剖检能发现内脏病变，常见心脏、肝脏、脾脏、肺脏、肾脏、卵巢、腺胃等器官出现灰白色肿瘤，弥

漫性地浸润在这些器官实质内，外观有的呈大理石样，有的呈菜花样，肝脏表面有大小不等、数量不等的灰白色、圆形、突出于表面的肿瘤，肝脏体积常增大 2～3 倍。

②神经型(古典型)。病毒主要侵害鸡的外周神经，初期病鸡运动失调，步态拘谨，以后由于侵害的神经不同，表现的症状也不相同。侵害坐骨神经可引起腿麻痹，常表现一腿前伸，一腿后伸，呈现："大劈叉"姿势，或一肢屈曲，行走不稳；当臂神经受侵害时，表现翅膀下垂；支配颈部肌肉的神经受损时，病鸡低头或歪颈；颈部迷走神经受侵害时，引起嗉囊膨大，食物不能下行及呼吸困难；腹神经受侵害时常有拉稀症状。上述症状有时也见于同一个体。病鸡常因病程长、采食困难，造成饥饿、脱水、消瘦、衰竭而亡。病变最常见坐骨神经丛或臂神经丛比正常粗 2～3 倍，呈灰白色肿胀，横纹消失。

③眼型。病鸡的一侧或两侧眼受到损害。表现为虹膜的色素消失(正常虹膜呈橘黄色)，呈同心环状(以瞳孔为中心的多环状)、斑点状或弥漫状的灰白色，称它为"鱼眼"、"白眼病"或"珍珠眼"。瞳孔逐渐缩小，边缘不整齐，呈锯齿状，严重时瞳孔仅有粟粒大，不能随光线强弱而调节大小。病眼视力降低或丧失，双眼失明的很快死亡，单眼失明的病程较长。

④皮肤型。马立克病的肿瘤大多发生于翅膀、颈部、背部、尾部上方及大腿长粗羽的皮肤，表现为羽毛毛囊肿大，并以羽毛囊为中心在皮肤上形成结节，约有玉米粒至蚕豆大，较硬。病程较长，最后衰竭死亡。

☞ 153. 怎样防治鸡的马立克氏病?

疫苗接种是防治本病的关键。防止早期感染为中心的综合性防治措施对提高免疫效果和减少损失亦起着重要作用。

(1)*免疫接种* 目前研制的马立克病疫苗有 4 大类：

强毒致弱疫苗(血清学Ⅰ型)。如CVI988、814是强毒传代致弱板株,具有抗肿瘤作用,使鸡不发生肿瘤。它属于冻结疫苗,应保存于－196℃液氮中。

自然弱毒疫苗(血清学Ⅱ型)。如SB_4、Z_4是无致病力的毒株。它能抵抗强毒的攻击,但有可能变为致病株。属于冻结疫苗,有激发鸡淋巴白血病的问题。

火鸡疱疹病毒疫苗(血清学Ⅲ型)。对鸡无致病性,能防止肿瘤形成,但不能保护鸡免受马立克病野毒感染,受母源抗体影响,属于冻干苗。

多价苗(二价或三价苗)。它是由Ⅰ型、Ⅱ型、Ⅲ型相互结合制成,如814＋HVT。免疫效力明显优于单价苗。

小鸡出壳后24 h内就应在颈部皮下注射马立克氏病疫苗。火鸡疱疹病毒苗注射后10～14天产生免疫力,冷冻疫苗注射后8天产生疫力。

由超强毒株引起的马立克病暴发,常在用火鸡疱疹病毒疫苗免疫的鸡群中造成严重损失,用Ⅱ型和Ⅲ型毒组成的双价疫苗或Ⅰ,Ⅱ,Ⅲ型毒组成3价疫苗可以控制。Ⅱ型和Ⅲ型毒之间存在显著的免疫协同作用,由它们组成的双价疫苗免疫效果比单价疫苗显著提高,由于双价苗是细胞合苗,其免疫效果受母源抗体的影响很小。

(2)加强卫生防疫工作 早期感染和其他疾病(传染性法氏囊病等)引起的免疫抑制是马立克病暴发的重要原因,因此应采用综合的防疫措施来控制鸡群的早期感染。

从孵化开始,做好孵化器、种蛋、雏鸡的消毒工作。在育雏阶段,应采取严格的隔离措施以避免雏鸡遭受感染。

鸡群中的病鸡必须彻底检出淘汰,尤其是种鸡场,应严格做好检疫工作,彻底消灭本病的传染来源,应特别注意羽毛的消毒。

(3)马立克氏病疫苗二免 据报道,首免后间隔3,5,7,14,18

天进行鸡马立克氏病疫苗二免均可取得满意效果。二免可弥补孵化场漏注或无效注射(为空针)或注苗效价降低,增强初免的免疫力,考虑到母源抗体的消长情况,二免一般以 7～10 日龄为宜。

☞ **154. 怎样防治鸡的淋巴细胞白血病?**

鸡白血病是由禽白血病肉瘤病毒群病毒所引起的鸡的许多肿瘤性疾病的总称。主要有淋巴细胞白血病、成红细胞性白血病、成髓细胞性白血病、骨化石病、髓细胞瘤、肾母细胞瘤、血管瘤等。在鸡白血病中以淋巴性白血病最常见,大多数鸡群均感染本病,但出现临床症状的病鸡数量少,多为散发,偶尔也可引起严重损失。其他类型自然发生很少。

(1)病原　白血病的病原是一群密切相关的黏液病毒,能够引起多种肿瘤性疾病,所以也是一种多瘤病毒。根据它们的抗原性不同,可以分成 4 个亚群,同一亚群的病毒能够互相干扰,并具有相同的血清中和能力。白血病病毒不耐高温,60℃温度下不到 1 min 即失去活性,必须在－60℃的低温条件下,才能保存数年。

各型白血病中,以淋巴细胞性白血病最常见。除此之外,肾母细胞瘤、骨化石病、成髓细胞性白血病等,也较为多见,特别是在大群饲养的肉用仔鸡,有的宰后检出率很高,应该引起注意。

(2)流行特点　在自然情况下鸡白血病只感染鸡,几乎所有鸡群都发生感染,但常不呈现症状。临床上发病大多在 18 周龄以上的成年鸡,公鸡比母鸡发病率低,不同品种和品系的鸡发病率也不同。

病鸡和带毒鸡是本病的传染源。本病传播方式主要是经蛋垂直传播,病毒从感染鸡的唾液及粪便排出,通过密切接触也可传播给同群鸡(水平传播)。

(3)临床症状　本病的潜伏期长,多发生于 4 月龄以上的鸡,性成熟前后为发病高峰期。无特征性症状,主要是渐进性消瘦,精神委靡，全身衰弱，鸡冠苍白，皱缩，间或呈蓝紫色，下痢并停止产蛋。后期腹部常增大，可触摸到肿大的肝、法氏囊，最后因衰竭而死亡。

隐性感染的母鸡，其性成熟推迟、蛋小而壳薄，受精率和孵化率下降。

(4)病理变化　本病的病变主要发生在肝、脾和法氏囊，其他器官如肾、肺、性腺、心、骨髓和肠系膜也可能产生病灶，在这些器官上形成大小不一、数量不等的肿瘤。肿瘤外观较软、平滑，有光泽，呈灰白色或淡灰色，切面均匀、湿润，很少有坏死。肿瘤可呈结节型、粟粒型、弥散型和混合型。结节型肿瘤从针头大到鸡蛋大，单在或散在，结节一般呈球形，也呈扁平状。粟粒瘤型肿瘤直径在2 mm以下，在器官中均匀分布；弥散型肿瘤使器官体积增大、质地变脆，颜色变成灰白色；混合型则上述几种变化同时存在。肝脏可比正常的增大好几倍，一直延伸到耻骨，覆盖整个腹腔，质脆，表面有灰白色数量不等、大小不一的肿瘤结节，肝也可呈弥漫性肿大，故称此病为“大肝病”。脾肿大，有灰白色肿瘤病灶。法氏囊可见到结节性肿瘤。肿瘤是由均一的成淋巴细胞构成。

(5)防制措施　病鸡无治疗价值，应该着重做好预防工作。由于本病的垂直传播特性，先天感染的免疫耐受鸡是重要的传染源，所以疫苗免疫对防治本病意义不大，目前也无可用的疫苗。减少鸡群(尤其是种鸡群)的感染率和建立无白血病的鸡群是防治本病最有效的措施。为此要做到以下几点：

①对产蛋的种鸡群进行严格检疫，坚决淘汰阳性鸡，以切断经卵传播本病。

②孵化用的种蛋应来自无白血病的健康鸡场，孵化和育雏设施在使用之前要进行彻底的清洁消毒。

③不从有白血病的鸡群中引进鸡，必须彻底淘汰鸡群中的病鸡和可疑病鸡。

④由于雏鸡易感染本病，所以应严格将雏鸡与成年鸡隔离饲养。

⑤培育抗病鸡种。在自然条件下，存在有对A、B两种亚群病毒感染具有抵抗力基因的鸡，因此可考虑培育抗病的鸡种。

据报道，用中草药治疗鸡淋巴细胞白血病有一定成效。黄芪、猪苓、薏苡仁、当归、淫羊藿、麦冬、丹参、郁金、茵陈、木香、艾叶、瓜蒌等比混合，共为细末，每只每天1.5～2 g，拌料喂服，10天为一个疗程。

☞ 155.怎样防治鸡的传染性脑脊髓炎?

鸡传染性脑脊髓炎是由鸡脑脊髓炎病毒引起的鸡的病毒性传染病，又称流行性震颤。其特征是以侵害幼龄鸡为主，病鸡运动失调，头颈部震颤，两肢轻瘫及不完全麻痹，母鸡产蛋量急速下降。

(1)*病原*　病原为鸡脑脊髓炎病毒，属于小核糖核酸病毒科，肠道病毒属。不同毒株间无血清学差异，但自然野毒的毒株致病力存在差异。野毒一般为嗜肠性，从粪便中排出，能经口感染，但有些毒株则为嗜神经性，病毒在神经细胞中复制，引起神经损伤，产生严重的神经症状。

本病毒附有有机溶剂和酸，在干燥和寒冷的条件下可存活70天，在粪便中至少存活4周。

(2)*流行特点*　本病最易感染鸡，火鸡、鹌鹑等禽类也能感染。虽然各种日龄鸡均可感染，但主要发生于1～6周的雏鸡，以12～21日龄雏鸡最易感染。

病鸡和带毒鸡是主要传染源。传染方式有两种：一种是垂直传染，即种鸡感染后再通过蛋传给后代(感染母鸡3周内所产的蛋带有病毒)，用感染病毒的种蛋孵鸡，多在胚胎时期就死亡，即使孵出，雏鸡也多在1～20日龄发病死亡；另一种传染方式是水平传染，主要是通过消化道感染，病鸡随粪便排出病毒，污染饮水、饲料、场地、用具等造成该病的传播。此外，经呼吸道和外伤也可感染本病。

(3)主要症状　鸡传染性脑脊髓炎卵传递(垂直感染)的潜伏期为1～7天；经口感染(水平感染)的潜伏期为11～30天。

雏鸡感染发病后，症状比较明显。病初精神迟钝，不愿走动，或走几步就蹲下来，随之出现运动失调，前后摇晃，步态不稳，驱赶鸡群时更明显。病鸡常用跗关节着地或蹲卧。严重病例，不能行走，站立。部分病鸡出现头颈部震颤，有些病鸡翅膀和尾部也出现震颤，以至最后发生瘫痪。病鸡不能采食和饮水，或被同舍鸡踩踏，最后衰竭而死。部分病雏耐过后，生长发育迟缓，在育成阶段出现一侧或两侧眼球的晶状体混浊或呈浅蓝色退色，眼内有絮状物，瞳孔光反射弱，眼球增大，最后失明。雏鸡发病率一般为20%～60%，死亡率平均为25%左右，高的可能达50%。如果是用受到强毒感染后几天内的种蛋孵出的小鸡，其死亡率可达90%以上，随后逐渐降低。感染后1个月，种鸡的后代不会再出现新的病例。

成年鸡感染后，可能表现轻微腹泻或无明显的症状，产蛋质量下降10%～20%，约经20天可恢复到正常或接近正常的产蛋水平。这种鸡所产的蛋带有病毒，使孵化率降低。

(4)病理变化　患鸡传染性脑脊髓炎病的鸡，眼观病变不明显。主要病变在病雏肌胃的肌肉中，由于淋巴细胞浸润和积聚，可见灰白色病灶，部分病鸡脑充血。

病理组织学特点是中枢神经(脑、脊髓)和一部分内脏发生损伤，但末梢神经没有损伤。表现为散在的非化脓性脑脊髓炎和背根神经节炎，最突出的变化是，脑和脊髓所有部位的血管周围都有因淋巴细胞浸润形成的“管套”现象和小胶质细胞增生。内脏器官的变化特征是在腺胃、肌胃的肌肉层、胰腺和心肌中有多量淋巴细胞聚集或呈滤泡状增生浸润。

(5)防治措施　本病目前还无有效的治疗方法。应以预防为主。

由于本病既可经垂直传播又可经水平传播，所以做好常规的防疫和兽医卫生工作，仍是十分重要的。

①免疫接种。种鸡群在生长期接种疫苗，保证其在性成熟后不被感染，以防止病毒通过蛋源传播，这是防治本病的有效措施。雏鸡母源抗体可保留到8周龄时才消失。疫苗接种也可防止蛋鸡群感染本病所引起的暂时性产蛋下降。

由于鸡脑脊髓炎主要危害3周龄内的雏鸡，母鸡接种后，可将特异抗体通过卵传给子代，保护雏鸡不发病，且雏鸡免疫接种，保护效果不佳，所以本病的免疫接种主要是对种鸡进行。在本病的疫区，免疫程序可为：10～12周龄饮水或点眼接种弱毒疫苗，在开产前1个月再肌肉注射油乳剂灭活苗。未发生本病的地区不宜应用疫苗，尤其是不能用弱毒苗，以免病毒的返强，反而散布病原。弱毒苗对雏鸡有一定的毒力，不宜用于8周前的雏鸡。

②由于本病可经种蛋传播，因此患本病的种鸡在得病1个月左右所产的蛋不能用于孵化。

③发病时，凡出现症状的雏鸡应立刻挑出淘汰，到远处深埋，以减轻同群感染。若发病率高，多数鸡已发病，可考虑全群淘汰，彻底消毒，重新进鸡。

☞ 156. 怎样防治鸡的病毒性关节炎？

病毒性关节炎是由呼肠孤病毒引起的禽类的一种传染病，又称病毒性腱鞘炎。特征是关节炎、肌腱炎、滑膜炎。病鸡跛行，蹲坐，不愿走动，严重者腓肠肌腱断裂。由于病鸡运动障碍，生长停滞，消瘦，饲料利用效率低，屠宰率下降，淘汰率增高，所以给养鸡业造成很大的经济损失。

本病呈世界性分布，我国近年来不少地区的肉鸡场均有发病报告，对养鸡业的危害日渐突出，尤其对肉仔鸡的危害严重。

（1）*病原*　本病的病原是呼肠孤病毒，从病鸡的关节液、消化道、呼吸道及生殖道中都可以分离到病毒。感染关节囊后可长期存在，并通过粪便和呼吸道分泌物向外排泄。

禽呼肠孤病毒各毒株间有共同的沉淀抗原，中和抗原有明显的交叉中和作用。

本病毒对热稳定，能耐 56℃、24 h，还能耐 3%福尔马林、5%来苏儿和 1%石炭酸 1 h。紫外线能破坏本病毒，70%乙醇、0.5%有机碘、2%～3%氢氧化钠可灭活本病毒。

（2）*流行特点*　鸡和火鸡是本病毒惟一的天然或实验宿主。雏鸡的易感性高，1 日龄无母源抗体的雏鸡最易感。随日龄的增加，易感性降低。本病发生于 2～16 周龄的鸡，尤以 6～7 周龄的鸡发病最多。可发生于各种类型的鸡群，但肉用仔鸡比其他鸡发病的几率高。20 周龄以上的鸡很少见到本病，即使感染本病毒，也呈隐性经过，感染鸡可长时间带毒。

病鸡和带毒鸡是主要传染源，主要经空气传播，也可因摄食被污染的饲料而传播。虽也可经蛋传播，但传递率很低(1.7%)。

（3）*主要症状*　本病潜伏期的长短决定于病毒致病性、鸡的年龄和感染途径。易感鸡与病鸡直接接触，潜伏期通常为 13 天左右。

急性感染时表现跛行，跗关节肿胀，患腿伸展困难，趾屈曲，不愿或不能走动，常蹲伏地上。慢性感染时跛行更明显，常见跗关节、趾屈肌腱或跖伸肌腱肿胀，病鸡不愿走动，驱赶时勉强走动但走不稳，或跛行，或单脚跳动。病鸡跛行始于足趾，随后向上蔓延到膝部，故常用膝着地伏坐而不愿运动。触诊腓肠肌部表现疼痛。在日龄较大的肉鸡中可见腓肠肌断裂，导致顽固性跛行。病鸡由于得不到足够的饲料和水分，呈现发育不良综合征：病鸡头部明显苍白，羽毛生长异常，生长缓慢或停止，日渐消瘦，最后衰竭死亡。

种鸡或蛋鸡受到感染后，产蛋量可下降10%～15%，种鸡受精率下降。在多数情况下，本病的感染率可达100%，发病率仅为5%～10%，死亡率不超过6%。

(4)病理变化　本病的主要病变见于跗关节、趾伸肌腱、趾屈肌腱和腓肠肌。跗关节囊内有少量草黄色或血色渗出液，有时还含有纤维素或脓性渗出物，关节滑膜上有出血点。趾屈肌腱和趾伸肌腱发生炎性水肿，造成病鸡小腿肿胀增粗。病程长的病鸡，腓肠肌腱与趾屈肌腱有时发生断裂，伴发皮下出血，皮肤表面呈褐色。炎症进一步发展，由于患部结缔组织增生，有时在腓肠肌腱部可见增生的结节状物或腱鞘硬化与粘连，关节软骨糜烂或溃疡，烂斑融合可发展到其下方的骨质，骨膜增生，使骨干增厚。此外，也可能见到肝、脾和肾脏充血以及腺胃扩张，坏死性肝炎，肠炎，心肌纤维灶状坏死和心肌纤维之间有异嗜性细胞浸润。

(5)防治措施　本病尚无满意的治疗方法，应采取综合措施来防治。

①严格鸡场兽医卫生管理制度，防止本病传入鸡群。

②改善卫生条件和饲养管理，以提高机体的抗病能力。

③采取全进全出的饲养制度。

④免疫接种。目前，国内外应用的预防病毒性关节炎的疫苗有弱毒苗和油佐剂灭活苗两种，一般选用抗原反应谱比较广的疫苗用于免疫。种鸡群常用的免疫程序为：1～7日龄和4周龄各接种1次弱毒苗，以使其后代获得母源抗体。肉仔鸡1日龄皮下接种(或饮水)弱毒疫苗，可使其产生对同型病毒株的抵抗力。应注意在用本病的有些疫苗毒株(如S1133)给1日龄鸡接种时，对同时接种的马立克疫苗有干扰作用。

⑤鸡群发病后没有特效治疗药物，因此应早期发现病鸡，及时淘汰。对鸡舍及环境要严格消毒，尽量防止病毒的扩散，常用碱性消毒液或0.5%有机碘类消毒，空鸡舍可用福尔马林熏蒸。

☞ 157. 怎样防治鸡的产蛋下降综合征？

鸡产蛋下降综合征也称鸡减蛋综合征。本病是20世纪70年代后期发现的，是世界性商品蛋鸡和肉种母鸡产蛋下降的一种病毒性疾病。群发性产蛋下降、产蛋异常、产蛋畸形、蛋质低劣等症状是本病患鸡的主要表现。尽管它只对产蛋鸡致病，但其自然宿主是家鸭和野鸭。

应激反应是本病发生的重要诱因。当健康鸡群在产蛋高峰时出现群体性减蛋或不能达到预定水平，同时发现鸡群采食量下降，出现一过性腹泻，并发生蛋壳变化时，应怀疑为本病。但应注意与传染性支气管炎、非典型性新城疫、禽流感等传染病或其他原因如饲养管理、饲料等所引起的产蛋下降相区别。

(1)*病原及流行特点*　引起本病传染的病原是腺病毒属中的产蛋下降综合征-76病毒，危害甚大，经种蛋垂直传播是本病的一种主要传播方式，也可通过呼吸道、消化道等水平传播。各种品系的鸡均对本病易感，但有差异，褐壳蛋品系鸡感染比白壳蛋品系更严重。所有年龄的鸡均可感染，但幼鸡感染后不表现任何临床症状。母鸡只是在产蛋高峰期表现明显，原因可能是潜伏的病毒被活化。尽管垂直感染的鸡胚数量不多，但对扩大传染的危害性甚大。受感染过的雏鸡大多在全群产蛋高峰的1/2时，才开始排毒迅速传播。铺垫草的平养蛋鸡水平传播较快，笼养鸡传遍全群则需11周左右的时间。

(2)*临床症状*　感染后产生病毒血症，7～20天后病毒在输卵管狭部蛋壳分泌腺中大量复制，导致腺体的明显炎症和卵子及蛋壳形成机能紊乱，产生蛋壳异常。病毒经喉头和排粪时排毒。其症状特征在饲养管理正常的情况下，产蛋前本病呈隐性感染，产蛋开始后，本病由隐性转为显性，产蛋母鸡群突然发生群体性产蛋下降。开始表现蛋壳色泽消失（有色蛋），接着产薄壳、软壳或无壳蛋,但一般对蛋的品质影响不大。病鸡没有其他症状。发病期可持续4～10周。在几周内产蛋会很快或大幅度下降,鸡群减蛋可达20%～30%,甚至40%～50%。

(3)病理变化 剖检可见发病鸡卵巢发育不良,输卵管萎缩,卵泡软化,子宫和输卵管黏膜水肿、色苍白、肥厚,输卵管腔内滞留干酪样物质或白色渗出物。

(4)防治措施 预防接种是防制本病的主要措施。广泛使用的油佐剂灭活苗对鸡群有良好的防制效果。产蛋鸡可在120日龄左右(16～18周)时注射1次鸡减蛋综合征油佐剂灭活苗,即可在整个产蛋期内维持对本病的免疫力。注射方法可在鸡胸肌(最好是右侧胸肌)或腿肌处注射,每只0.5 mL。已开产的母鸡,有的产蛋率已达90%以上也可使用,而且应该早使用。但在免疫接种时,应尽力避免因捕捉而引起的应激反应,故在注射时间上拟在晚上暗灯条件下进行,而且在捕捉时以小圈栏鸡为宜,动作要轻,同时在免疫前添加维生素E,以减少应激反应。

种鸡可在35周龄时再接种1次,经两次免疫可使母鸡保持高水平的抗体,雏鸡也能保持较高水平的母源抗体,以防止幼龄阶段感染本病病毒。

也可使用新城疫、产蛋下降综合征二联苗或含传染性支气管炎在内的三联苗,同时加强对新城疫和鸡传染性支气管炎的免疫。免疫后5～7天产生抗体,2～5周达到高峰,可维持12～16周。综合性兽医防疫措施仍须加强,千万不能忽视。一旦发病,紧急接种油佐剂灭活苗对缩短产蛋下降时间,减少产蛋下降幅度和尽快恢复具有积极作用。

在有本病流行的地区,除定期注射上述疫苗外,孵化场也应严格执行消毒卫生制度,采用合理的卫生预防措施。同时对病群补充多种维生素和抗菌制剂,有一定的辅助疗效和控制继发细菌感染。

①维生素 AD_3 粉，每包 500 g，混料 150～250 kg，连用 5～7 天。

②复合维生素 B 粉，每包 50 g，混料 25 kg，连用 5～7 天。

③在产蛋恢复期，在饲料中添加中药激蛋散或增蛋灵 7～10 天，也可加速产蛋的恢复。

中草药对本病有一定的疗效。

①双花、大青叶、山药、黄芪、黄柏、麦芽、蒲公英、绿豆等份组方，共为细末，按 0.3%～0.5% 拌料喂服 10 天。

②黄连、黄柏、黄芩、金银花、大青叶、板蓝根、甘草各 50 g，黄药子、白药子各 30 g 组方。水煎饮服，100 只鸡每天 1 剂，连用 3～5 剂。

☞ 158. 怎样防治鸡的传染性贫血病？

鸡传染性贫血是由病毒引起的鸡的一种贫血性传染病。曾称为“出血综合征”、“蓝翅病”、“贫血因子病”等。本病特点是病雏出现再生障碍性贫血，全身淋巴组织萎缩、皮下肌肉出血。本病除了造成雏鸡严重死亡外，由于病鸡免疫抑制，还易并发或继发其他传染病，使病情加重，死亡增多。它是继传染性法氏囊病之后又一重要的免疫抑制性疾病。

（1）病原　本病病原是圆环病毒科圆环病毒属鸡传染性贫血病毒（CIAV）。到目前为止，本病毒只有一个血清型，日本和欧洲分离的病毒没有抗原差异，但毒力可能有差异，有强致病株和弱致病株。

本病毒耐热、耐酸，100℃ 15 min 才能使病毒灭活，在 5% 次氯酸中 37℃，2 h 才失去感染力。福尔马林和氯制剂可用于消毒。

（2）流行特点　鸡是本病毒的惟一宿主。所有年龄的鸡都可感染本病，自然感染常见于 2～4 周龄雏鸡，1 周龄以内雏鸡的易感性最高，随着日龄的增长，鸡对本病的抵抗力增强，发病率明显下降，成年鸡不易感，但能带毒和排毒，公鸡比母鸡易感，肉鸡比蛋鸡易感。本病的死亡率不一致，一般为 10%，高的可达 60%。

病鸡是传染源，本病的主要传播方式是经蛋垂直传播。一般情况下本病不发生水平传播，只有当鸡群感染了传染性法氏囊病病毒以及并发其他疫病时，才发生水平传播。

鸡传染性贫血常与马立克病病毒、传染性法氏囊病病毒、网状内皮组织增生病毒以及呼肠孤病毒等混合感染，而且相互之间有协同作用。本病也是引起马立克病疫苗免疫失败的原因之一。

(3)临床症状 本病的临床特征是贫血，一般在感染后 10～16 天发病，病鸡表现精神沉郁、瘦弱、行动迟缓、羽毛松乱，喙、肉髯、冠、面部和可视黏膜苍白，生长不良，临死前还可见拉稀，血液稀薄如水，红细胞数低于 200 万个/mm^3，白细胞数低于 5 000 个/mm^3，血小板值低于 27%，红细胞压积值降到 20%以下。病程一般 20～28 天。

成年鸡感染后，一般不出现临床症状，产蛋量、授精率、孵化率均不受影响，但可通过卵传播病毒。

(4)病理变化 本病的病理变化特征是再生障碍性贫血，其骨髓的变化也最为典型。骨髓呈淡红色，甚至呈黄白色，胸腺、法氏囊和脾脏萎缩，淋巴组织明显减少，尤以胸腺最明显，皮肤、可视黏膜、肌肉苍白，局部皮下、肌肉、腺胃黏膜出血，出血常见于翅膀皮下，出血处呈蓝紫色，故称“蓝翅病”。若继发感染，则导致坏疽性皮炎，肝脏、脾脏、肾脏肿大，退色，有时肝表面有坏死灶。

(5)防治措施 对鸡传染性贫血主要采用综合防治措施，特别是种鸡场，消灭本病的根本措施是及时进行检疫，严格淘汰阳性鸡，防止引入带毒鸡。

在本病的多发区可考虑对种鸡进行免疫接种。种鸡在 12～16 周龄时，用鸡传染性贫血活毒疫苗进行饮水免疫，可有效地防止子代发病，但不能在产蛋前 3～4 周进行免疫接种，以防止通过种蛋传播疫苗病毒。

☞ 159. 怎样防治鸡的包涵体肝炎？

包涵体肝炎是由禽腺病毒引起的鸡的一种急性传染病。主要特征是突然发病、迅速死亡，死亡率急剧上升，严重贫血、黄疸，肝炎、肝坏死及肝细胞出现核内包涵体，再生障碍性贫血及肌肉出血。

1963 年美国首次报道本病，以后在世界很多国家均发现本病的存在，近年来有增多的倾向。我国不少地区已有本病的发生和流行，造成严重的经济损失。

(1)病原　本病病原为禽腺病毒科的Ⅰ群禽腺病毒。病毒在核内复制，可产生嗜碱性或嗜酸性包涵体。病毒的血清型较多，至少有 10 种。

禽腺病毒的抵抗力较强，尤其对热具有明显的抵抗力，60℃ 40 min 不能完全灭活。对紫外线和日光的耐受性强。但 1∶1 000 倍稀释的甲醛、无水乙醇和碘合剂可将其灭活。

(2)流行特点　本病主要发生于鸡，鹌鹑和火鸡也可感染发病。多发生于 3～15 周龄的鸡，以 3～9 周龄鸡最常见，产蛋鸡很少发病。肉鸡比蛋鸡更易感染。

本病有垂直传播和水平传播两种方式。病鸡和带毒鸡所产的蛋中含有病毒，由这些蛋孵出的雏鸡已被感染。初孵出的雏鸡一般不排毒，长到 3 周龄以后开始排毒。肉鸡的排毒高峰期在 4～6 周龄，而蛋鸡的排毒高峰期为 5～9 周龄，至 14 周龄仍有病毒排出。产蛋高峰前后又有一个排毒期，造成鸡蛋中含毒量最高。当病毒污染了饲料、饮水，可使易感鸡经口感染，这是水平传播的主要方式。病毒也可经呼吸道和眼结膜感染给其他鸡。

(3)临床症状　本病潜伏期为 2～5 天，病鸡表现精神沉郁、羽毛无光泽、蹲伏、处于嗜眠状态、有白色水样腹泻或黄染。本病呈最急性经过的较多,经常是肥胖鸡不出现任何前驱症状而突然死亡。一般感染后3～4天突然出现死亡高峰,第五天后死亡减少或逐渐停止,病程通常为10～14天。本病的死亡率在10%左右,若有其他疾病混合感染时,病情加剧,病死率上升。

贫血的病鸡红细胞压积值在20%以下,重症病例红细胞数为150万/mm^3以下,白细胞数和血小板数为2万/mm^3以下。

(4)病理变化　本病主要病变在肝脏,且肝脏的病变具有特征。表现为肝肿大、色变淡呈淡黄白色、质脆易碎、表面和切面上可见出血斑点,并有胆汁淤积的斑纹。肝细胞广泛发生空泡变性或脂肪变性、凝固性坏死,多数肝细胞核内出现嗜酸性包涵体,少数为嗜碱性包涵体,胆管增生。严重病例,肾脏也见肿大和色泽苍白,常见尿酸盐沉着的条纹;全身浆膜、皮下、肌肉等处也见出血,有时黄染;血液稀薄,骨髓变为灰白或黄色,明显贫血;法氏囊常萎缩变小。

(5)防治措施　目前对鸡包涵体肝炎的防治还无特效的方法和疫苗。鸡包涵体肝炎由几种血清型的病毒所引起,如用疫苗预防,需要用多种血清型的病毒制作疫苗。控制本病主要措施应为加强饲养管理,杜绝传染源传入,防止和消除应激因素。

①因本病可通过蛋传播,故不应从曾发生过本病的鸡场引进种鸡、种蛋。

②加强兽医卫生管理,对鸡场、鸡舍进行定期消毒,经常保持鸡舍清洁卫生,鸡舍内空气流通,对预防本病十分重要。

③由于传染性法氏囊病和鸡传染性贫血能加强腺病毒的致病性,因此,首先要控制住这两种病。

④对病鸡可试用抗生素,以减少并发细菌感染,降低病鸡死亡率。此外,结合补充维生素C,维生素K和微量元素铁、铜和钴合剂,以促进贫血的痊愈。

☞ 160. 鸡白痢是怎样发生和流行的?

鸡白痢是一种由鸡白痢沙门氏菌引起的鸡传染病。本病曾在世界上许多地区流行,目前虽然尚未彻底消灭,但在多数养禽业发达的地区已控制到最低限度,甚至已经根除。现在国内的曾祖代鸡场要求对此病进行严格检疫,也基本上控制了该病的发生和流行,但在父母代鸡场尚未有效地控制此病。商品代鸡场一般污染情况比较严重,每年因此病造成的经济损失较大。

鸡白痢沙门氏菌是本病的病原。该菌是一种革兰氏阴性的、中等大小杆菌,一般呈单个、双个排列,极少形成链状,无荚膜,无芽孢,无鞭毛。在普通琼脂、麦康凯琼脂培养基上生长,形成圆整、光滑、透明的细小菌落。

这种细菌在污染的鸡舍土壤内可以生存数年。对各种抗菌药物有敏感性,但容易产生抗药性。常用消毒药均可杀死本菌。

本病一年四季均可发生,发病率和死亡率与育雏室的温度、通风不良、密度过大、采食饮水不足、饲料品质不良、长途运输等饲养管理条件、防治措施是否得当及种鸡场此病净化程度等有着密切关系。

各种年龄的鸡均可发生本病。但以 2～3 周龄雏鸡的发病率与死亡率最高。成年鸡感染呈慢性或隐性经过,青年鸡发生白痢日趋普遍是流行特点上的新变化,其所造成的损失比雏鸡白痢和成年鸡白痢还要大。不同品种鸡发病情况有明显的差异,褐羽产褐壳蛋鸡种的易感性最高,白羽产白壳蛋的鸡种抵抗力较强,这可能与遗传有关。母鸡的易感性高于公鸡。

病鸡和带菌鸡是本病的主要传染源。雏鸡感染恢复后和成年鸡感染后,体内可以长期带菌,病原菌大量存在于心、肝、卵巢、肠道等内脏器官,并通过粪便不断地向外界排菌。当粪便污染了饲料、垫料、饮水和用具后,健康鸡接触到这些污染物即被感染。病鸡或带菌鸡所产的蛋有 1/3 是带菌的,病菌主要存在于蛋黄中和蛋壳上。带菌蛋一方面本身孵化率低或孵出带菌雏鸡;另一方面也会污染孵化器、蛋壳,将病菌传给同批或下批雏鸡,使本病在鸡群中不断地扩散蔓延。

☞ 161. 鸡白痢有哪些症状和病变?

(1)主要症状　在临床上,雏鸡、青年鸡、成年鸡发病症状有显著的差异。

雏鸡5~6日龄开始发病,7~8天后雏鸡群中病雏逐渐增多,在2~3周达到高峰。发病最急的雏鸡,不表现任何症状而突然死亡。病情稍缓的雏鸡表现精神沉郁,羽毛蓬松,翅膀下垂,两眼闭合、低头缩颈打瞌睡,怕冷扎堆挤在一起,少食或不吃,出现软嗉囊。突出的表现是病雏排出白色糨糊状的稀粪,肛门周围的绒毛黏着白色、石灰样的粪便,肛门露外面,常常一伸一缩地活动着。有时粪便干涸堵塞肛门,小鸡排便努责时疼痛而发出尖叫声。有的病雏呼吸困难,有的关节肿大,跛行,伏地不动,最后因心力衰竭而死亡。病程短的1~2天,一般为4~7天。20天以上的雏鸡病程较长,而且极少死亡。得过此病的雏鸡生长缓慢,甚至成为僵鸡。

青年鸡多在40~80日龄发病,鸡群中不断出现精神、食欲差和下痢的鸡只,每天都有鸡只死亡,数量不一,但不见死亡高峰。病程较长,可拖延20~30天,死亡率达10%~20%。

成年鸡感染一般没有明显症状。主要表现不同程度的产蛋率、受精率下降,死淘率增加。极少数病鸡拉稀,停止产蛋。有的因卵黄囊炎引起腹膜炎,腹膜增生而呈“垂腹”现象。

(2)病理变化　得鸡白痢死亡的雏鸡肝脏肿大、充血,有出血斑点或条纹,有大小不一的灰色或淡黄色局灶性变性及坏死。胆囊肿大,充满胆汁。脾脏肿大,有类似肝脏的变化。卵黄吸收不良,外观呈黄绿色,卵黄囊内容物呈干酪样或油脂状。在肺、心肌上有米粒大小灰褐色或灰白色坏死结节，致使心脏增大变形增厚。有的病雏在肌胃、盲肠、大肠黏膜上亦见有坏死，盲肠中有灰白色干酪样物质嵌塞肠腔，肾肿大、充血或出血，输尿管内充满尿酸盐。

病死青年鸡突出的变化是肝脏肿大，有的较正常肝脏大数倍，整个腹腔被肝脏所覆盖，质地极脆，肝被膜下有散在的小红点或小白点。脾也肿大。心包增厚、扩张，心包膜呈黄色不透明，心肌有黄色坏死灶，严重者心脏变形、变圆。肌胃、肠道上常出现类似病灶。

成年鸡白痢主要病变在卵巢。卵巢内仅有少量接近成熟或成熟的卵子，已发育或正在发育的卵子变色，有灰色、黄灰色、黄绿色、灰黑色等不正常色泽；卵子变形，呈梨形、三角形或不规则等；卵子变性，其内容物稀薄如水样，有的呈米汤样，有的较黏稠，个别小的卵子内容物如同油脂状。有的卵子落入腹腔，破裂后造成卵黄性腹膜炎。有时也可见心包炎、卡他性肠炎和跗关节发生化脓性关节炎。

☞ 162. 怎样防治鸡白痢？

(1)*治疗方法*　治疗鸡白痢要突出一个早字，确诊后立即全群给药，有条件时在给药前先进行药敏试验，以选择最好的药物用于治疗。较常用的药物有：

①痢特灵。用0.04％痢特灵拌料，投服5～6天。

②0.2％～0.5％氯霉素拌料，投服3天后剂量减半，再服2～3天。

③0.04％氟哌酸含量拌料，投服5天。

④每只鸡2 000～3 000 U庆大霉素饮水，连饮4天。

⑤微生态制剂。近年来，国内外均应用一些生物制剂防治鸡白痢。如促菌生、调痢生、乳酸菌等。经大量实验认为，这些生物制剂防治鸡白痢病的效果较好，并具有安全、无毒、不产生副作用、

病原菌对此不产生抗药性等特点。

中药方剂也有较好的治疗效果。

⑥白术 15 g,白芍 10 g,白头翁 5 g,三药研末,每只每天 0.2 g 拌料喂服,连用 7 天。

⑦黄连、黄芩、苦参、双花、白头翁、秦艽等份组方,共为细末,每只每天 0.3 g 拌料喂服,或水煎饮服,连用 7 天。

⑧白头翁、马齿苋、马尾连、诃子各 15 g,黄柏、雄黄、滑石、藿香各 10 g,共为细末,每只每天 0.5 g 拌料喂服,连用 7 天。

(2)预防措施　药物治疗只能够减少鸡的发病率和死亡率,而不能有效控制和消灭鸡白痢病。要控制并进一步消灭白痢,需采取正确的综合性防治措施。这些措施是:

①加强鸡场的卫生管理和消毒工作。由于本病可经蛋传染,所以必须用无白痢病鸡群的种蛋进行孵化。孵化器、出雏器和运雏箱在每次使用后都要用福尔马林熏蒸消毒。雏鸡要从无白痢病的鸡场购进。饲料、饮水和一切用具都不能同病鸡直接或间接地接触,同鸡群有关的人员不准进入其他的鸡群,若必须进入时,要经过消毒之后,才可以返回原鸡群,更不允许外人进入鸡舍和鸡场。

②消除鸡群中的带菌鸡,培育健康鸡群。采用全血平板凝集试验对鸡群进行多次检疫。鸡群的阳性率不高时,自 2 月龄开始检疫,每月 1 次,淘汰阳性病鸡,直至不再出现阳性鸡为止。鸡群的阳性率较高时,所产的蛋不能作为种蛋,种鸡群要转为商品蛋鸡群。对阳性病鸡群,要采取严格的隔离措施,防止疫病传播。曾出现过阳性病鸡的种鸡群,虽然阳性病鸡已被淘汰,但其种蛋孵出的雏鸡,在 1~14 日龄时要投给药物进行预防。

☞ 163. 鸡霍乱有哪些症状和病变?

鸡霍乱又称鸡出血性败血症、鸡巴氏杆菌病。是由多杀性巴氏杆菌引起的鸡的一种高度接触性传染病。我国各地均有此病发生，南方各省常年流行，北方各省则呈季节性流行。急性发病时，可引起很高的死亡率，慢性发病时则死亡率很低。

(1)病原　多杀性巴氏杆菌是近似于球形或卵圆形的短杆菌，大小为(0.25～0.4) μm×(0.5～2.5) μm。常单个或成双存在，偶尔可见排列成链状，革兰氏阴性。病死鸡血液或脏器抹片中的菌体，用瑞氏染色液染色后镜检，可见两端着色深，中间着色浅，呈现明显的两极浓染。新分离的细菌有荚膜、无芽孢和鞭毛。本菌生长条件要求较高，分离培养常用血液琼脂或血清琼脂培养基，在平板培养基上生长形成灰白色、露珠状菌落，不溶血。

本菌对热抵抗力弱，60℃作用 10 min 即死亡。在直射日光下，土壤表层的细菌很快死亡。巴氏杆菌对常用消毒剂敏感，在5%生石灰、1%漂白粉、50%酒精、0.02%汞溶液中 1 min 内即可死亡。但克辽林对本菌的消毒力较差，在浓度为 10%的克辽林溶液内 1 h 仍不能杀死。

(2)流行特点　目前，在我国集约化养鸡场内鸡霍乱的发生率低，但条件、设备简陋，环境污染严重的小型鸡场和地面平养的鸡群仍时有发生，一旦发生鸡霍乱，在这些鸡场很难清除病原。鸡霍乱一年四季均可发生，特别是在潮湿、多雨、气温高的季节多发。主要侵害对象是育成鸡和成年产蛋鸡，高产蛋鸡尤其易感。病鸡、康复鸡或健康带菌鸡是这个病的主要传染来源，尤其是慢性病鸡留在鸡群中，往往是本病复发或新鸡群暴发本病传染源。病鸡的排泄物、分泌物中含有大量病菌，随意宰杀病鸡，乱扔、乱抛病鸡废弃物，污染了饲料、饮水、用具、场地等都可把细菌传播给健康鸡，人或动物及苍蝇等昆虫也可机械性传播病菌。野鸟如麻雀、鸽子亦可以贮藏或散播病原体。本病的感染途径主要是消化道和呼吸道。消化道是通过饮食感染，呼吸道则可经过气雾、尘埃感染。

(3)主要症状　一般从鸡感染病原菌到发病需要 2～9 天。最急性的发病鸡几乎看不到症状，突然死在鸡窝内或栖架下。肥胖的鸡容易发生最急性型鸡霍乱。大多数病例为急性症状，主要表现精神差，羽毛松乱，缩脖闭眼，弓背，头藏于翅下，不爱走动，离群呆立，不吃，喜欢喝水，冠髯呈黑紫色。体温升高至43～44℃，呼吸加快，呼吸时嘴常张开，流出黏液，有时发出“咯、咯”声。常有剧烈的腹泻，腹泻的粪便最初为白色水样，稍后变成灰黄色或绿色并带黏液。病程1～3天。慢性鸡霍乱可由急性病例转化而来，也可由低毒力病菌感染发生，一般症状表现为局部感染。如冠、肉髯苍白色，且水肿变硬，关节炎或关节化脓，跛行，有的病鸡呼吸困难，鼻窦肿大，鼻流黏液。有时可发生结膜炎或中耳感染引起颈扭转或斜颈。病程可延至数周甚至数月，病鸡可能死亡，或长期保持感染状态，或者康复。

(4)病理变化　最急性型鸡霍乱病鸡没有明显的病理剖检变化，仅心外膜、心冠脂肪或黏膜有少量出血点，肝脏有针尖大黄白坏死点。

急性鸡霍乱病鸡剖检可见腹膜、皮下组织和腹部脂肪上有小点出血，肝脏肿大，呈棕红色、赤黑色或棕黄色，质变脆，表面有许多灰白色或灰黄色针尖大或粟粒大的坏死灶，心脏外膜上有密集的出血点，心包积液、心肌浊肿、心冠状沟及内膜也有出血点，十二指肠发生严重的急性卡他性肠炎或出血性肠炎，肺充血、出血、水肿，脾脏无明显病变。

慢性病例有鼻炎、关节炎、腹膜炎、气囊炎、结膜炎、卵变形等病变。

☞ 164. 怎样防治禽霍乱？

(1)做好平时的饲养管理工作　这是预防鸡霍乱最关键的措施，鸡霍乱的病原菌常存在于健康鸡的上部呼吸道，一般不显临床症状，但当饲养管理不良以及在不良因素的作用下，如气候骤变、阴雨潮湿、鸡群密集、通风不良、某些寄生虫病或其他疾病等降低机体抵抗力的因素，均能促进发病和流行。因此鸡群要避免拥挤和受寒，鸡舍要注意防蝇、防鼠、定期消毒，不要轻意变换饲料，防止饲料、饮水、用具被污染。

(2)预防接种　对曾发生过鸡霍乱的地区或鸡场，也可考虑进行预防接种。常用的疫苗有弱毒活菌苗和灭活菌苗。一般可选用：

①禽霍乱 G190E40 弱毒疫苗。该苗适用于 3 月龄以上的各种鸡，按瓶签注明的实际含量，用浓度为 20%～25%氢氧化铝胶生理盐水稀释，每只鸡肌肉注射 0.5 mL，免疫保护约 3 个月。

②禽霍乱油乳剂苗。适用 3 月龄以上的鸡，每只鸡颈部或翅内侧皮下注射 1 mL，注射后 2～3 周产生免疫力，免疫保护期约 6 个月。

(3)鸡群发病应立即采取紧急控制措施　首先应隔离病鸡，烧毁或深埋死鸡，对病鸡接触过的鸡舍、场地及用具，用高效强力消毒灭菌剂或百毒杀彻底消毒，防止病菌扩散。

对鸡群假定健康鸡和同场假定健康鸡群可采用下列疫苗紧急预防接种。

①833 禽霍乱弱毒菌苗。按瓶签说明用生理盐水稀释，每只鸡用 100 万活菌皮下注射。该疫苗免疫产生期短、安全和免疫原性好，特别适用鸡霍乱暴发的鸡场。

②组织灭活苗。可试用鸡霍乱自场脏器苗，即把发病鸡场的急性病鸡肝脏研细、稀释，用福尔马林灭活后进行，紧急预防接种。免疫 2 周后，一般不再出现新的鸡病。

(4)对病鸡要积极治疗　多种药物都可用于本病的治疗，并且都有不同程度的治疗效果，疗效的大小在一定程度上取决于治疗是否及时和药物是否得当，有条件的地方应通过药敏试验选择有效药物。在治疗过程中，药物剂量要足，疗程合理，当病鸡死亡明显减少后，再继续投药2～3天以巩固疗效防止复发。目前治疗本病常用药物有：

①抗生素。用于肌肉注射时：链霉素每千克体重2万～3万U，每天注射1～2次，连用2天；青霉素每千克体重3万U，每天注射4次，连用2天；氯霉素每千克体重40 mg，每天注射1次，连用2天。大群治疗时，可将金霉素、土霉素、氯霉素按0.1%的含量混在饲料中喂给，连用3～5天，也可收到满意的治疗效果。

②磺胺类药物。磺胺二甲基嘧啶按0.2%～0.5%的用量混饲3天；磺胺二甲基嘧啶钠按0.1%～0.2%用量混水饮用3天均有良好疗效。注意大剂量的磺胺连用3天以上则有毒性作用，会影响鸡的食欲，随后发生肉鸡增重慢，蛋鸡产蛋下降等不良现象。

③喹乙醇。以每千克体重20～30 mg拌入料中，每天1次，连用3～5天为一个疗程。因为该药排泄缓慢，在肝中有蓄积作用，所以用量不能大，时间也不能长。如需继续用药，应停药3～5天，然后再用一个疗程。

④中药方剂：

黄芪、蒲公英、野菊花、双花、板蓝根、雄黄各35 g，藿香、乌梅、白芷、大黄各25 g，苍术20 g，共为细末，按1.5%拌料喂服，连用7天。

黄连、黄芩、黄柏、栀子各20 g，薄荷、菊花、石膏、柴胡、连翘各30 g，共为细末，按1.5%拌料喂服，连用3天。

藿香、黄连、黄芩、黄柏、大黄各30 g，苍术、厚朴、乌梅各60 g，板蓝根80 g。大黄、乌梅研末单装，余药共为细末，每只每天治疗量1～1.5 g，预防量减半，拌料喂服。病初用大黄不用乌梅，出现腹泻3日后用乌梅不用大黄，预防时组方全用。

☞ 165. 鸡大肠杆菌病是怎样发生与流行的？

(1)病原　鸡大肠杆菌病是由埃希氏大肠杆菌引起的一种常

见病。近年来，由于养鸡业的发展，特别是大规模集约化饲养，该病在一些鸡场中严重发生，给养鸡业带来的损失愈来愈大。鸡大肠杆菌病包括大肠杆菌性肉芽肿、腹膜炎、输卵管炎、脐炎、气囊炎、出血性肠炎以及败血症等疾病。

大肠杆菌是革兰氏阴性菌，一般呈散在排列、其大小为(1～3) μm×(0.4～0.7) μm，不形成芽孢，有鞭毛，绝大多数菌株不能形成荚膜。在麦康凯琼脂平板上生长形成有黏性红色菌落，在伊红美蓝琼脂平板上则生长形成黑色、带有金属闪光的菌落。

本菌在潮湿、阴暗而温暖的外界环境中存活时间不超过1个月，在寒冷、干燥的环境中存活较久。常用消毒药在数分钟内可杀死这种细菌。各地分离的大肠杆菌对抗菌药物敏感性差异很大，容易产生抗药性。

(2)流行特点 各种年龄、不同品种的鸡一年四季均可发生本病，但以冬末春初最常见。发病率和死亡率因影响因素不同而有差异。被大肠杆菌污染的种蛋、孵化器、饲料、饮水、垫料、空气是此病的重要传染源或传染媒介，其主要可通过以下几种途径传染。

①垂直传染。大肠杆菌性败血症及腹膜炎可波及鸡的卵巢和输卵管，从而引起卵的污染。另外，粪便污染鸡蛋亦可造成蛋的外源性感染，所以母鸡所产蛋的0.5%～0.6%含有大肠杆菌。在孵化过程中，这些带菌蛋往往会引起死胎或爆蛋，孵出的雏鸡多为感染雏，这种雏可排出大量的病菌，污染周围环境，并常在某种诱因作用下，呈败血症死亡，同时也会感染周围的健康雏。

②呼吸道传染。大雏或成年鸡的气囊炎或败血症多经呼吸道感染。这是因为鸡舍中尘埃上附着的大肠杆菌在鸡吸氧时直接侵入气囊并定居、繁殖，在某种诱因作用下引起败血症。

③消化道传染。由于病鸡粪便含有大量病菌，当其污染饲料、饮水后，可通过消化道感染健康鸡，引起急性出血性肠炎及肉鸡败血症。

在自然情况下，多种诱因，如寒冷、鸡舍通风换气不良、氨气过多及空气中游离的尘埃对呼吸道黏膜的损伤，都有助于大肠杆菌的侵袭。饲养密度过高、营养不均衡也能降低鸡的抵抗力。适当地补充维生素A、维生素E可减少鸡的发病死亡。患有传染性支气管炎、新城疫病毒或霉形体感染的病鸡，对本病极其易感，往往会诱发本病的合并感染，提高发病率。传染性法氏囊病会加重大肠杆菌病鸡死亡。

☞ 166. 鸡大肠杆菌病有哪些症状和病变？

(1)*主要症状* 鸡大肠杆菌病病型复杂，所以表现出的症状与发病鸡日龄、病程长短、被侵害组织器官、有无混合感染有密切关系。

雏鸡感染后，多呈急性败血症症状，病雏精神沉郁、羽毛松乱、少吃或不吃、腹部大，脐孔及其周围皮肤发红、水肿，拉黄色稀粪，可在病后2～3天死亡。死亡率一般为5%～20%，有时也可达50%。

成年鸡感染后，以亚急性或慢性败血症症状为主，病鸡少吃或不吃，不爱动，鸡冠萎缩，颜色发白，有的下痢，肛门周围被粪污染，腹部膨胀、眼球凹陷，部分病鸡中毒死亡。局部感染的呈局部临床症状，如关节炎、眼炎，还有可能伴有呼吸道症状。

(2)*病理变化* 患大肠杆菌病的新生雏鸡死后剖检可见卵黄吸收不良，卵黄囊充血、出血，卵黄呈黄绿色黏稠状、干酪状或稀薄液状，脐部炎症，脐孔闭合不全，脐孔周围皮下出血、瘀血、水肿。

其他病鸡死后剖检常见肝、脾肿大，呈铜绿色或土黄色，肝表面有一层白的纤维素膜覆盖，称为肝周炎，此膜易剥脱，剥脱后肝呈紫褐色。心脏可见心包炎，心包内充满淡黄色纤维蛋白性渗出液，并伴发心肌炎。气囊呈气囊炎病变，气囊壁增厚、混浊，呼吸面常有干酪样渗出物附着。

有的病死鸡可见输卵管炎，管腔内黏膜充血，有干酪样物附着。严重时输卵管壁变薄，内含块状、干酪样坏死物。

较多的成年鸡还见有卵黄性腹膜炎，腹腔中见有散蛋黄液。得病时间较长的病鸡腹腔内有多量纤维素渗出物粘在肠管和肠系膜上，腹膜粗糙，有的可见肠粘连。

大肠杆菌性肉芽肿较少见到。在心、肝、盲肠及十二指肠和肠系膜上呈现典型的肉芽肿结节。

其他如肺炎、眼炎、关节炎、脑炎在本病发生过程中有时也可看到。

☞ 167. 怎样防治鸡的大肠杆菌病？

鸡大肠杆菌是条件致病菌，所以对鸡大肠杆菌病应采取综合性防治措施。

（1）加强鸡群的饲养管理　改善鸡舍的通风条件和环境卫生，定期用1210高效强力畜禽消毒灭菌剂进行鸡舍消毒，保持育雏舍温度，防止空气、饲料及饮水污染，以消除各种发病诱因。

（2）控制粪便污染　种蛋一旦被粪便污染就成为鸡群间致病性大肠杆菌相互传播的重要途径，因此在种蛋产后2 h内应进行熏蒸消毒，淘汰破损或明显有粪迹污染的种蛋。

（3）预防性给药　对出壳后3～5日龄的雏鸡及4～6周龄的鸡分别给予2个疗程的抗生素用药，可收到较好的预防效果。

（4）注射疫苗　近年来国内外均使用灭活菌苗预防大肠杆菌病。目前，临床上常用的大肠杆菌多价氢氧化铝苗和多价油佐剂灭活苗效果较好。由于大肠杆菌血清型较多，所以从当地或本场发病鸡群中分离菌株，鉴定其血清型后再制苗则会收到更好的预防效果。种鸡在开产前接种菌苗后，在整个产蛋周期内大肠杆菌病明显减少，种蛋受精率、孵化率、健雏率有所提高，减少了雏鸡阶段的发病。为确保菌苗的预防效果，需进行两次免疫，第1次为4

周龄鸡,第2次为18周龄鸡。

(5)*鸡群发病后的药物治疗* 大肠杆菌对多种抗生素都敏感,如庆大霉素、氯霉素、卡那霉素、新霉素、氟哌酸等均有较好的治疗效果。但是,近年来在防治本病的过程中发现,大肠杆菌对药物极易产生抗药性,如果鸡场经常用上述几种药物防治本病,则会由于大肠杆菌对这些药物产生耐药性而降低治疗效果。因此用药物防治时,应在感染早期对分离出的大肠杆菌进行药物敏感试验,选用敏感药物或选用本场过去少用的药物全群给药。如果是大肠杆菌和其他病原微生物的混合感染,则尚需选择对另一病原体同时有效的药物进行治疗。早期投药可控制早期感染的病鸡,促使其痊愈,同时可防止新的病鸡出现。大肠杆菌病发生的后期,病鸡体内会形成气囊炎、肝周炎、心包炎等病理变化,此时药物治疗效果不佳。

中药疗法方法如下:

①三黄汤。黄柏100 g,黄连100 g,大黄50 g,加水1 500 mL,微火煎至1 000 mL,取药液,药渣如上法再煎1次,合并两次煎成的药液1∶10的比例稀释于饮水中,供1 000羽自由饮服,每天1剂,连用3天。

②葛根35 g,黄芩、苍术各30 g,黄连15 g,生地、丹皮、厚朴、陈皮各20 g,甘草10 g,共为细末,每只每天11.5 g,拌料喂服,连用3天,配合使用抗生素,效果极佳。

☞ 168. 鸡慢性呼吸道病有哪些症状和病变?

本病又称鸡败血霉形体病,其病原是鸡败血霉形体。它可感染鸡和火鸡等禽。各种日龄的禽类均可感染,但以雏禽发病最严重。全年各季均可发生,但以寒冬及早春最为严重。如单纯败血霉形体感染,一般只有轻度呼吸道症状,此时的发病率高,但死亡率一般只有10%~30%。本病在老疫区和老鸡场(舍)常呈隐性经过。

患本病后，由于影响机体的生长发育而使肉用仔鸡饲养期延长，带来饲料报酬下降，药物消耗增多等，使养鸡成本大大增加。同时，本病还可使产蛋鸡群的产蛋率下降10%～40%，种蛋孵化率下降10%～20%，弱雏也相应增加约10%。

(1)病因　当气候突变、饲料不全价特别是缺乏维生素A，饲养密度过大，舍内二氧化碳和氨气浓度过高及育雏期温、湿度忽高忽低和免疫接种等应激因素存在时，常促使本病暴发。同时还经常并发或继发大肠杆菌病、新城疫、传染性喉气管炎和传染性支气管炎等疾病，此时死亡率可高达40%～60%或更高些，可造成严重损失。

病鸡或隐性感染鸡从呼吸道分泌物中排出病原体。没有抵抗力的鸡吸入含有本病原的飞沫或尘埃，或吃进本病原污染的饲料和饮水而受感染。本病在易感鸡群中传播极快。鸡败血症霉形体还可以经蛋垂直传给后代雏鸡，使本病在鸡场中代代相传，难以杜绝，其危害可想而知。

(2)主要症状　表现流鼻涕、咳嗽、窦炎、结膜炎及气囊炎，呼吸时有罗音，生长停滞。直接死亡率与治疗、护理有很大关系，一般在10%～30%。如有并发感染，则死亡率更高。

产蛋鸡感染本病多呈隐性经过，仅表现产蛋率降低，孵化率下降，新孵出的雏鸡增重受影响。本病经常与大肠杆菌合并感染，相应症状则表现为发热、下痢等。

(3)病理变化　主要是鼻道、气管和支气管及气囊内有黏性或干酪样渗出物，并常有芝麻至黄豆大的结节，有时个别结节大如核桃。严重病例可见纤维素性或纤维素性化脓性肝周炎，心包充血、出血。有的鼻腔中有淡黄色恶臭的黏液，肺炎性充血。如有并发或继发病，就有相应不同疾病的病变出现。

引起关节滑液囊炎时，趾底部和跖关节肿胀，有波动感和热感，腿无力，行走困难，有的不能站立。

☞ 169. 怎样防治鸡的慢性呼吸道病？

(1)预防措施

①预防本病的最根本措施是设法建立没有本病的“净化”种鸡群。可用链霉素每毫升含2 000 U，对1日龄的雏鸡进行喷雾或滴鼻，在3～4周龄时再重复1次，在2，4，6月龄时各进行1次，经血清学检验，淘汰阳性鸡或全部淘汰，留下全部无病鸡群隔离饲养作为种用，并对其后代继续观察，建立良好的饲养管理和卫生制度。当然还需要采取常规的有关措施，如保持鸡舍通风良好，鸡群密度合理；减少舍内尘埃，定期清除粪污垫料，以减少有害气体的刺激。还要保证饲料营养全价，配比合理，在饲养方式上采用“全进全出”等。

②对污染的生产鸡群普遍接种霉形体油乳剂灭活苗，7～15日龄雏鸡颈背部皮下注射0.2 mL，成鸡颈背部皮下注射0.5 mL，平均预防效果可达到80%左右，免疫期为5个月。

③种蛋入孵前进行消毒处理可减少鸡败血霉形体的垂直传播。如有的孵化场，种蛋孵化前经福尔马林消毒，然后再浸入0.01%～0.1%的链霉素或红霉素、四环素溶液中，处理后再孵化。雏鸡出壳后再用每毫升含2 000 U的链霉素液进行喷雾或滴鼻，分群饲养，效果良好。

(2)治疗方法　治疗本病除因霉形体无细胞壁使青霉素不能发挥其作用外，许多药物均可供治疗时使用。如环丙沙星、恩诺沙星、氧氟沙星、链霉素、壮观霉素、土霉素、四环素、红霉素、卡那霉素、庆大霉素、新霉素等均有效。

霉形体容易产生抗药性，长期使用单一的药物，往往效果甚微或完全无效。为此使用时用药量一定要足，疗程不宜太短，一般要连续用药3～7天。同一鸡群也不要长期使用单一种药物，最好是几种药物轮换使用或联合使用。

可供选用的抗生素主要有：

①氟哌酸。以 0.005%～0.01%浓度拌料，饲喂 3～5 天。

②土霉素、四环素或红霉素。按 0.02%～0.06%，或红霉素按 0.01%～0.02%浓度拌料，饲喂数天。

③恩诺沙星或氧氟沙星。每 5 g 原粉加水 100 kg，任其口服 2～3 天。

④0.01%强力霉素或 0.02%～0.05%泰乐加，混水饮服 3～5 天。

⑤链霉素或庆大霉素。链霉素每只成年鸡肌肉注射 200～400 mg，5～6 周龄幼鸡肌肉注射 80～100 mg，3 月龄鸡肌肉注射 150～200 mg；庆大霉素按每千克体重注射 3 mg。以上诸药可交替选用，均有显著的疗效。

中药治疗可选用以下方剂：

①桔梗、双花、麦冬、菊花各 30 g，黄芩、麻黄、杏仁、贝母、桑白皮各 25 g，石膏 20 g，甘草 10 g 组方，水煎饮服，500 只鸡每天 1 剂，连用 5 剂。

②黄连、黄柏、黄芩、栀子、黄药子、白药子、款冬花、知母、贝母、郁金、秦艽、甘草各 10 g，大黄 5 g，水煎饮服，100 只鸡每天 1 剂，连用 3～5 天。

③麻黄、杏仁、石膏、桔梗、金荞麦根、鱼腥草、黄芩、连翘、双花、牛蒡子、穿心莲、甘草等份组方，共为细末，每天每只 1 g 拌料喂服，连用 5 天。

☞ 170. 鸡传染性鼻炎有哪些症状和病变？

传染性鼻炎是由副鸡嗜血杆菌引起的一种急性上呼吸道疾病，主要特征为鼻黏膜发炎，流鼻涕、眼睑部水肿和打喷嚏。若与其他疾病，如鸡呼吸道霉形体病和鸡痘等混合感染，则可加剧病情，引起幼鸡生长停滞和产蛋母鸡的产蛋率下降10%～40%。该病在世界范围内均有发生，给养鸡业造成严重经济损失。

(1)流行特点　鸡传染性鼻炎病原为鸡副嗜血杆菌。自然条件下鸡、火鸡、野鸡等均可感染，而鸭、鹅、鸽则不感染。本病发生于各种年龄的鸡，但雏鸡一般发生少，育成鸡也可发生，以成年产蛋鸡最易感且症状最典型、最严重。冬春两季是本病高发期，夏季很少发生，这与气候变化、潮湿、寒冷及鸡群过于拥挤、通风不良有关。缺乏维生素及蛋白质饲料时，也可促使发病。

病鸡、康复鸡、健康带菌鸡是本病的主要传染源。病鸡污染的环境、饲料、饮水及用具等都可能带有病菌，经呼吸道、口腔、眼结膜传给健康鸡。如病鸡继发感染传染性支气管炎、传染性喉气管炎、鸡霍乱、鸡慢性呼吸道病，则会使病情加重，死亡增多。如若与鸡慢性呼吸道病混合感染时，传染性鼻炎发病急、传播快，同时使病程延长。在同一鸡场不同日龄的鸡混合在一起，或新购入的大日龄鸡与老鸡饲养在一起，极易造成本病的暴发。鸡传染性鼻炎的传染性很强，一个鸡场中某一鸡舍发病后，其他鸡舍的适龄鸡群几乎无一幸免。本病在流行中一般呈现高发病率、低死亡率的特征。

(2)主要症状　本病潜伏期短，在鸡群中传播快，几天之内可席卷全群，在每次流行中症状的严重程度差异很大。轻型病例表现的惟一症状就是鼻中流出稀薄清水，无全身症状。严重病例的最明显症状是鼻道和鼻窦内有浆液性和黏液性分泌物，并有难闻的臭味。这种分泌物干燥后，就在鼻孔周围凝结成黄色的结痂。眼结膜发炎并有眼睑粘连，一侧或两侧眼眶周围及脸部水肿。部分成年鸡，特别是公鸡，其肉髯水肿。当上呼吸道的炎症蔓延到气管和肺部时可引起病鸡呼吸困难并有罗音，病鸡极度消瘦和衰竭，最后常窒息而死。少数严重病例，可能发生副嗜血杆菌性脑膜炎，伴随急性神经症状而死亡。发病初期病鸡还有一定食欲，随鸡群中发病数量增多，食欲明显减退或完全不吃，羽毛松乱，蜷伏不动，有的拉痢。小鸡生长发育慢或不长，产蛋鸡群发病后 5～6 天产蛋量明显下降，处在产蛋高峰期的鸡群产蛋下降更明显，肉种鸡群发病后鸡群产蛋几乎绝产。当鸡群精神好转，食欲逐渐恢复时，产蛋量逐渐回升，最后鸡群产蛋量低于或接近原有水平。在本病发生的早期病鸡很少死亡，但当全群精神状态好转，产蛋量开始回升时，鸡群死淘率增加，死亡率可达 20%。本病病程 4～18 天。

(3)病理变化　鸡传染性鼻炎的主要变化是鼻腔和鼻窦发生急性卡他性炎症，黏膜充血肿胀，表面有大量黏液和炎性渗出物的凝块，严重时可见气管黏膜也有同样的炎症表现，早期死亡的病例可见肺炎、气囊炎。常见病鸡有卡他性结膜炎，结膜充血肿胀，脸部及肉髯皮下水肿。病程较长的病鸡，可见鼻窦、眶下窦和眼结膜囊内蓄积一种豆腐渣样物，蓄积过多时常使病鸡的眼部显著肿胀和向外凸出，严重时引起巩膜穿孔和眼球萎缩。

☞ 171. 怎样防治鸡的传染性鼻炎？

(1)加强饲养管理　加强饲养管理对预防本病很重要。鸡舍应通风良好，鸡群不能过度拥挤，应防止寒冷和潮湿，多喂富含维生素 A 的饲料。由于病愈康复鸡仍可带菌，是潜在的传染源，对其他新鸡群构成威胁，所以对这部分鸡要全部淘汰。对病鸡污染的鸡舍要进行彻底消毒。本病原菌对外界理化因素抵抗力低，一般鸡舍内经清扫、水冲，有条件时还可用火焰喷灯消毒，再经过氧乙酸或福尔马林熏蒸消毒，然后空舍 1 周，再进入新鸡群就安全了。

(2)预防接种　用鸡副嗜血杆菌苗接种是防治本病的有效方法。目前，国内有两种菌苗，A 型油乳剂灭活苗和 A-C 型二价油乳剂灭活苗。35～40 日龄鸡作首次免疫接种，每只注射 0.3 mL；110～120 日龄鸡进行第 2 次免疫接种，每只注射 0.5 mL。但对发生过本病的鸡群免疫接种前，应先用5～7天抗生素，以防带菌鸡发病。

(3)*治疗方法*　各种磺胺药物和抗生素对减轻本病的严重程度和缩短病程是有效的，但都不能根治本病，停药后往往可能复发，且不能消灭带菌状态。

本病病原对磺胺药物非常敏感，是治疗中使用的首选药物。但一般养鸡者认为磺胺药物会影响鸡群产蛋，而且可能引起药物中毒，大多不愿使用该药。可是磺胺药物的应用可较快地控制本病传播，迅速消除病因，对改善鸡群精神、食欲状况，减少继发感染乃至整个鸡群的康复起着重要作用。否则本病在鸡群中一旦扩散蔓延，就会使整个鸡群的产蛋量大幅度下降。

①在选用磺胺药物时应选择毒性小、口服容易吸收的品种，在治疗中应注意剂量不宜过大，时间一般不超过5天。在发病初期鸡群食欲尚未明显降低时，正是投喂磺胺药物的好时机。

大群治疗时，可在饲料中添加0.5％磺胺噻唑或磺胺二甲基嘧啶，连喂3～4天，间隔2～3天，再喂3～4天，均可取得明显效果。

②如果鸡群食欲下降，经饲料给药血中达不到有效浓度，治疗效果差，此时应采用注射抗生素的办法。本病对链霉素高度敏感，成年病鸡每只每天肌肉注射15万～20万U，连用3天；或用庆大霉素，每只每天肌肉注射2 000～3 000 U，连用3天，同样可取得明显疗效。

③双花10 g，板蓝根6 g，白芷25 g，防风15 g，苍术15 g，黄芩8 g，甘草8 g，苍耳子15 g，共为细末，每只每天1～1.5 g，连用3～4天。

④辛夷、白芷、生姜各30 g，半夏、黄芩、葶苈子、桔梗各20 g，猪苓、泽泻、甘草各15 g，100只鸡每天1剂，水煎饮服，连用3天。

⑤辛夷15 g，苍耳子、白芷、薄荷各7 g，郁金、沙香、知母、黄柏

各 9 g,白矾、甘草各 6 g,100 只鸡每天 1 剂,水煎饮服,连用 3 天。

☞ **172. 鸡曲霉菌病有哪些症状与病变?**

曲霉菌病是鸡、火鸡、其他禽类以及哺乳动物的一种常见的霉菌病,幼鸡最易感,常呈急性群发,发病率和死亡率都很高,成年鸡一般零星发病。本病主要侵害鸡的肺和气囊,引起广泛性炎症和小结节,又称曲霉菌性肺炎。

本病在我国广泛存在,尤其在南方潮湿地区,经常在鸡群、鸭群、鹅群中暴发。当蛋保存在潮湿环境下,蛋壳污染上曲霉菌,长出霉斑霉菌孢子可穿过蛋壳,引起鸡胚感染。

(1)流行特点 本病病原是曲霉菌,主要是烟曲霉菌和黄曲霉菌。

本病可在多种家禽中流行,6 周龄以下雏鸡、火鸡易感,多发生于 4～15 日龄雏鸡,常呈急性暴发,发病率高,病鸡大批死亡,死亡率一般在 10%～50%。成年鸡比雏鸡抵抗力强,仅见零星散发,主要呈慢性经过,死亡率也不高。

曲霉菌与细菌、病毒不同,它主要通过其产生的孢子传播疾病。垫料和饲料发霉,空气受到霉菌的严重污染,使鸡只与霉菌孢子有充分接触的机会而发生感染。本病的传播途径主要是呼吸道,鸡只将含有霉菌孢子的空气及在采食霉变饲料过程中吸入孢子,引起气管、肺和气囊的感染;也可通过眼睛感染,引起雏鸡角膜炎;在孵化时曲霉菌孢子可穿透蛋壳引起鸡胚感染,使鸡胚在孵化期间死亡或刚出壳即发病。育雏器潮湿发霉,育雏室内温度不稳定,通风换气不好,雏鸡过分拥挤,营养不良等,都能促进本病的发生和流行。

(2)主要症状 雏鸡发病多为急性经过。病初精神不振,少吃或不吃,爱喝水、饮水量增多,羽毛蓬松,两翅下垂,对外界反应淡漠。随之可见呼吸困难而急促,病雏伸颈张口吸气,若与传染性支气管炎等其他呼吸系统疾病同时发生，则常发出“咯咯”声，呈罗音或哨音。若单纯曲霉菌病时，通常没有这些声音。有的病鸡摇头、甩鼻打喷嚏，少数病鸡眼、鼻流液。病雏明显消瘦，后期常发生下痢。有些雏鸡可发生曲霉菌性眼炎，在一侧眼的瞬膜下形成黄色豆腐渣样结节物或干酪样凝块，造成眼睑鼓起；有些病鸡的眼角膜中央形成溃疡。少数病例有神经症状，如摇头、头向背仰、不自主运动及两腿麻痹。急性病鸡通常在出现症状后2～7天死亡。

中雏和成年鸡发病呈慢性经过，发病轻而耐过的雏鸡也可变成慢性病鸡。主要表现为生长慢，发育不良，羽毛乱无光泽，不爱运动，逐渐消瘦死亡。成年鸡患病引起产蛋减少或停产，但死亡少。慢性病程可延长数周。

曲霉菌污染种蛋可降低孵化率，造成鸡胚大量死亡。

(3)病理变化　病变主要发生在呼吸系统。典型病例在肺部有散在或密集的、粟粒大至绿豆大小的灰白色或黄白色结节，硬度呈橡皮样，切面呈同心轮层状，中心为干酪样坏死组织。气囊壁上有点状或局部混浊，呈云雾状，可见大小形状不一的灰白色结节，切面有轮层结构。严重者整个气囊壁增厚，附着灰白色或黄白色炎性渗出物或干酪样物；后期病例可见干酪样斑块上及气囊壁上有灰绿色霉菌斑。少数严重病例在心脏、肝、肾、腺胃、肠管、腹腔表面也有灰白色结节或灰绿色霉斑。

☞ 173. 怎样防治鸡曲霉菌病?

加强饲养管理是预防本病发生的关键措施，应当认真做好以下各方面工作：

(1)保持环境卫生、干燥，防止环境污染　垫料要选用不易发霉的材料，如麦秸、稻草，这些垫料应经常翻晒，防止霉菌生长繁殖。地面平养鸡舍内的饲槽及饮水器周围极易滋生霉菌，要经常改变饲槽和饮水器放置的位置，饲槽、饮水器要常刷洗、消毒。要加强通风，减少鸡舍空气中霉菌孢子的数量。种蛋库、孵化室要清洁，干燥，经常消毒。

（2）*对污染的育雏室要严格处理*　一旦发现育雏室被曲霉菌污染，在雏鸡进入前要清除霉变垫料，彻底清扫、消毒。消毒可用福尔马林熏蒸，也可用0.4％过氧乙酸或5％氯胺喷雾后密闭数小时，经通风后更换清洁干燥垫料，方可使用。

（3）*禁喂发霉饲料，禁用霉变饲料原料和垫料*　一旦发病，要迅速查明原因，使鸡群脱离霉变物及霉菌污染的环境，同时对环境和用具进行彻底消毒，控制本病继续蔓延。

（4）*治疗方法*　目前本病尚无特效治疗药物。对严重病例可扑杀淘汰，症状较轻的病鸡酌情试用以下治疗方法，有一定效果。

①制霉菌素疗法。每100只雏鸡1次用50万U，拌料喂服，每天2次，连喂3天。

②硫酸酮或碘剂制剂疗法。用1∶3 000的硫酸铜水溶液作为雏鸡饮水，连用3～4天，或用浓度为1％的碘化钾溶液作饮水，每天2次，连用3天。

③中药疗法可选用以下方剂。鱼腥草、蒲公英各60 g，筋骨草15 g，山海螺30 g，桔梗15 g，加水煎汁，代替饮水，供100只5～10日龄雏鸡每天饮用，连用2周。

肺形草、鱼腥草各80 g，蒲公英25 g，筋骨草15 g，桔梗25 g，山海螺25 g，煎汁代替饮水，可供100只10～20日龄雏鸡每天饮用，连服1周。

双花、连翘、莱菔子（炒）各30 g，黄芩、丹皮各15 g，柴胡18 g，桑白皮、枇杷叶、甘草各12 g，水煎饮服，500只鸡每天1剂，连用4剂。

鱼腥草300 g，蒲公英18 g，葶苈子、黄芩、桔梗、苦参各90 g，共为细末，拌料喂服，200只鸡每天1剂，连用3天。

☞ 174. 鸡葡萄球菌病有哪些症状和病变?

葡萄球菌在自然界广泛分布,在健康鸡的皮肤、羽毛、眼睑、黏膜、肠道都有葡萄球菌存在,而且也是养鸡场、孵化车间、屠宰加工车间的常在菌。鸡葡萄球菌病是由金黄色葡萄球菌引起的一种传染病,常表现为小鸡坏疽性皮炎、败血症和脐炎。我国自20世纪70年代后期以来,由于养鸡业的发展,本病在一些鸡场时有发生,造成了较大的经济损失。

(1)*流行特点* 本病一年四季均有发生,以多雨、潮湿的夏秋季发病较多,鸡的品种与本病发生无明显的关系。各种日龄的鸡都可发病,但其中以40~80日龄育成鸡多发、易发,成年鸡较少发生。

本病发生与饲养管理水平、环境污染程度、饲养密度等因素有直接关系。鸡群过大、拥挤,通风不良、鸡舍空气污浊,饲料单一、缺乏维生素和矿物质及存在其他疾病,均可促进葡萄球菌病的发生。

本病主要通过外伤,也可以从消化道和呼吸道传染,雏鸡脐带感染也是常见的传染途径。凡是能够造成鸡只皮肤、黏膜完整性破坏的因素均可诱发本病。往往由于笼具、网具质量不好或年久失修等机械性外伤造成鸡只皮肤脚趾刮伤、刺伤、扭伤也会引起感染。疾病因素造成的外伤,在一些鸡场常见由于发生鸡痘伤引起本病的暴发。

鸡葡萄球菌病的发病率与死亡率依鸡群饲养管理条件及防治措施是否得当有较大差异。鸡群发病后有明显的死亡高峰,死亡率为2%~50%。

(2)*主要症状* 本病临床上具有多种类型,其症状表现不同。

①败血型及坏疽性皮炎型。病鸡精神不振,不爱跑动,常呆立一处或蹲伏,两翅下垂,缩颈,眼半闭打瞌睡,羽毛松乱,无光泽。病鸡少吃少喝或不吃不喝。部分病鸡拉稀,排出灰白色或黄绿色

粪便。较为特殊的症状是:病鸡颈、胸、腹及大腿内侧,特别是翅膀下的皮肤出现广泛的炎性浮肿。这种炎性浮肿一般是从翅膀根部开始,在很短的时间内扩散到整个翅膀下,进而扩散到胸腹部、颈部及嗉囊周围。其外观为蓝紫色,触摸有波动感,局部羽毛脱落,或用手一摸即脱掉。其中有的病鸡皮肤自然溃烂,流出绿茶色或紫红色胶冻状渗出液,周围羽毛常被玷污,病期较长时干燥结痂。部分病鸡翅膀背侧和腹侧、翅尖、尾、背及腿等不同部位的皮肤出现大小不等的出血斑点、炎性坏死。

以上表现是葡萄球菌的常见病型,多发生于育成鸡,病鸡在2～5天死亡,快的1～2天即急性死亡。有时也可见到败血型病鸡无症状突然死亡。

②关节炎型。病鸡关节炎性肿胀,特别是跖、趾关节肿胀。患部呈紫红色或紫黑色,有的破溃结成黑色痂,有的出现趾瘤,脚底肿大,有的趾尖发生坏死,呈黑色,较干涩。发生关节炎的患鸡表现跛行,不喜欢站立,多伏卧,有饮食欲,但因采食困难而饥饱不匀,常被其他鸡踩踏,病鸡逐渐消瘦,最后衰竭死亡,病程多为十余天。这种类型的疾病多发生在成年鸡和肉种鸡的育成阶段。

③脐炎型。多见于刚出壳不久的雏鸡,病程短,死亡率高,对雏鸡造成一定危害。这是由于出壳雏鸡脐孔闭合不全,感染了葡萄球菌引起的。病雏主要表现腹部膨大,脐孔肿大发炎,触摸发硬,局部呈黄红色或紫黑色,俗称"大肚脐",病雏一般2～5天死亡。

此外,葡萄球菌还可引起肺炎葡萄球菌病、雏鸡脑炎和眼结膜炎。

(3)病理变化

①败血型及坏疽性皮炎类型。病鸡胸腹部皮肤呈紫黑色浮肿、坏死,剪开皮肤可见皮下充血、溶血,呈弥漫性紫红色或黑红色,有大量胶冻样黄红色水肿液,水肿可蔓延到两腿内侧,以胸部

较严重。肝脏肿大，淡紫色，有花纹样变化，病程稍长者肝上有数量不等的白色坏死点。脾脏肿大呈紫红色有白色坏死点。心包积液，呈黄红色半透明，心冠脂肪及外膜有时出血。

在发病过程中，有少数病例无明显的剖检变化。

②关节炎型。关节滑膜增厚、充血或出血，关节囊内有浆液性或脓性物，后期为干酪样物质。关节周围的结缔组织增生及结构畸形。

③脐炎型。脐部肿大，呈紫红或紫黑色，有暗红色或黄红色液体，病程较长则变为脓性干酪样物，卵黄吸收不良。

肺炎葡萄球菌病则以肺部瘀血、水肿和肺实变为特征。

☞ 175. 怎样防治鸡的葡萄球菌病？

(1)预防措施　由于葡萄球菌广泛存在于环境中，要预防本病必须加强饲养管理，应当从以下几个方面引起注意：

①防止和减少外伤的发生，消除鸡笼、网具等的尖锐物。适时接种鸡痘疫苗，防止鸡痘发生，是预防本病发生的重要措施。鸡在免疫刺种、断喙时，要做好消毒工作。

②饲养中要合理地添加必要的营养物质，供给足够的维生素和矿物质；鸡舍要保持干燥适时通风；鸡群不宜拥挤，鸡只适时断喙，防止互啄现象。

③做好鸡舍、场地、用具的清洁及常规消毒工作，以消除传染源。一般可采用浓度为0.3%的过氧乙酸对鸡舍进行带鸡喷雾消毒，收效明显。

④注意种蛋、孵化器、孵化过程和工作人员的卫生及消毒，防止鸡胚、雏鸡感染发病。

⑤疫苗接种。目前可用葡萄球菌油剂多价灭活苗0.5 mL，对15～24日龄鸡进行皮下注射，2周后产生免疫力，免疫保护期约6个月，保护率90%。

(2)治疗方法

①抗生素治疗。由于金黄色葡萄球菌极易产生耐药性,治疗前最好做药敏试验,而后选择有效药物全群给药。来不及或没有条件做药敏试验时,可采用庆大霉素、卡那霉素、氯霉素、新霉素或该场不常用的抗菌药物治疗。庆大霉素每只鸡 2 000～5 000 U,每天 2 次皮下注射,连用 3 天;或饮水每只鸡 5 000～10 000 U,每天 2 次;连用 3 天。卡那霉素每只鸡 1 000～3 000 U,每天 2 次肌肉注射,连用 3 天;或饮水每只鸡 5 000～10 000 U,每天 2 次,连用 3 天。氯霉素按 0.1%含量拌料投服,连用 5～7 天。以上用药都可取得明显疗效。

②中药治疗可用以下方剂。蒲公英 1.5 份,野菊花、黄芩、紫花地丁、板蓝根、当归各 1 份,共为细末,按 1.5%拌料喂服,连用 7 天,隔 3 天再用一个疗程。

鱼腥草 90 g,黄柏 50 g,连翘、白芷、地榆、茜草各 45 g,大黄、当归各 40 g,知母 30 g,菊花 80 g,麦芽 90 g,共为细末,拌料喂服,每天每鸡 3 g,连用 4 天。

四黄小蓟饮:黄连、黄芩、黄柏各 100 g,大黄、甘草各 50 g,小蓟(鲜)400 g,每只每天 2～3 g 水煎饮服,连用 3 天

☞ 176. 鸡绿脓杆菌病有哪些症状和病变?

鸡绿脓杆菌病是绿脓杆菌引起的急性败血性传染病,该病在世界各国均有发生,主要侵害雏鸡,使之呈败血症而死亡。我国北京、天津、河北、福建、辽宁、四川、山东等地都有发病报道,然而对这种病一直没有引起重视。近年来本病发生呈明显的上升趋势,初生雏鸡的绿脓杆菌感染已经成为集约化养鸡业中的一个新问题,造成的经济损失严重,应引起各养鸡场的注意。

(1)病原 绿脓杆菌是一种长短不一,单在、成对、短链状排列,不形成芽孢和荚膜,有鞭毛,能运动,革兰氏阴性杆菌。在普通

琼脂、鲜血琼脂、SS琼脂、麦康凯琼脂上生长良好。在普通琼脂平板上培养，可长出光滑，圆形、湿润扁平、边缘不整齐、部分呈融合状态的菌落，菌落大小不一，琼脂被该菌所产生的色素染成蓝绿色。培养物散发出特殊的芳香味。

该菌在自然界广泛分布，存在于土壤、水和空气中，在正常人、动物肠道和皮肤上也有。它对外界环境和化学药物抵抗力较强，在潮湿场所长期存在，对紫外线不敏感，蒸汽消毒55℃、1 h才能被杀死，在新洁尔灭等表面活性剂消毒液中也能存在。

(2)*流行特点* 本病一年四季均可发生，各种年龄的鸡都可感染，但以初生雏鸡感染发病急、来势猛、病程短、死亡率高。多数发病是从雏鸡2日龄开始，病雏成批死亡，死亡曲线呈尖峰式，死亡高峰集中在3～5日龄，然后迅速下降，逐渐停止死亡。死亡率一般为30%～50%，严重时达到80%。发病后未能采取有效防治措施的鸡场，会出现多批病雏鸡连续发病。

实践证明，本病多在1日龄雏鸡注射马立克疫苗后发生，由此可见感染容易发生于注射接种过程中。这是因为绿脓杆菌主要是通过外伤感染，当注射器消毒不严格、受到该菌的污染，或者是孵化器具和环境受到病菌的严重污染而造成雏鸡群的间接污染，就可以通过注射或注射部位的伤口进入鸡体内繁殖致病。此外，如果雏鸡脐带收缩不全，也是绿脓杆菌感染的重要门户。

(3)*主要症状* 病鸡精神差，缩头，闭眼，卧地不起，不吃，颈部皮下水肿，拉黄白色或白色水样稀便，很快死亡。有的病鸡眼睑肿胀，角膜呈灰白色浑浊，单侧眼失明；有的腹部膨大，手压柔软，呈现“绿腹”。

(4)*病理变化* 死亡高峰期的病死鸡因病程短、剖检看不到明显变化。但多数死雏头、颈部皮下有淡黄色或黄绿色胶冻样渗出液，皮肤、肌肉有出血点或出血斑，尤以颈部明显，有的气管也有点状出血；肺小叶炎性病变呈紫红色或大理石样变化；肝脏肿大、质脆，呈土黄色或淡黄色，有出血点及针尖大坏死灶；心包液增多，心冠脂肪出血并有胶冻样水肿。心内外膜出血；脾肿大、出血；肾脏肿大有出血点，有尿酸盐沉积；腺胃黏膜脱落，肌胃黏膜有出血斑，易于剥离；肠黏膜充血、出血；卵黄囊呈黄绿色、半透明状态，吸收不良。有些病雏脐部皮下有黄色胶冻样渗出物，肌肉透明，并有出血斑点。

☞ 177. 怎样防治鸡的绿脓杆菌病？

防治本病关键在于预防。因为本病起病急、来势猛、病程短，一旦发病，病雏往往来不及救治。

①改善鸡场、孵化场的环境卫生条件，加强对种蛋、孵化环境和设备、注射疫苗器具的消毒工作。用福尔马林熏蒸消毒、1210高效强力畜禽消毒剂喷洒消毒和注射器械煮沸消毒均能有效地杀死绿脓杆菌。

②发病后要及时确诊，通过药敏试验确定敏感药物。一般可用庆大霉素、卡那霉素、羧苄青霉素、多粘菌素防治，其中首选庆大霉素。在孵化场，为了防止下批雏鸡再次发病，可在马立克疫苗中添加庆大霉素，或注苗后在另一部位再注射一针庆大霉素。

③郁金、白头翁、黄柏各 100 g，黄芩、栀子、黄连、白芍、大黄、木通、甘草各 50 g，白糖 200 g，水煎饮服，200～300 只鸡每天 1 剂，连用 3 剂。

☞ 178. 怎样防治鸡的弧菌性肝炎？

鸡弧菌性肝炎最常见于产蛋鸡群或后备鸡群，是由肝炎弧菌引起的一种急性或慢性传染病。

本病病原为肝炎弧菌。在自然感染情况下，各种日龄的鸡均可感染此病，但以开产初期或已产蛋数月的鸡最易感，雏鸡仅偶有发病。本病发病率高，死亡率较低，一般在 2%～5%。如果未及时诊治，死亡将持续数周，死亡率可达25％以上。病鸡和带菌鸡是主要传染来源，病菌通过病鸡粪便排出体外，污染饲料、饮水、用具、场地，经口感染。

(1)主要症状　急性病鸡多无明显症状，突然死于严重的肝炎。死鸡营养状况良好，死前产蛋正常。慢性病鸡病初一般无明显症状，逐渐出现采食量下降，体重减轻，精神不振，鸡冠皱缩，发白，有皮屑，常有腹泻，排黄白色水样粪便。鸡群不能达到预期的产蛋高峰，产蛋量下降25％～35％，仔鸡发育缓慢或停滞，腹围增大，出现贫血和黄疸。

(2)病理变化　主要病变在肝脏。病情严重的鸡表现肝脏肿大、质地脆弱、实质变性，肝被膜下有出血点和血肿。有的因为有许多出血点而使肝表面呈斑驳状，肝脏表面和实质内散布星射状黄色坏死灶，或出现较大的菜花样坏死区。病程长的慢性病例可见肝萎缩、硬化，有不同程度的水肿、腹水；脾、肾肿大；卵巢中的卵泡萎缩退化成豌豆大团粒状；心包积液，心肌有局部性坏死。

(3)防治措施　发生过本病的鸡场必须做好预防工作。采取"全进全出"的饲养管理制度，以消除病鸡、带菌鸡等传染源；对污染场所要采用漂白粉等消毒剂彻底消毒；对鸡群可采取预防给药，如在饲料中添加0.2％土霉素或0.02％的痢特灵粉等。

对病鸡可选用土霉素、痢特灵、链霉素等敏感药物治疗。

①土霉素粉按0.5％含量混入饲料内，连续用药7天为一疗程，可酌情治疗2～3个疗程。

②痢特灵粉按0.04％含量混入饲料，连续用药5～7天，再与土霉素交替用药，治疗2～3个疗程。

③硫酸链霉素每瓶100万U，用适量生理盐水稀释，可供中鸡30只、成年鸡20只肌肉注射，连用3天，每天1次，有良好疗效。也可同时配合上述药物混饲治疗。

④庆大霉素肌肉注射，每只鸡3万～5万U，每天1次，连

用3～4天。

☞ 179. 怎样防治雏鸡脐炎?

雏鸡脐炎是鸡胚胎与孵出的幼雏受多种微生物感染所致。该病死亡率虽不高,但影响其生长发育。

(1)主要症状　病雏常表现精神沉郁,闭眼嗜眠,脐环和脐周围肿胀,有的雏鸡排粪困难,3 天后脐环常被干硬的痂皮所覆盖,好像一枚铁钉,所以人们常称其为“钉脐”。死雏多为脐炎严重的病雏。

(2)病理变化　主要是卵黄吸收不全,囊壁肿大,有的卵黄呈青绿色或污褐色。

(3)预防措施　最根本的应从加强孵化环节着手,严格按合理的孵化制度进行,如做好种蛋的消毒,孵化箱的密闭熏蒸处理,以及有关装蛋工具、盘的清洁卫生,以消除病原菌对胚胎和孵出幼雏的一切可能感染的途径。当然对种鸡饲喂合理的全价饲料,提高种鸡质量也是不可忽视的。

(4)治疗方法

①新生霉素。混料浓度 0.026%～0.035%,内服量每千克体重 10～25 mg,每天 2 次。

②氯霉素。0.1%～0.2%浓度混水饮服 2～3 天。

③氟哌酸。0.005%～0.01%浓度混料,饲喂 2～3 天。

④痢菌净。内服用量每千克体重 2.5～5 mg,每天 2 次,连用 3 天。

上述药物均有一定的疗效。其他如氟喹诺酮类药物均可对本病进行防治。如因曲霉菌引起的则需用制霉菌素治疗,每 100 只雏鸡用 50 万～100 万 U 拌料饲喂 3 天;同时在 10 kg 饮水中加 3 g 硫酸铜,连饮 3 天,有一定疗效。

☞ 180. 肉鸡生产中为什么要重视球虫病的防治？

鸡球虫病是由艾美尔球虫在鸡的小肠或盲肠上皮细胞内增殖引起肠道组织损伤、出血而使鸡急性死亡的一种常见的原虫病。

目前，世界公认有 9 种艾美尔球虫寄生在鸡的体内，其中以柔嫩艾美尔球虫(寄生于盲肠)和毒害艾美尔球虫(寄生于小肠中段，卵囊在盲肠形成)致病性最强。

鸡采食了孢子化的球虫卵囊，卵囊壁在肌胃内被破坏，孢子囊进入小肠或盲肠，子孢子逸出进入表层上皮细胞，再侵入固有层，长大成为多核的裂殖体。一个裂殖体可分裂为约 900 个第一代裂殖体，宿主细胞遭到破坏(发生于感染后 2.5～3 天)；第一代裂殖体进入新的上皮细胞，每个第一代裂殖体又分裂为 200～350 个第二代裂殖体，并破坏宿主细胞进入肠腔(发生于感染后的 5 天左右)；有一些第二代裂殖体再次进入上皮细胞进行第 3 次裂殖，每个裂殖体分裂为 4～30 个第三代裂殖体(发生于感染后的 7 天左右)。

在球虫增殖过程中，大部分裂殖体被吞噬细胞消灭。未被吞噬的第二代裂殖体大部分能在上皮细胞中发育成大、小配子，最后小配子进入大配子细胞发生受精而变为卵囊。第一批卵囊排出体外约为感染后 7 天。卵囊在外界环境中进行孢子繁殖，发育为具有感染性的孢子化卵囊。

球虫卵囊在外界环境最适宜的发育温度是 25～50℃，10℃以下停止发育。即气候温暖，潮湿最有利于球虫卵囊发育成侵袭性卵囊。

由于鸡球虫裂殖速度快，对鸡体组织特别是肠道的破坏损伤比较严重，急性暴发时常引起幼鸡大批死亡，慢性经过时则影响鸡的生长发育、增重和产蛋率。加之本病广泛流行，凡是有养鸡的地方，就有球虫病存在，肉鸡生产采用地面平养方式较多，若饲养管理不善，极易引起球虫病暴发，威胁很大。所以，肉鸡生产中应高度重视对鸡球虫病的防治工作。

☞ 181. 鸡球虫病有哪些症状与病变？

鸡球虫病多发生于气候温暖、多雨潮湿的春、夏季节。各品种的鸡对球虫病均有易感性，幼龄鸡容易发病，15～50日龄的鸡发病率和死亡率较高，严重者发病率可达100%，死亡率80%以上。成年鸡感染球虫后，多成为带虫鸡，使增重和产蛋受到一定影响。

病鸡、带虫鸡是本病的传染源，凡被病鸡或带虫鸡粪便污染的饲料、饮水、用具、场地等都有球虫卵囊存在，在适宜条件下卵囊发育成孢子化卵囊。球虫病的传染方式，主要是由于鸡吃到球虫孢子化卵囊而发生感染。此外，许多野禽、苍蝇以及饲养管理人员均可以机械性携带、传播球虫病。

鸡舍潮湿、饲养密度过大、维生素A和维生素K缺乏以及马立克氏病、传染性法氏囊炎都可成为本病的诱发因素，并加重病情，提高死亡率。

当球虫在上皮细胞内进行裂殖生殖时引起肠管发炎和大量上皮细胞崩解，以致使肠管的分泌、运动及吸收功能发生障碍。肠壁的炎性变化和血管破坏则使大量的体液和血液流入肠管内。病鸡可见消瘦、贫血和血痢等症状。上皮细胞崩解产生的有毒物质蓄积在肠管中引起机体自体中毒，表现为精神沉郁、昏迷，足、翅轻瘫。肠黏膜被损伤后为病原微生物和肠内有毒物质侵入机体打开了门户，导致各种继发性感染。其临床症状按病程长短可分为急性型和慢性型。

(1)急性球虫病

①盲肠球虫病。鸡感染柔嫩艾美尔球虫，在裂殖生殖阶段发病，感染后4～5天，鸡突然排泄大量血便，贫血明显，运动迟钝，呆立鸡舍角落呈假睡状。血便发生1～2天，鸡大批死亡，第七天时多停止出血，第八天已不再有血便。存活的鸡，则逐渐康复。病理

剖检变化为:视病程的发展可见盲肠肿胀,充满大量血液;或盲肠显著萎缩,长度与直肠相近或短,内容物很少,呈樱红色。急性病例粪便中往往查不出卵囊。

②小肠球虫病。主要由毒害艾美尔球虫引起。它在小肠肠壁深层进行裂殖生殖,在盲肠内进行配子生殖。感染后4～5天,鸡突然排出大量带黏液的血便,重感染在1～2天死亡,临床症状与盲肠球虫相同。发病后幸存的鸡,体质衰弱,不能迅速恢复。病理剖检变化为:小肠黏膜上有无数粟粒大的出血点和灰白色坏死灶,小肠内大量出血,有大量干酪样物质,小肠的长度缩短到正常的约1/2,而粗细增大2倍以上。

(2)慢性球虫病 一般由除柔嫩艾美尔和毒害艾美尔球虫以外的其他7种球虫引起。慢性型病程较长,可延续数周至数月,症状与急性型相似,但不明显。

①堆型艾美尔球虫。感染严重的鸡,第四天开始排水样粪便,混有未消化的饲料,以后食欲减退,粪便呈长带状,外被有黏液,饮水欲强烈,逐渐消瘦,体重比正常鸡低25%左右,羽毛蓬乱逆立,并常沾有粪便。感染后4～6天,粪便中排出大量卵囊,以后急剧减少而难以检出。产蛋鸡感染大量卵囊会引起产蛋率明显下降,约需3周才恢复正常。病理剖检变化:该虫种多在肠上皮表层发育,并且同一发育阶段的寄生虫聚集在一起,故被损害的十二指肠和小肠前端出现大量淡灰白色线状的斑点,排成带状或阶梯状。

②巨型艾美尔球虫。感染后第五天出现轻度下痢,虫体主要侵害小肠中段,肠管扩张,肠壁增厚,肠内容物呈淡灰色、淡褐色或淡红色。感染5万个卵囊,鸡的相对增重下降50%以上;感染20万个卵囊,死亡率为16.7%。

③布氏艾美尔球虫。主要引起卡他性肠炎,肠黏膜有出血点,肠壁变厚,排出带血的稀粪,精神沉郁,但持续数天后逐渐恢复。

④哈氏艾美尔球虫。主要侵害小肠前段,引起严重的卡他性

炎症，特征性变化为肠壁发生红色圆形出血斑点。

⑤变位艾美尔球虫。在小肠的上 1/3 部可见充血、针头状出血和白色斑点，这些损害可扩延至小肠下段、直肠和盲肠。

和缓艾美尔球虫和早熟艾美尔球虫致病力很弱，鸡球虫的自然感染病例，大多是几个虫种的混合感染。

☞ 182. 怎样防治鸡的球虫病？

采用笼养笼育时，鸡基本不接触粪便，很少发生球虫病，即使发生，立即采取药物治疗，也很容易治愈。地面平养的肉用鸡或后备蛋鸡容易发生球虫病，必须采取有效措施加以预防。

(1)搞好鸡群的环境卫生是防治本病的中心　球虫病主要通过粪便污染场地、饲料和用具来传播。因此，鸡舍中的粪便如能及时清除，进行堆积生物热发酵，并保持鸡舍通风干燥、定期消毒，不给粪便中球虫卵囊发育成有感染性的孢子卵囊的机会和条件，就能杜绝球虫病的发生。鸡球虫卵囊对常用的消毒药和外界环境有强大的抵抗力，用清扫和消毒鸡舍的办法来清除卵囊难以做到彻底。湖南省化工研究所研制出的鸡球虫卵囊抑杀剂—速尔 1 号，2.5%的浓度对鸡舍及环境中的卵囊有良好的抑杀效果；1∶200 比例的复合酚溶液消毒鸡舍及运动场对卵囊有强大的杀灭作用；湘化 83(含 70%氯甲苯)及杀卵灵(Oocide，英国生产)对鸡球虫卵亦有明显的抑杀作用。试用卵囊抑杀消毒剂可将鸡舍及运动场中的卵囊污染量降到很低的水平，可以减少重复感染。

(2)药物预防，行之有效　目前，肉鸡生产预防用药已成为防治球虫病的主要方法，但在用药过程中要制订合理的用药方案，选用敏感药物。一般可根据实际情况，选用以下方案：

①从 1 日龄至 20 周龄连续而又有间歇期地喂给抗球虫药。

②连续地喂给抗球虫药，直到肉鸡屠宰前或蛋鸡开产前。

③让鸡由少到多地接触一定量的球虫卵囊，逐渐地产生免疫

力，然后再连喂给一种抗球虫药。

预防球虫病常用的药物和预防剂量如下：

①氨丙林。按每千克饲粮125 mg拌料喂服。雏鸡自15日龄起，连续喂至肉鸡宰前14天或蛋鸡上笼开产前。

②氯苯胍。按每千克饲粮33 mg拌料喂服。雏鸡从15日龄开始，连续投喂，至宰前14天停药。

③盐霉素。按每千克饲粮50 mg拌料喂服。雏鸡从15日龄喂服，直至屠宰或开产前14天停药。

④马杜拉霉素。按每千克饲粮5～6 mg拌料喂服。雏鸡从15日龄起，连续服至上市前14天停药。

抗球虫药都为化学合成物，长期单一使用某种药物，极易使球虫产生抗药性，明显降低预防效果。抗生素类抗球虫药虽然不易使球虫产生抗药性，但为了提高防治效果，最好还是交替使用各种抗球虫药。

(3)*免疫预防* 鸡球虫病疫苗在其某些关键技术尚未突破之前，要普及推广使用尚有一定难度，但这是鸡球虫病防治的发展方向。迄今，已实现商品化生产的鸡球虫疫苗只有4种：Coccivac(美国生产)，Immucox(加拿大生产)，Paracox(英国生产)，Livacox(捷克生产)。在我国，中国农业科学院家畜寄生虫病研究所采用物理和化学双重致弱的方法成功地研制出含柔嫩艾美尔球虫、毒害艾美尔球虫及巨型艾美尔球虫的三价活疫苗(DLV)，通过特异性免疫并伴以免疫激活剂的非特异性免疫途径，激发雏鸡产生较强的免疫应答，用于早期球虫的免疫预防，据中试研究报告，其总有效率达95%以上。其使用方法为：①肉鸡第1次3日龄，第2次8日龄，第3次16日龄；②蛋鸡第1次3日龄，第2次10日龄，第3次20日龄。将DLV疫苗如此分3次拌料口服免疫。

(4)*治疗方法* 一旦鸡群发生球虫病应及时治疗。对盲肠型或小肠型球虫病的治疗，可选用下列方法之一：

①在饮水中加入 0.024%氨丙林，连用 3 天，然后将剂量减半，再饮用 7 天以上。

② 在饮水中加入 0.024% 氨丙林，连用 3 天，然后改按 125 mg/kg拌料投喂，此法不仅能控制球虫病的发生，而且用药一段时间后，鸡将对球虫产生免疫力。

③对严重暴发的球虫病，可在饲料中给予 0.025%的氨丙林，连用 2 周。

④在饮水中加入 0.1%磺胺二甲嘧啶，饮用 2 天，然后剂量减半，再饮用 4 天。

⑤在饮水中加入 0.05%磺胺二甲氧嘧啶，连饮 5～6 天。

必须注意，当病鸡有出血症状时，应避免使用磺胺类药物。

还可使用中药方剂治疗球虫病。常山 2 500 g，柴胡 900 g，苦参 1 850 g，青蒿 1 000 g，地榆炭 900 g，白茅根 900 g。预防时，共为细末，按 0.5% 拌料喂服，连用 5 天；治疗时，水煎取药汁 10 000 mL，每千克饲粮中加入 100～200 mL，拌匀连续饲喂 8 天。

白头翁、苦参、鸦胆子各等份，共为细末，每只每次 0.5～1.0 g，每天 3 次，拌料喂服，连用 3～5 天。

常山 200 g，柴胡 60 g，水煎取汁 250 mL，治疗量每只 10 mL，每天 1 次，连用 3 天；预防量减半。

☞ 183. 鸡住白细胞原虫病有哪些症状和病变？

鸡住白细胞原虫病又称鸡白冠病，是一种血液原虫病。其特征是内脏器官及肌肉组织广泛性出血，并有明显的季节流行性。本病的发生呈世界性分布，我国广东、福建、湖南、云南、贵州、江西、江苏、广西、上海、浙江、北京、天津、山东等地均有鸡感染此病和发病报告。这种病对雏鸡和幼鸡危害严重，发病后不但产蛋率下降，甚至停止产蛋，发育迟缓，造成大批死亡，给养鸡业带来严重的经济损失，应当引起足够的重视。

(1)流行特点 鸡住白细胞虫寄生于鸡白细胞和红细胞，有多个虫种，但我国目前仅发现其中两个虫种，即卡氏住白细胞原虫和沙氏住白细胞原虫。

鸡住白细胞原虫病的流行与传播媒介库蠓或蚋的活动密切相关。由于两种媒介昆虫有明显的季节性活动规律，所以本病的流行亦呈现明显的季节性。在气温20℃以上时，库蠓和蚋繁殖快，活动力强，而且适宜住白细胞原虫在其体内的发育，此时本病发生和流行比较严重。本病在我国南方多发生于4～10月份，一般5～7月份为发病高峰期；北方地区气温低，流行期短，一般仅限于7～9月份，3～6周龄的小鸡发病的最多，病情最严重，死亡最多，死亡率高达50%～80%；中鸡也会严重发病，但死亡率不高，一般为10%～30%；成年鸡发病多呈亚急性或慢性经过，死亡率一般为5%～10%。引进的外来品种鸡比本地品种发病和死亡率高。

(2)主要症状 本病的典型症状常见于3～6周龄的小鸡。小鸡感染沙氏住白细胞原虫病后，出现鸡冠苍白，贫血，精神沉郁，翅膀下垂，食欲减退或不吃，消瘦，拉黄绿色、恶臭稀粪，口腔流出黏液，双足无力或轻瘫，行走困难等症状，病鸡多在发病2～3周后大批死亡，但有些病鸡可耐过而康复。小鸡感染卡氏住白细胞原虫病，除出现以上症状外，严重者常因出血、咯血、呼吸困难而突然死亡。死前口流鲜血是最具特征性的症状，常见水槽和料槽边有病鸡咯出的鲜血。中鸡和成年鸡感染了本病一般死亡率不高，表现暂时性贫血过程、鸡冠苍白、拉水样白色或绿色稀粪。中鸡感染本病后发育缓慢，成年鸡则很少见到出血性死亡，产蛋母鸡出现产蛋量下降或停止产蛋的症状。

(3)病理变化 对患鸡住白细胞原虫病的病死鸡剖检可见尸体消瘦、血液稀薄，全身皮下出血，肌肉出血，常见的胸肌、腿肌有出血点或出血斑，内脏器官广泛性出血，尤以肺、肾、肝明显。常见两侧肺出血，肾包膜下大片出血，严重时肾窝中积有大量血凝块覆盖肾脏,肾脏则苍白呈土黄色,心、脾、胰腺、胸腺、气管、腺胃、肌胃、肠道及胸、腹腔也有时见出血点或大量积血。胸肌、腿肌及心、肝、脾等器官常有针尖至粟粒大小的白色小结节,这些结节与周围组织有明显的分界。肝、脾肿大,肝呈黄色或有黄色斑块,表面有灰黄色坏死灶,胆囊肿大,充满胆汁,骨髓变黄,脑膜也见有出血点。

☞ 184. 怎样防治鸡的住白细胞原虫病?

(1)消灭寄生宿主　防止库蠓或蚋进入鸡舍,或用药物杀灭鸡舍内及其周围环境中的库蠓或蚋,是防治本病的重要环节。杀虫药可选用马拉硫磷乳剂或敌敌畏乳剂等。

(2)药物预防　根据当地的发病历史,在即将发病或流行初期进行药物预防,是目前预防本病发生最有效和切实可行的方法。近年来通过预防用药使本病的发生率大大下降。一般来说,防治鸡球虫病的抗生素类、呋喃类和磺胺类药物均可用于本病的防治。

泰灭净是日本第一制药株式会社研制的新型药物,预防鸡住白细胞病有良好效果。其用量用法如下:泰灭净粉剂,平时预防用药按每吨饲料添加 30 g,可长期使用,或泰灭净钠粉,每升饮水添加 0.03 g,作长期预防。

用磺胺类药物预防也有较好的效果,如磺胺二甲氧嘧啶 25～75 mg/kg,混料或饮水;磺胺喹恶啉 50 mg/kg,混料或饮水。

(3)药物治疗　对病鸡要及早治疗,若到病的后期才用药,一般效果不好。目前,常用的治疗药物有下列几种:

①泰灭净粉剂按每吨饲料添加 100 g,连用 14 天,然后改为预防剂量,即每吨添加 30 g,作长期预防。泰灭净钠粉按每升饮水添加 0.1 g,连用 14 天,然后改为预防剂量,即每升饮水添加 0.03 g,作长期预防。

②磺胺二甲氧嘧啶 500 mg/L 饮水 2 天,再用 300 mg/L 饮水

2天。

③痢特灵 100～150 mg/kg,混料连续服用。

④可爱丹 250 mg/kg,混料连续服用。

⑤氯苯胍 66 mg/kg,混料连服 3～5 天后,改用预防量,即33 mg/kg 混料服用。

选用以上药物治疗病鸡时,要注意耐药性的产生,可用两种或两种以上药物联合或交替使用,以提高药物防治效果,减少耐药性。

185.鸡组织滴虫病有哪些症状与病变?

本病是由火鸡组织滴虫感染引起的火鸡或鸡的一种寄生虫病。主要以肝脏坏死和盲肠溃疡为病变特征。鸡患病后,由于头部的皮肤变成紫蓝色,所以又称“黑头病”。

(1)*病原* 火鸡组织滴虫是一种很小的原虫,有两种形态:一种是组织型原虫,寄生于细胞里面,虫体呈圆形,大小为6～20 μm;另一种是肠腔型原虫,寄生在盲肠腔内,虫体呈不规则形,这种原虫有一条鞭毛,能作节律性的钟摆状运动。寄生于病鸡肝脏和盲肠内的虫体,可随粪便排到体外,但在外界环境中存活时间很短。

异刺线虫常见寄生于鸡和火鸡的盲肠,在这里与火鸡组织滴虫占有同一寄生部位,因此就有可能使后者钻进前者的消化系统并进一步侵入其生殖系统,在异刺线虫的虫卵形成时,将火鸡组织滴虫包裹于卵壳之内。这些虫卵不断地随鸡粪排出体外。本来很脆弱的火鸡组织滴虫,在异刺线虫卵壳保护之下,可在外界长期生存下来。

(2)*流行特点* 本病一年四季均有发生,但多发于春夏潮湿温暖季节。鸡、火鸡、松鸡、雉鸡、珍珠鸡、鹌鹑、孔雀都有易感性。2周龄至3月龄的幼鸡易感最强,死亡率也最高,对火鸡危害最严重，平均死亡率为50%，有时可达100%。成年鸡也可感染，但发病轻微，多属隐性感染，且成为带虫者。

病鸡和带虫鸡是本病的主要传染源。随粪便排出体外的，带有火鸡组织滴虫的异刺线虫卵，在外界适宜的环境下，很快发育为具有感染性的幼虫，这时若被鸡、火鸡等吞食，在它们的消化道内，虫卵外壳被消化，幼虫及组织滴虫均被释放出来，向盲肠腔移行，幼虫随后发育为异刺线虫成虫，两者均到达最终寄生的部位；还有部分组织滴虫移行到肝脏。就这样导致组织滴虫病和异刺线虫病发生。

在鸡的运动场地或堆粪地的泥土里，常有大量蚯蚓存在。这些蚯蚓会吞食含有组织滴虫的异刺线虫卵，易感鸡吞食了这些蚯蚓后，即被感染。此外，节肢动物中的蝇、蚱蜢、土鳖、蟋蟀等也是本病的机械传播者。

(3)主要症状　感染本病的病鸡精神委顿，食欲降低或不吃，羽毛蓬松，两翅下垂，怕冷，打瞌睡，下痢，排出淡黄色或淡绿色的粪便(又称硫磺屎)，常见粪便带血，严重时排大量鲜血，部分病鸡头部皮肤、冠及肉髯瘀血呈紫色或紫黑色。鸡得病后需要1～3周才能恢复。

(4)病理变化　剖检病鸡可见到变化主要在盲肠和肝脏。盲肠粗大、粗细不匀，触摸坚硬；剪开盲肠，可见内容物坚实干燥成为一条能完整剥下的芯子，横断面呈同心层状，中心是黑红色的凝血块，外面是灰白、灰黄色变干的渗出物或坏死肠壁组织；剥去芯子后，肠管只剩下菲薄的肠壁浆膜层，其黏膜层及肌层均被破坏。有些病例可见盲肠黏膜出血、增厚及溃疡，溃疡表面附有干酪样坏死物，溃疡可穿透肠壁，引起腹膜炎。肝肿大，表面形成一种黄绿色大小不一的圆形或不规则形、中心凹陷、边缘稍隆起的坏死溃疡灶，此溃疡灶数量不等，有时密布肝表面，甚至连成片，有时仅有稀疏的几个，肝深部实质也有病变存在。

☞ 186. 怎样防治鸡的组织滴虫病?

(1)加强饲养管理和卫生消毒　幼鸡和成鸡必须分开饲养,鸡舍要保持清洁、卫生、干燥,鸡粪要及时清理并集中堆积生物热消毒,鸡舍内地面用3%苛性钠溶液消毒,杜绝用蚯蚓喂鸡。

(2)定期驱虫　因为鸡组织滴虫病是通过异刺线虫卵传播,所以定期驱虫是预防本病的重要措施。选用驱虫净,剂量为每千克体重40～50 mg;或用丙硫苯咪唑,每千克体重5～10 mg,拌料1次服用,驱虫效果良好。

(3)积极治疗　对病鸡可选用下列药物治疗:

①0.04%呋喃唑酮混料,连喂7天。

②0.05%甲硝唑(灭滴灵)混料,连喂7天。

③白头翁20 g,苦参12 g,秦艽10 g,黄连10 g,白芍15 g,乌梅20 g,双花12 g,甘草15 g,郁金15 g,水煎饮服,100只鸡1次服用。

④龙胆草(酒炒)栀子(酒炒)、黄芩、柴胡、生地、车前子、泽泻、木通、甘草、当归各20 g,水煎饮服,100只鸡1天1剂,连用2天。

另外,驱虫净和丙硫苯咪唑。在治疗中,可同时考虑用这两种药物中的一种来驱除异刺线虫。还应适当使用广谱抗生素,如土霉素等,防止继发感染。补充维生素K,可减少盲肠出血,增加维生素A有利于促进盲肠与肝脏损伤的恢复。

☞ 187. 怎样防治鸡的羽虱?

鸡羽虱是常见的一种体表寄生虫。种类很多,寄生在鸡体上的数量也很多,在寒冷的季节更是严重。一般常见的羽虱有鸡体虱、头虱和羽干虱等。羽虱的形体很小,小的不到1 mm,大的一般体长也不超过6 mm,呈淡黄色或灰色,头宽,头、胸、腹分界明显,羽虱无翅,头部一对触角,咀嚼式口器,胸部有三对足。

羽虱发育过程属于不完全变态,包括卵、若虫、成虫三个阶段,全部生活发育过程都在鸡体上完成。雌虱所产的卵常集合成块,黏着在羽毛的基部,依靠鸡的体温经4～5天孵出幼虱(若虫)。幼虱体形与成虱相似,在2～3周经过几次蜕皮而发育为成虱,一对雌雄羽虱在数个月内能产生12万个后代。羽虱在鸡体上的寿命有几个月,但离开鸡体则只能生存5～6天,传播的途径主要通过互相接触,或接触被污染的器具而感染。一年四季均可发生感染,冬季较严重。

羽虱以咀嚼式口器咬食羽毛的羽枝或皮肤鳞屑而生活,随鸡虱种类和寄生数量的不同危害程度也不一致。鸡体虱主要寄生在肛门下部,严重时可发展到胸部、腹部和翅膀下面,除以鸡羽毛的羽小枝为食外还常损害表皮,吸食血液,刺激皮肤而引起瘙痒不安;头虱主要寄生在鸡的头颈,其口器常紧紧附着在寄生部位的皮肤上,幼鸡常造成秃头;羽干虱一般寄生在羽干上,咬食羽毛、羽枝致使羽毛脱落。鸡体严重感染鸡虱时,表现脱毛、皮肤损伤、不安、消瘦和贫血,雏鸡生长缓慢,成年母鸡产蛋量下降,甚至因衰弱而死亡。

根据鸡羽虱的寄生特点,主要是用药物驱杀。但一般杀虫药大多不能杀灭虱卵和阻止卵的孵化,所以为了提高治疗效果,无论用什么药物必须在第1次治疗后,经7～10天再治疗1次,以杀死新孵化出来的幼虱,用于驱杀鸡虱的药物很多,用药方法有喷粉法和药浴法,可根据具体条件选择应用。

(1)喷粉法 这种方法一年四季均可应用,方法简便,效果良好。可使用0.5%敌百虫、5%氟化钠、2%～3%除虫菊粉或5%硫磺粉,装入喷粉器中,保护好病鸡,在患部喷施,用药后需用手揉搓羽毛,使药粉分布均匀。

(2)药浴法 药浴法耗药量少,见效快。在北方仅能在夏天等气候温暖的季节应用,南方一年四季均可应用。大群鸡治疗羽虱,可采用这种方法。药浴要用温水,洗浴时握住鸡的翅膀,把鸡体浸入药液内几秒钟,使药液接触到鸡的皮肤,然后再把鸡头浸1～2次,等鸡身上多余药液稍稍流干后,方可将鸡放掉。常用的药浴剂为:0.7%～1%氟化钠水溶液;0.5%马拉硫磷或0.1%敌百虫溶液;20%硫磺沙浴。

(3)中药除虱　百部1 000 g,加水50 kg,煮沸30 min后,用小火再煮30 min,用纱布过滤后的药渣,加水35 kg,再煮30 min,两次的滤液合并,待冷却到35℃时,对鸡进行药浴几秒钟。1 000 g百部可供200只鸡使用1次,安全有效,一般2次即可杀灭羽虱。

在治疗鸡虱的时候,不管采用何种方法,必须同时进行鸡舍以及一切用具的杀虱和消毒工作,鸡舍内的地板、栖架等可以用0.1%溴氰菊酯或0.3%速灭菊酯喷洒,这比单纯消灭鸡身上虱子效果好。

☞ 188. 怎样防治鸡的螨虫病?

螨又称为疥癣虫,寄生于鸡体的螨类有多种,危害较大的有4种,即鸡皮刺螨、突变膝螨、鸡膝螨、鸡新勋恙螨。

(1)鸡皮刺螨病　鸡皮刺螨是寄生在鸡舍和鸡体的吸血寄生虫,虫体体小呈灰色,吸饱血后呈红色,故称红蜘蛛。该螨呈世界性分布,在温暖地区多有此螨存在。鸡皮刺螨白天躲在鸡舍砖缝或栖架的孔隙里,夜间出来叮咬鸡群。每只红蜘蛛一个夜间要吸1 h血,吸饱后便又隐藏起来,在寒冷的冬季很少活动。母鸡长期被叮咬和吸血会引起贫血,产蛋量下降,饲料消耗增加,严重者会死亡。鸡只由于害怕叮咬,夜间不愿回窝,白天也不回窝产蛋,形成所谓栖架病。由于鸡皮刺螨昼伏夜出,不易发现,长期存在鸡舍中,给鸡群带来严重危害。同时,鸡皮刺螨还是鸡脑炎病毒的传播者和保毒宿主。

发现鸡群中鸡只日渐消瘦，鸡冠苍白，贫血，夜不归宿或半夜在栖架上骚动不安，应注意鸡舍中是否有了鸡皮刺螨。这种螨常常被发现在栖架上松散了的粪块下面或鸡舍内各种缝隙中，看上去是一些明显的红色或微黑色的小圆点，常成群地聚集在一起。鸡体上的皮刺螨需在夜间检查，一般在鸡的腿上可发现此螨。

一旦发生鸡皮刺螨病，可采用以下药物和方法治疗：

①以浓度为0.3%的速灭菊酯溶液喷洒或涂刷鸡舍的墙壁、栖架、褥草等可能藏有虫体的地方。1次杀虫不彻底可反复几次。

②以浓度为0.03%蝇毒磷乳剂喷洒栖架、地面等，或用浓度为0.05%的蝇毒磷乳剂喷洒在沙中，让鸡在沙浴中杀虫。

③用1.25%马拉硫磷喷雾或用4%马拉硫磷撒粉，也有明显的治疗效果。

(2)鸡突变膝螨病　在鸡群中常看到有些鸡的脚和脚趾上，好像涂敷了一层石灰的样子，这通常称为鸡的石灰脚病。

鸡的石灰脚病是由一种称为突变膝螨的寄生虫，寄生在鸡脚的皮肤鳞片下面引起的。这种寄生虫形很小，雌虫呈圆形，长0.5 mm；雄虫呈卵圆形，长0.2 mm。由于虫体钻入鸡腿皮肤鳞片下面，引起皮肤发炎，病鸡奇痒，摩擦患部，引起脱皮出血，鳞片隆起，皮肤粗糙且龟裂。病变部渗出物干涸后形成白色或灰黄色痂皮，外观上好像涂上了一层石灰的样子。严重时，病鸡行走困难，影响采食。

鸡突变膝螨的全部生活过程都在鸡体上完成，通过互相接触或接触到污染的环境而传播，一旦发生可蔓延全群。因此，在发现有鸡突变膝螨病的鸡场，应全部进行检查，有病的鸡隔离治疗或淘汰。场地、栖架、栏舍、产蛋箱要彻底清扫并进行喷药杀虫。

治疗前，先将病鸡的脚浸入温热的肥皂水中，使痂皮变软，除去痂皮，涂上10%硫磺软膏或2%石炭酸软膏。大群治疗时可采用药浴法，将病鸡脚浸入浓度分别为0.05%氧硫磷、0.05%速灭菊酯、10%克辽林或0.1%敌百虫溶液中3～4 min，然后除去痂皮用刷子刷患部，使药液渗入组织内以杀死虫体。如1次不能完全治好，过2～3周后可再治疗1次。

鸡舍地面可常撒些石灰粉，墙面、栖架及被虫体污染的环境可常用有机磷或菊酯类杀螨剂喷洒。

（3）鸡膝螨病　鸡膝螨病又称脱羽螨，虫体比突变膝螨更小，直径仅0.3 mm。寄生于鸡、鸽及雉鸡等的羽毛根部，以背部和翅膀上最多，多在春夏季流行，主要通过接触感染。

鸡膝螨在鸡的羽毛表皮掘洞，刺激皮肤发痒，引起炎症，皮肤发红，羽毛变脆、脱落，有时因虫体寄生部位奇痒，迫使患鸡啄拔身上的羽毛，造成“脱羽症”，严重时，除翅膀和尾部的大羽外，全部羽毛几乎脱光。患鸡消瘦、产蛋量减少。

本病防治与鸡突变螨病相同，但在药浴时，必须把全身羽毛全部充分浸透。

（4）鸡新勋恙螨病　本病是鸡新勋恙螨幼虫寄生于鸡引起的，是鸡的重要外寄生虫病之一。

鸡新勋恙螨幼虫很小，不易发现，饱食后呈橘黄色。恙螨在发育过程中，仅幼虫营寄生生活，成虫都生活于潮湿的草地上，以植物液汁和其他有机物为食。雌虫受精后，产卵于泥土上，约经2周孵出幼虫。幼虫遇到鸡或其他鸟类时，便爬至其体上，主要寄生在鸡翅膀内侧、胸肌两侧和腿的内侧皮肤上，刺吸鸡的体液和血液。饱食时间，快者一天，慢者可以到30余天。在鸡体上的寄生时间可达5周以上。幼虫饱食后落地，数日后发育为若虫，再经过一定时间发育为成虫。

鸡感染本病后患部奇痒，出现痘疹状病灶，周围隆起，中间凹陷呈痘脐形，中央可见一小红点，即恙螨幼虫。大量虫体寄生时，鸡的腹部和翅膀下皮肤布满此种痘疹状病灶。病鸡贫血、消瘦、垂头、不吃，如不及时治疗，可能死亡。

用小镊子取痘疹状病灶的痘脐中央凹陷部小红点，显微镜下观察，若为虫体，即可确诊。

治疗时，在鸡体患部涂擦浓度分别为70%的酒精、5%的碘酊或5%的硫磺软膏，涂擦1次即可杀死幼虫，病灶逐渐消失，数日后痊愈。

预防本病主要是在鸡舍或运动场进鸡前喷洒有机磷、菊酯类等杀螨药剂。应避免在潮湿的草地上放鸡，以杜绝感染。

用百部、贯众各50 g，加水2 000 mL，煮沸冷凉后敷洗鸡体，1～3次即可，既能杀螨，也能杀虱，安全有效，成本也较低。

☞ 189. 怎样防治鸡的食盐中毒？

食盐的主要成分是氯化钠，它是维持鸡正常生理活动所必需的物质。日粮中含有适量的食盐，不但可以增加饲料的适口性，还可以增进食欲、增强体质。然而，鸡对食盐较敏感，需要量并不多，特别是雏鸡，很容易发生食盐中毒。

（1）主要症状　病初，患鸡表现燥渴而大量饮水和惊慌不安的尖叫，粪便稀薄；随着中毒程度的加深，出现精神沉郁、羽毛蓬松、不吃、嗉囊扩张、口鼻流黏液、拉水样稀粪、运动失调，时而转圈、时而倒地，两脚无力、行走困难或瘫痪、呼吸困难，最后虚脱而死。死前有阵发性痉挛，头颈前伸，肌肉抽搐。

（2）病理变化　病死鸡尸僵不全，血液黏稠、凝固不良。嗉囊黏膜充血，嗉囊中充满黏液性液体，黏膜易剥脱；腺胃黏膜充血，表面有时形成假膜；小肠病变最严重，十二指肠充血或出血，甚至全肠管充血；肝脏变硬，肾肿大、色淡。病程较长者，可见皮下水肿、皮肤有出血点，肺水肿，腹腔和心包有积水，心肌和心冠脂肪有出血点。

（3）防治方法　预防方法主要是对饲料中的食盐含量严加控制，特别是对雏鸡更为重要。平时应经常供给新鲜、清洁而充足的饮水。由于鸡的味觉不发达,对于食盐无鉴别能力,因此,配制饲料时盐一定要粉细,混合要均匀,利用含盐量高的鱼粉或副产品、废弃物喂鸡时要严格控制用量。

对本病的治疗原则,主要是消除致病因素及帮助毒物的排除。发现病鸡要立即停止饲喂原饲料,给予优质的青绿饲料或无盐易消化的饲料,供给5%葡萄糖水、0.5%醋酸钾溶液或甘草水,重症病例须灌服,必要时也可进行嗉囊内注射。早期病例服用植物油缓泻,可减轻症状。如果是急性中毒,可进行嗉囊切开术取出嗉囊内的高盐食物,用0.5%的单宁酸洗嗉囊;肌肉注射葡萄糖酸钙,雏鸡0.2 mL、成年鸡1 mL。

中药:生葛根100 g,甘草10 g,茶叶20 g,加水1 500 mL,煮30 min,过滤去渣,让100只鸡自由饮用,重症者可灌服5～10 mL。

☞ 190. 怎样防治鸡的一氧化碳中毒?

一氧化碳俗称煤气,是煤炭在氧气不足的情况下燃烧所产生的一种无色、无臭、无味的气体。冬季鸡舍或育雏室烧煤取暖,可能会产生大量的一氧化碳,如不能及时排出,容易引起鸡只中毒。

(1)主要症状　雏鸡轻度一氧化碳中毒时,出现精神呆滞,不活泼,食欲减少,羽毛松乱,羞明流泪,生长发育不良。严重中毒时,先表现烦躁不安,随后出现呼吸困难,步态不稳,呆立,昏睡,头向后仰,肌肉痉挛或惊厥,最后窒息死亡。

(2)病理变化　轻度中毒无明显剖检变化。严重中毒,血管及血液呈鲜红色或樱桃红色,肺色泽鲜红,皮肤及肌肉出现充血和出血现象,心、肝、脾肿大,心肌坏死。

(3)防治措施　预防一氧化碳中毒,应经常检查鸡舍和育雏室中取暖设施,防止烟道漏烟、倒烟,室内要设置通风孔,保证室内空气流通,防止一氧化碳积聚。

发现中毒立即将病鸡转移到空气流通、温度适宜的鸡舍，或打开门窗，换进新鲜空气。轻度中毒不需治疗，只要呼吸新鲜空气，即可逐渐好转；中毒严重的皮下注射葡萄糖氯化钠溶液及强心剂抢救，以维持心脏和肝脏的功能。

中药“绿豆甘草汤”有帮助康复之功效。绿豆 250 g，甘草 125 g为 1 剂，水煎饮服，100 只鸡每天 1 剂，3～5 天可恢复健康。

☞ 191. 怎样防治鸡的棉子饼中毒？

棉子饼含有丰富的蛋白质，是动物良好的蛋白质饲料来源，但其所含棉酚是一种毒素。在棉子被榨油的过程中，由于高温高压的作用，大部分棉酚同蛋白质结合而失去毒性，余下 0.02%～0.04%游离棉酚具有毒性。棉酚是一种低毒物质，对鸡来讲，饲料中略含一点无妨，如果过量饲喂或饲喂时间较长，由于棉酚从体内排泄很慢，就会蓄积过多，引起慢性中毒。

(1)主要症状　病鸡食欲减退，四肢无力，消瘦，排出的黑褐色稀粪内常混有黏液、血液和脱落的肠黏膜。母鸡产蛋减少或停产，蛋壳色变淡，畸形蛋增多；储存稍久，蛋黄和蛋白出现粉红等异常颜色，煮熟的蛋白较坚韧并稍有弹性，被称为“橡皮蛋”；种蛋授精率下降，无精、死精蛋增加。严重中毒时，病鸡抽搐，最后呼吸和循环衰竭而死亡。

(2)病理变化　患鸡血液稀薄，血色变淡，有的血色为浅红色；胸、腹腔有淡红色渗出液；心肌松软无力，心外膜有出血点或瘀血斑，心包积液；胃肠黏膜溃疡并有出血斑点；肝脏充血肿大，色黄质硬，胆囊缩小，胆汁浓稠；肾呈紫红色，质变软而脆；肺脏充血、水肿。

(3)防治方法　发现棉子饼中毒，立即停喂含有棉子饼的饲料，换成含有 0.5%硫酸亚铁的饲料，连喂 3 天，然后将硫酸亚铁减半喂 7 天，同时供给大量的青绿饲料或胡萝卜；在饲料中按每千克体重添加维生素E 40 mg,连喂7天,然后改按每千克体重8 mg再喂14天,以促进产蛋恢复。

为防止发生中毒,要严格控制饲料中棉子饼的用量。不用带壳棉子饼喂鸡,1月龄以下雏鸡不喂棉子饼,青年鸡适当多喂,18周龄以后及整个产蛋期少喂,种鸡提供种蛋期间不喂;棉子饼在雏鸡饲料中所占比例以2%~3%为宜,在蛋鸡饲料中为5%~6%,最多不超过8%,肉鸡和育成鸡不超过10%。棉子饼经脱毒处理后,其含量也不应超过15%。棉酚可以在鸡体内蓄积,饲料中最好不要长期连续配入棉子饼,可采取喂1个月停用10天的间歇使用方法。含0.05%以上游离棉酚的棉子饼,必须进行脱毒处理,常采用硫酸亚铁法脱毒,即按棉子量的0.25%~0.5%加入硫酸亚铁细粉混合均匀,在鸡消化道中棉酚与铁结合即失去毒性。凡饲料中加有棉子饼时,尤其应注意供给鸡充足的青绿饲料,青绿饲料明显地增强动物机体对棉酚的解毒能力。

☞ 192. 怎样防治鸡的黄曲霉毒素中毒?

黄曲霉毒素中毒是畜禽和人类共患而具有严重危害性的一种疾病。黄曲霉毒素是黄曲霉菌某些菌株的代谢产物,广泛存在于各种发霉变质的饲料中,毒性较强,主要损害肝脏,并有很强的致癌作用。鸡的黄曲霉素中毒主要是急性或慢性肝中毒。

(1)*主要症状* 2~6周龄的雏鸡对黄曲霉菌毒素非常敏感,只要饲料中含有微量毒素就能引起急性中毒。病雏主要表现嗜睡、食欲减少、生长发育缓慢、虚弱、冠苍白、贫血、翅下垂、排出血色稀粪,最后衰竭而死。最急性中毒者,往往未有明显症状突然死亡。

成年鸡比雏鸡耐受性强,中毒后常呈慢性经过,患鸡表现为缺少活力、食欲不佳、生长发育不良、羽毛松乱、缩颈、眼呈半闭状态、呆立不动、开产推迟、产蛋减少且蛋小。将病鸡放在身边,可听到沙哑的水泡音，病鸡抬头伸颈，张口呼吸，呼吸速度加快。少数鸡有浆液性鼻液，故有“甩鼻”表现。最后倒地，头向上向后弯曲，昏睡不起，以至死亡。

(2)病理变化 鸡黄曲霉菌毒素中毒的病理剖检特征性变化是在肝脏。急性中毒者肝脏常肿大，色泽苍白变淡，有出血斑点，胆囊扩张，肾脏也苍白和稍肿大，胸部皮下和肌肉常见出血。成年鸡慢性中毒时，常见肝脏体积缩小，逐渐硬化、色泽变黄，肝脏中可见有白色小点状或结节状病灶，时间在1年以上的可形成肝癌结节。此外，心包和腹腔有积液，皮下可见有胶冻样渗出物。

(3)防治方法 预防本病，主要应加强饲养管理。不喂发霉饲料，尤其是发霉的玉米；饲料仓库如果被黄曲霉污染，要用福尔马林熏蒸或用过氧乙酸喷雾，以消灭霉菌孢子；黄曲霉菌毒素不溶于水，而且耐高温，所以一般水洗及热处理方法不能彻底消除它，凡被该毒素污染的用具、鸡舍、地面可用20%石灰水或者2%次氯酸钠溶液消毒，中毒病鸡的内脏器官、粪便均含有毒素，要妥善处理，特别要防止有毒粪便2次污染水源和饲料。

目前对本病尚无特效药物治疗。发现中毒，立即更换饲料，对中毒鸡进行对症治疗。如投服硫酸钠等盐类泻剂，促进毒物排出体外；灌服绿豆汤、甘草水或高锰酸钾等以破坏消化道内毒素，减少吸收；灌服5%的葡萄糖水，有保肝解毒作用。

另据报道，制霉菌素对黄曲霉毒素中毒有较好疗效，有条件时可以试用。体重250～400 g的雏鸡，每只每次服制霉菌素3万～4万U，每天灌服3次。如呼吸急促时应用链霉素滴鼻，以减轻肺部炎症，每只鸡每次2 000 U，每天3次，与灌服制霉菌素同时进行。

中药“独活寄生汤”对黄曲霉毒素中毒有较好疗效。独活100 g，桑寄生160 g，秦艽60 g，防风60 g，细辛18 g，牛膝50 g，川芎60 g，芍药60 g，干地黄50 g，当归100 g，党参140 g，杜仲60 g，甘草 45 g,苍术 80 g,防己 60 g,车前子 100 g,薏苡仁 100 g,莱菔子 250 g,水煎饮服,1 000 只鸡每天 1 剂,一般 2 剂即可痊愈。

☞ 193. 怎样防治鸡的链霉素中毒?

链霉素常用来防治鸡葡萄球菌病、鸡霍乱、鸡伤寒、副伤寒、传染性支气管炎、传染性喉气管炎、霉形体病、大肠杆菌病及鸡白痢病。但在用链霉素治疗鸡病时,常因投放剂量过大而出现较为严重的毒性反应,轻者可自然恢复,重者可致死。

链霉素对鸡的毒性反应主要是降低神经、肌肉的兴奋性。中毒主要发生于小鸡,在肌肉注射链霉素后数小时,小鸡发生共济失调,站立不稳,激烈痉挛、抽搐、瘫痪,随后昏厥、倒地、猝死。剖解时见肌肉注射处水肿,肺瘀血、水肿,舌尖发绀,其他病变不明显。

鸡发生链霉素中毒时,其症状易与其他的疾病相混淆,临床往往误诊为钙、磷缺乏症、鸡伤寒、马立克氏病、鸡霍乱等,结果继续使用链霉素,最后导致大群出现毒性反应症状。

使用链霉素时,应严格掌握用量。5 周龄以下的雏鸡肌肉注射时每只为 50 mg;5～8 周龄为 80～100 mg,每天 1 次,连用 3～5 天。当鸡大群发病时,最好将链霉素溶解在温水中后,拌到饲料中喂服,浓度为每千克饲料中含 1 万 U 链霉素,连喂 1 周。

对已经出现中毒症状的雏鸡,应加强保温,饮水中加维生素 C 或葡萄糖以辅助解毒。静脉注射 3%的氯化钙 2 mL,即可解除中毒症状。

☞ 194. 怎样防治鸡的马杜拉霉素中毒?

马杜拉霉素铵盐是一种高效抗鸡球虫药。它能使球虫细胞代谢紊乱,以致杀灭球虫。20 世纪 90 年代初,美国氰胺公司以“加福”的商品名开发生产,目前国内已有不少厂家进行生产,并冠以“杜球”、“克球宝”、“抗球王”等商品名进行推广应用。

由于该药物用量少(纯品 5 mg/kg 饲料的浓度即可有效的抑制和杀灭球虫),耐药性小,用药成本低廉,因此深受养鸡场、饲料厂家欢迎,并得以广泛应用。但某些使用者不甚了解该药的特点和毒性,出现了许多盲目用药的现象。加上用药量不精确,拌料时粗糙马虎,拌和不匀,致使鸡群生长发育受阻或中毒死亡时有发生。

马杜拉霉素对鸡球虫病虽有很好的防治作用,但其安全范围小。纯品 5 mg/kg(4.5～6.0 mg/kg 为安全有效范围)混料,能产生良好的抗球虫效果,超过 9 mg/kg,则影响相对增重率及饲料转化率,因此,在应用时必须慎重。加上目前某些饲料厂家在其饲料产品中加入了某种药物添加剂,却没有在标签或包装袋上标明,不少养殖户在球虫病暴发时则另在饲料中混入抗球虫药物。假如饲料厂添加的药物和用户选用的都是马杜拉霉素,则往往出现用药过量而引起中毒。

(1)主要症状　主要表现为发病快,病情急,吃混药饲料后 12～20 h 即可出现鸡只呆立不动,精神沉郁,食欲减退,饮欲增加,羽毛松乱,软脚蹲伏,以跗关节着地,驱赶时靠张开两翅撑地行走,严重的瘫痪,侧卧地面,不愿行动,两腿向后伸直,触摸关节无异常变化。36 h 以后出现发病高峰,患禽拉稀,粪便呈黄白色或带绿色。食欲、饮欲废绝,口里吐白色黏稠液,昏睡,病鸡迅速消瘦,体重急剧下降,干脚,脱水。

(2)病理变化　剖检时可见肌肉脱水,颜色为暗红色,心舒张,内有混合血(栓)凝块,肝、肾瘀血微肿,尤其是肝的边缘有片状瘀血,胆囊扩大约 1 倍,充满胆汁。嗉囊空虚,肌胃内料干,胃黏膜易刮落,小肠段弥漫性出血,尤其是十二指肠呈紫红色,肠内容物为黏液样物质。脾脏有散在性点状出血。有的脑膜湿润,心扩大,肝脏脂变。其他脏器未见明显肉眼病变。

在具体确诊时应与下列病症相区别。马杜拉霉素中毒的主要症状是软脚、瘫痪，侧卧地面，但这些症状在一些呼吸道病的鸡群中同时出现，则应注意与亚临诊型新城疫加以区别。在中小鸡中，维生素 E 及硒的缺乏或饲料中磷酸氢钙含氟过高也常可使部分鸡只出现软脚及侧卧地面，且多数是体况良好的鸡只先出现，应注意与马杜拉霉素中毒区别。

(3)防治措施　出现疑似马杜拉霉素中毒时，应立即更换饲料。

①用口服补液盐给鸡自由饮服，不食者除灌服补液盐外，肌肉注射维生素 B_1，以补充体液减少应激，能收到良好的效果。

②给予 5%葡萄糖水及一些含钾、钠离子的电解质，并增添 0.01%～0.02%的维生素 C 和复合维生素 B，可减少腿软的发生。

③对不能站立和走动的鸡只，皮下注射 5%葡萄糖生理盐水 5～10 mL(每只)，每天 1～2 次，可收到一定的效果。

为了杜绝本病的发生，在使用马杜拉霉素防治球虫时，必须严格控制用药比例，而且一定要换算正确无误；同时，必须先了解购入饲料中是否已添加同类药物，在添加拌料时须按逐级扩大拌料法进行拌和均匀。特别是采用原料药(纯品)时更应注意谨慎，必须有先进的混合设备，严格的混合工艺才能使用原料药；没有以上设备的还是使用 1%含量的预混剂为妥。

☞ 195. 怎样防治鸡的小苏打中毒？

小苏打即碳酸氢钠，通常作为鸡群促壮剂，在夏季高温季节，鸡饲粮中的碳酸氢钠可促进蛋壳的生成，但大剂量长时间应用就会导致鸡的肾炎和内脏型痛风。在病理上常发现患有内脏型痛风病的鸡，多有服用碳酸氢钠的病史。有试验证明，用 2.49%的碳酸氢钠溶液给予 1 周龄的雏鸡饮用可引起中毒，并在第五天开始死亡，2 周龄鸡给予 0.6%的碳酸氢钠溶液可中毒而无死亡，若将剂量提高 1 倍，则引起中毒并于 4 天后死亡。表明雏鸡较成鸡的敏感性高。

(1)主要症状 病鸡表现精神沉郁,呼吸困难,食欲降低,饮水增多,腹泻,排水样稀粪,鸡体脱水,体重减轻,若长时间中等程度中毒时,可发生水肿或者腹水。

(2)病理变化 与内脏型痛风相似,肾肿胀,呈苍白色,肾小管和输尿管积有尿酸盐而扩张,内为白色的尿结石,在心外膜、肺、肝表面亦可见到尿酸盐沉积,有时亦可见到皮下水肿和腹水,此时可见肺水肿、心包积液、右心室肥大、心肌出血等病理变化。

(3)防治方法 在使用碳酸氢钠时,要严格控制剂量,一般情况,在饮水中加入0.02%或在日粮中加入0.04%,若超过0.1%,则有可能对机体产生危害,一旦发生中毒现象,就要给予病鸡充足的饮水,并在饮水中加入0.1%的食醋,直至症状消失。

☞ 196. 鸡痛风病有哪些症状与病变?

本病又称尿石症、中毒性肾炎等,是家禽的一种常见病,尤以鸡多见。主要危害3～12周龄的幼鸡,成年鸡和产蛋鸡也有发生。本病也是某些疾病引起的一种症状,是尿酸盐在体内异常蓄积的结果。此时,患鸡血液中尿酸的含量由正常的每100 mL含1.5～8 mg,增加到每100 mL 15 mg以上;尿酸的急剧增加超出了鸡的正常排泄限度,引起腹腔内脏及关节等组织内沉积多量石灰样尿酸盐结晶,严重时常形成一层白色薄膜,覆盖于脏器的表面。病鸡拉白色(含多量尿酸盐)稀粪,除了有运动障碍症状外,还见消瘦、贫血、冠苍白、脱毛等症状。

(1)病因 在生产实践中,该病的原因较复杂,其中主要有以下几个方面:

①饲料中蛋白质含量过高。

②鸡在18周龄以下,饲料中的钙含量要求达到0.9%,如果用含钙量达3%～5%的产蛋鸡饲料饲喂50～60天即发生痛风。

③饲料中维生素不足会促使痛风发生。

④育雏温度偏低，饮水不足，笼养鸡运动不足，也会引起不足。

⑤磺胺类药物用量过大用药时间过长，会损害肾脏，引起痛风。

另外，某些传染病发生时，一些病原微生物，如鸡肾型传染性支气管病毒等，具有嗜肾性，在肾脏大量繁殖，使肾脏遭受损害，造成不能正常排泄尿酸。

此外在鸡发生一些疾病期间，鸡体组织大量分解，产生大量尿酸，也可引起尿酸和尿酸盐沉积的病理变化。

(2)*主要症状与病理变化*　本病由于尿酸盐在鸡体内沉积的部位不同，可分为内脏型痛风和关节型痛风，有时两者兼有，较常见的为内脏型痛风。

①内脏型痛风。表现多呈慢性经过，病鸡鸡冠苍白，跖部皮肤干枯，全身性营养障碍，精神委顿，食欲不振，贫血，逐渐消瘦衰竭，陆续死亡。有的病情较长，有时可延至数月之久。若遇寒冷、潮湿和垫料不洁则会增加死亡。成年鸡发生此病还可照常产蛋，仅在死亡前短时间内见到临床症状。

其特征性病变为石灰粉状沉积物布满各内脏器官表面，严重时可形成一层薄膜。有时仅见输尿管粗大，肾脏肿大数倍，色淡，表面呈白色花纹状，肾小管充满尿酸盐液清晰可见，有的还在输尿管和肾脏中发现尿石。

②关节型痛风。较少见，其特征是脚趾和腿部关节肿胀，运动迟缓，跛行，行走困难，打开肿胀关节可见关节周围有白色尿酸盐沉积，有些关节面发生糜烂；严重病例的关节腔内有半液状的尿酸盐。

☞ 197. 怎样防治鸡的痛风病？

(1)*预防措施*

①控制本病的发生重要的不是用何种药物治疗，而是不要乱

投药物，更不要长期的高剂量使用某一药物。

②要注意日粮中钙的含量，磷、钙比例及钠和钾的含量。青年母鸡(15 周龄左右)日粮中钙的含量不宜超过 1%。对于开产母鸡，从 16 周龄至产蛋率在 5%以前，饲料中含钙量也应控制在 2.25%～2.5%，最好控制在下限。

③按照规定程序接种鸡传染性支气管炎(含肾型)疫苗。

④对发病鸡群应首先找出病因，予以去除。严重的病鸡群除改善饲养管理外，还要适当降低日粮中蛋白质和钙的含量，同时供给新鲜青绿饲料或倍量增加维生素 A 的用量，尤其是不滥用磺胺类药物，还要防止球虫病、黑头病等疾病发生。避免饲料被霉菌毒素污染。

(2)*治疗方法*

①种(蛋)鸡群患本病的可用丙磺舒原粉 1.5 g 混于 10 kg 饲料中作辅助治疗，具有明显的疗效。

②口服补液盐代替饮水，饮服 3 天一般可显效；如浓度减半再饮 3 天，疗效更佳。

③用别嘌呤醇 5 g，拌于 10 kg 饲料中喂鸡，连用 1～2 周，可收到一定效果；用大黄苏打片每千克饲料加入 10 片，有一定的疗效。

④中药宜用清热导赤、排石通淋的“八正散”。处方是：木通 100 g，车前子 100 g，萹蓄 100 g，大黄 150 g，滑石 200 g，灯芯草 100 g，栀子 100 g，甘草 100 g，海金沙 150 g，鸡内金 100 g，山楂 200 g，混合研细末，混于干饲料中喂服，1 kg 以下鸡每只每天 1～1.5 g；1 kg 以上的鸡每只每天 1.5～2 g，连喂 5 天；或将上述药物加水煎汁，自由饮服，连饮 5 天。

⑤滑石粉、黄芩各 80 g，茯苓、车前草各 60 g，猪苓 50 g，枳实、海金沙各 40 g，小茴香 30 g，甘草 35 g，水煎饮服，饮用时加 3%的

红糖，每只每天1～2 g，连用2～3天，对内脏型痛风有良好的治疗效果。

☞ 198. 怎样防治鸡的脂肪肝综合征?

本病又称脂肪肝出血综合征，主要是由于肉鸡采食高能量的饲粮，缺乏微量元素，使体内脂肪代谢紊乱，大量脂肪沉积于肝脏的一种营养代谢疾病。本病的特征是鸡体重增大、肥胖，产蛋量减少，肝肿大、沉积大量脂肪、易碎，甚或发生肝破裂而突然死亡。本病多发生在缺少运动的笼养鸡群，特别是高产鸡群和某些品种的肉鸡。

(1)*发病原因*　引起发病的原因比较复杂，一般认为与下列因素有关：

①饲料中碳水化合物饲料(如玉米、谷物等)过多，而蛋白质，尤其是富含氨基酸的动物性蛋白质以及胆碱、粗纤维等相对不足，失去平衡。

②饲料中蛋白质过多，造成过剩，转化为脂肪蓄积。

③某些营养物质的缺乏，如必需脂肪酸和维生素B_6、维生素B_{12}、蛋氨酸、胆碱、生物素及硒等缺乏，使合成和转运脂蛋白发生困难，大量脂肪沉积于肝脏(肝细胞)。

④铅、砷和黄曲霉素等有毒物质损害肝细胞，造成合成脂蛋白能力降低，或使甘油三酯与脂蛋白的结合产生障碍而引起脂肪肝。

⑤其他非营养因素，如不同品系的鸡患病率不同；笼养比平养易患脂肪肝；缺乏运动，再加上高能饲料或丰富的营养，导致肥胖而发生本病；高温环境条件下比低温条件更易发生本病；产蛋高峰期受到某些应激因素，如饮水不足、光照不足等，使产蛋突然减少，体内过剩营养转变成脂肪而蓄积等。

(2)*主要症状*　本病多发生在高产成年鸡群。鸡群中多数鸡精神、食欲良好，体况肥胖。鸡群达不到应有的产蛋高峰，或部分母鸡停产，产蛋量有10%～30%的下降幅度时才发现鸡群体况肥胖。有的鸡也发生突然死亡。

病情严重的病鸡，鸡冠苍白，有时发绀，喜伏卧，不爱活动，腹部下垂。

(3)病理变化　病鸡肝脏肿大，边缘钝圆，油腻多脂，易碎，如泥样，褐色或淡黄灰色，肝表面有出血点。肝脏切开时，在刀面上有脂肪滴附着。有时还见陈旧的血肿或出血灶。皮下、肠系膜、胃、肾、心脏及腹部可见大量黄色脂肪。有时鸡只肝脏破裂，腹腔中有血凝块或血水。

(4)防治方法　蛋鸡脂肪肝综合征是多种原因引起的肝脂肪代谢失调的结果，对病鸡治疗价值不大，应以预防为主。

预防本病的主要措施是按照鸡的营养需要配制饲料，防止碳水化合物和蛋白质含量过高；发现病鸡时，要立即调整各种饲料的比例和平衡。

在饲料中添加亲脂性复合物，按要求添加维生素E、维生素B_{12}、氯化胆碱和肌醇，能减少发病。其他如添加亚硒酸钠、生物素等，也有助于防止本病的发生。

当发现本病后，应找出发病的主要原因，消除病因，采取针对性措施。在饲粮中强化维生素E、维生素B_{12}、氯化胆碱等的添加量是有好处的。如100 kg饲料中可加入维生素E 1 000 IU，维生素B_{12} 1.2 mg，氯化胆碱100 g，肌醇100 g，连用半个月以上。

☞ 199. 如何防治笼养种鸡的疲劳症？

本病的特征是产蛋种鸡的骨质疏松，所以本病也称骨质疏松症。常发生在产蛋旺季的高产母鸡。是肉鸡生产最重要的骨骼疾病，

(1)发病原因　饲养密度较高，育成期缺乏运动，致使骨骼发育障碍；矿物质消耗严重，蛋鸡饲粮中含钙不足，耗用母鸡自身组

织的钙过多;尿酸盐在肝和肾脏内沉积而引起代谢紊乱,影响脂溶性维生素 D_3 的吸收;低血钙和脊椎折断、神经受损会造成鸡的瘫痪和急性死亡;蛋鸡从平养迁入笼养,活动范围缩小;由太阳光照改为电灯光照,应激反应增加;饲料中钙、磷不足等等,都是导致本病发生的因素。

(2)临床症状　本病通常在鸡群入笼后几个星期正值产蛋高峰时发生。以下软壳蛋为先兆,连下 2 个软壳蛋后,病鸡表现肌肉无力,进而两腿站立困难,爪子弯曲,运动失调,喜卧,甚至呈瘫痪状态,常出现瘸腿现象,不能接近饲槽和饮水器,伴有严重脱水;关节不灵活,伴有软骨组织增生,引起骨变形,尤以肋骨最明显,易发生自发性骨折或捕捉骨折;严重的胸肌萎缩,机能衰弱,胸骨凹陷呈 S 状弯曲。

(3)剖检病变　可见鸡的骨骼抗骨折强度降低,翅骨和腿骨易折裂,这是本病的特征性表现。鸡群中有部分鸡表现出临床症状,越是高产的鸡瘫痪的越多。无症状的鸡,蛋壳变薄,质量也差。有的鸡采食或产蛋正常,因人工拣蛋时受到惊扰或鸡间啄斗,突然挣扎死亡。产蛋量、蛋壳质量和蛋白质量通常都不降低。有些鸡骨折后,外部检查即可摸到骨折部位,或可见皮下瘀血。

(4)防治措施　本着早发现、早治疗的原则,发现软壳蛋时应及时针对病因采取措施,能很快恢复。

①加强饲养管理。从笼养密度、光照、通风、清洁卫生、温度、饲料组成等方面加以改善,以预防本病。

②蛋鸡饲粮中的钙含量不应低于2%～3.5%,磷含量应比地面散养的多约 0.2%。饲粮中适当增加 2%～3%的脂肪或油,保证蛋鸡饲喂均衡的饲粮,促进机体对维生素 D 的吸收利用。

③发现病鸡,应予单笼饲养,供给含钙量为 4%的全价饲料。最好用高粱粒至玉米粒大的海蛎粉粒补钙,撒在饲料上面或单槽喂给,同时在笼底铺厚纸,这样,一般 1 周后病鸡可痊愈;重的 20

天左右即能恢复。在饲粮补充磷酸二氢钙或维生素 D_3 都是有效的。

④蛋鸡开产前 1 周，在饲料中加入 2%的海蛎粉粒(产蛋高峰时，海蛎粉粒喂量增加到 4%)是预防本病的有效方法。

☞ 200. 怎样防治肉鸡的猝死综合征?

肉鸡猝死综合征是肉鸡生产中的一种常见病。本病一年四季均可发生，但以夏、冬两季发病略高。肉鸡发病有两个高峰，即 3 周龄左右和 8 周龄左右。体重越大，发病越高，公鸡的发病率比母鸡约高 3 倍。种鸡以开产前后为发病高峰，公、母鸡发病率基本相当，种鸡的发生率低于肉鸡。本病的特点是发病急，常突发性死亡。发病鸡群死亡率不高，但惊吓、噪声、饲喂活动及气候突变等应激因素均可使死亡率增加。

(1)发病原因　一般认为本病的发生与鸡的品种、营养、光照、个体发育、饲养密度、酸碱失调、药物(鸡喂离子载体类抗球虫药时，发生率显著高于其他抗球虫药)等诸多因素均有关系。尤其是现代肉鸡，生长速度快、体重大，特别是 3～4 周龄的肉雏鸡，采食量积极，食量大，体重增长快。而相对地自身一些系统功能(如心血管功能、呼吸系统、消化系统等)尚不完善，导致过快增长的需要与系统功能完善之间的矛盾，可能发生肉鸡猝死。饲料中蛋白质和脂肪水平过高，维生素与矿物质搭配不合理，也可能引起肉鸡猝死；还有光照过强，光照时间过长，饲养密度过大，通风不良，舍内有害气体浓度高等，也是肉鸡发生猝死的重要原因。

(2)临床症状　以肌肉丰满、外观正常且个体大的鸡突然死亡为特点。死亡鸡只体重多超出同龄群体的标准体重。发病前，采食、活动、饮水、呼吸等都属正常，无明显的发病先兆，有的病鸡临死前比正常鸡群表现安静，对饲料采食量略低，往往在喂食时发现个别鸡只突然失控，翅膀急剧扇动，有的离地跳起，从发病到死亡持续时间约 1 min,死后鸡只多数两脚朝天,呈仰卧姿势(也有呈腹卧姿势的),颈部扭曲,肌肉痉挛,有的鸡只发作时有狂叫或尖叫声。

(3)剖检病变　可见鸡冠、肉垂充血,肌肉苍白,嗉囊、肌胃和肠道充盈,内有新鲜饲料;右心房扩张,鸡心脏比正常的大几倍,心包液增多,偶见纤维性渗出;肝脏稍肿大,质脆,有时出现破裂,色苍白;胸肌、腹肌湿润苍白;肾脏浅灰色或略白;肠管膨胀,其内容物似奶油状;肺瘀血;脑充血,有出血点。

(4)诊断方法　在平常饲养过程中,发现 8～21 日龄死亡鸡只,在排除传染病、有毒物质中毒的前提下,结合以下几个方面加以诊断:一是外观正常,发育良好,肌肉丰满,体重超标准;二是突然死亡,死前无明显特征,死后呈现明显仰卧姿势,腿肢直伸;三是嗉囊及肌胃充满刚采食的饲料;四是肺部瘀血,心脏扩大,有明显的循环障碍等,即可考虑诊断为肉鸡猝死综合征。

(5)防制措施

①从第二周开始,对鸡只采取限饲,不能任其采食,但注意切不可限食时间过长。改变全天光照及光照过强做法,建议控制光照 12～16 h,22～42 日龄光照 18 h,42 日龄以后每天 20 h,在具体安排光照的时间上应注意晚上已经关灯,就不要随意再开、关灯,以免鸡只应激挤压。保持合理的饲养密度以及良好的饲养环境,对本病的预防也是非常必要的。

②第 2～3 周,适当降低饲粮蛋白质水平,有助于减少本病的发生,一般以 19%～20%为宜;调整饲料类型,饲喂颗粒饲料改为饲喂粉状饲料,也有利于控制本病的发生;饲粮中多种维生素(尤其是维生素 B_1、维生素 B_6、维生素 A、维生素 E)、矿物质的含量要充足;脂肪含量不能过高,用植物油代替动物脂肪可减少本病的发生。每千克饲粮添加 300 μm 生物素被认为是降低本病死亡率的有效方法。

③在 10～20 日龄时或对已发生本病的鸡群，使用碳酸氢钾进行防治，每只鸡为 0.5～0.6 g，饮水投服，或在饲料中每吨拌入 3～4 kg 碳酸氢钾，连用 3 天，效果良好。

参考文献

1 杨宁．现代养鸡生产．北京:北京农业大学出版社,1994

2 李守军,樊航奇．优质肉鸡饲养技术问答．北京:中国农业出版社,1998

3 张贵林．禽病中草药防治技术．北京:金盾出版社,1998

4 郎丰功．山东家禽．济南:山东科学技术出版社,2000

5 李东．精品肉鸡产业化生产．北京:中国农业出版社,2000

6 张振涛．绿色养鸡新技术．北京:中国农业出版社,2002

图书在版编目(CIP)数据

肉鸡生产技术回答/王福强主编.—北京:中国农业大学出版社,2003.9

(全方位养殖技术丛书)

ISBN 978-7-81066-658-9

Ⅰ.肉…　Ⅱ.王…　Ⅲ.肉用鸡-饲养管理-问答
Ⅳ.S831.4-44

中国版本图书馆 CIP 数据核字(2003)第 074347 号

责任编辑　刘　军
封面设计　郑　川

出　版 发　行	中国农业大学出版社
经　销	新华书店
印　刷	北京时代华都印刷有限公司
版　次	2003 年 9 月第 1 版
印　次	2009 年 1 月第 4 次印刷
开　本	32　　10.625 印张　　261 千字
规　格	850×1 168
定　价	18.00 元

图书如有质量问题本社负责调换

社址　北京市海淀区圆明园西路 2 号　　**邮政编码** 100193

电话　010-62732633　　**网址**　www.cau.edu.cn/caup

致读者

为提高“三农”图书的科学性、准确性、实用性，推进“三农”出版物更加贴近读者，使农民朋友确实能够“看得懂、用得上、买得起”的优秀“三农”图书进一步得到市场的认可、发挥更大的作用，中央宣传部、新闻出版总署和农业部于2006年6～7月份组织专家对“三农”图书进行了认真评审，确定了推荐“三农”优秀图书150种(套)(新出联〔2006〕5号)。我社共6种(套)名列其中：

无公害农产品高效生产技术丛书

新编21世纪农民致富金钥匙丛书

全方位养殖技术丛书

农村劳动力转移职业技能培训教材

科学养兔指南

养猪用药500问

这些图书自出版以来，深受广大读者欢迎，近来一次性较大量购买的情况较多，为方便团体购买，请客户直接到当地新华书店预购，特殊情况可与我社联系。联系人董先生，电话010－62731190，司先生，010－62818625。

中国农业大学出版社

2006年9月